职业教育课程改革创新规划教材

通信网络基础与设备

主　编　董廷山
副主编　孙伟国
参　编　王文艳　刘　宁
　　　　赵　彬

電子工業出版社
Publishing House of Electronics Industry
北京 · BEIJING

内 容 简 介

《通信网络基础与设备》是中等职业学校电子信息和通信类专业教材，适用于“通信技术”、“电子与信息技术”、“电子技术应用”等专业。

本教材采用项目化课程模式编写，以电子信息和通信技术中的典型项目为载体，涵盖了电子信息和通信技术基础理论与技能实训的相关内容。本教材的主要内容包括电缆通信系统的组成、光纤通信系统的组成、接入网基础知识、移动通信系统的组成、电话通信网的组成、数据通信网的组成、综合业务数字网（ISDN）的组成、数字程控交换机的组成、电视机顶盒的组成、调制解调器的组成、典型通信终端设备的安装与维护、常用通信终端设备的安装与维护共12个任务。每个任务都突出了“做中学、做中教”的职业教育特点，注重学生实践能力的培养，在学习基础理论的同时，突出基本概念的掌握，实现学生素质的提高。

本书可作为中等职业学校（三年制、五年制均可）电子信息和通信类专业教材，也可供相关工程技术人员参考。

本书配有教学资源，详见前言。

图书在版编目（CIP）数据

通信网络基础与设备 / 董廷山主编. —北京：电子工业出版社，2012.3
职业教育课程改革创新规划教材
ISBN 978-7-121-15895-7

Ⅰ. ①通…　Ⅱ. ①董…　Ⅲ. ①通信网－中等专业学校－教材　Ⅳ. ①TN915

中国版本图书馆 CIP 数据核字（2012）第 025007 号

策划编辑：张　帆
责任编辑：谭丽莎
印　　刷：北京七彩京通数码快印有限公司
装　　订：北京七彩京通数码快印有限公司
出版发行：电子工业出版社
　　　　　北京市海淀区万寿路 173 信箱　邮编　100036
开　　本：787×1092　1/16　印张：15　字数：394 千字
版　　次：2012 年 3 月第 1 版
印　　次：2024 年 12 月第 14 次印刷
定　　价：28.00 元

凡所购买电子工业出版社图书有缺损问题，请向购买书店调换。若书店售缺，请与本社发行部联系，联系及邮购电话：（010）88254888，88258888。

质量投诉请发邮件至 zlts@phei.com.cn，盗版侵权举报请发邮件至 dbqq@phei.com.cn。

本书咨询联系方式：（010）88254592，bain@phei.com.cn。

前　言

根据职业教育的特点，教学过程应体现“做中学、做中教”，注重学生能力的提高和素质的培养。因此，在本书的编写过程中，我们本着“以服务为宗旨、以能力为本位、以就业为导向”的基本原则，考虑到中等职业学校的生源情况和全国各地的差异，在尽力满足教学大纲所规定的教学内容基础上，对教学内容进行了适当的处理。

通信网络基础与设备是中等职业学校通信、电子类专业的核心课程。通过本课程的学习，可使学生掌握电缆通信、光纤通信、接入网、移动通信网的组成、常用基本概念、典型应用；掌握电话通信网、数据通信网、综合业务数字网的组成、特点和应用；掌握数字程控交换机、电视机顶盒、调制解调器的基本概念、组成和典型应用；掌握可视电话机、数字电话机、多媒体终端、数码录音电话机、计算机、传真机的基本组成、信号流程、典型应用。通过本课程的学习，还可使学生学会电缆的接入，光发射、接收设备指标测试，ADSL 接入网络方法；学会连接电话通信网、组成小型局域网；学会使用交换机试验箱实现电话通信网络的连接，实现两台计算机同时上网，完成调制解调器的功能测试；学会电话机的组装、参数测试、常见故障的排除，计算机的正确使用、维护、常见故障排除等技能。

本教材采用项目化课程模式编写，以通信技术中的典型项目为载体，涵盖了通信技术基础理论与技能实训的相关内容。本教材的主要内容包括电缆通信系统的组成、光纤通信系统的组成、接入网基础知识、移动通信系统的组成、电话通信网的组成、数据通信网的组成、综合业务数字网（ISDN）的组成、数字程控交换机的组成、电视机顶盒的组成、调制解调器的组成、典型通信终端设备的安装与维护、常用通信终端设备的安装与维护共 12 个任务。本教材在每个项目后面都配有思考题，用来巩固所学的内容。

本教材以通信网络与设备为主线，将通信网络基础与设备基础知识和技能实训融入各个工作任务中，体现了以能力为本位的现代职业教育理念，符合“做中学、做中教”的精神要求。本教材的理论知识以够用为度，文字少而精、浅显易懂，图片漂亮、印刷精美。

本教材由大连电子学校的董廷山老师主编，大连电子学校的孙伟国老师任副主编。董廷山老师编写了光纤通信系统的组成、接入网基础知识、综合业务数字网（ISDN）的组成、典型通信终端设备的安装与维护、常用通信终端设备的安装与维护（传真机部分），最后对全书进行了统稿。孙伟国老师与中国电信大连分公司的赵彬合作编写了数字程控交换机的组成内容，并对本教材完成了主审，对所选择的项目提出了宝贵的意见和建议。大连电子学校的王文艳老师编写了电视机顶盒的组成、调制解调器的组成、常用通信终端设备的安装与维护（电脑部分）。大连电子学校的刘宁老师编写了电缆通信系统的组成、电话通信网的组成、数据通信网的组成。在教材编写过程中，还得到了辽河油田通信公司的赵恩海、中国联通大连分公司的王立宏等企业工程技术人员，大连电子学校的孙青卉老师、张广平老师的大力支持，在此表示感谢。

在附录中给出了中华人民共和国劳动和社会保障部制定的“用户通信终端（固定电话机）

维修员”和“用户通信终端（移动电话机）维修员” 国家职业标准，任课老师在教学过程中可以参考使用，对学生进行项目教学的考核，或用于学生间的互评。编者在此建议，可以通过每个项目的考核，再综合评价的方法，评定学生的学期或学年成绩。

由于编写时间仓促，编者对新编大纲理解不深，加上新的编写体系、结构仍属尝试，且欠缺编写规划教材经验，所以教材中肯定存在错误与疏漏，希望使用本教材的广大教师和学生对教材中的问题多提宝贵意见和建议，以便进一步完善本教材。

学时分配建议

序　号	项 目 内 容	学 时 分 配			
		合　计	讲　授	实验/实训	复　习
1	通信网络基础知识	26	12	12	2
2	通信网构成及网络监控、管理的知识	16	6	8	2
3	通信网络设备的简单原理、维护管理	18	8	8	2
4	通信终端设备的安装与维护	26	12	12	2
合　计		86	38	40	8

本书配有教学资源，有需要的读者可以登录华信教育资源网（www.hxedu.com.cn）免费注册后再进行下载。

编　者

2011 年 12 月

目 录

>>> 项目 1

通信网络基础知识

知识目标：

掌握电缆通信、光纤通信、接入网、移动通信网的组成，常用基本概念、典型应用。

技能目标：

学会电缆的接入，光发射、接收设备指标测试，ADSL 接入网络方法。

项目介绍：

学习电缆通信、光纤通信、接入网、移动通信网的基础知识，掌握该内容的基本技能。

任务一 电缆通信系统的组成

工作任务单

序　　号	工 作 内 容
1	双绞铜线接入
2	双绞铜线（拨号）接入训练
3	光纤、同轴电缆接入
4	光纤接入训练

看一看：话带 MODEM 拨号接入

话带 MODEM 拨号接入示意图如图 1-1 所示。

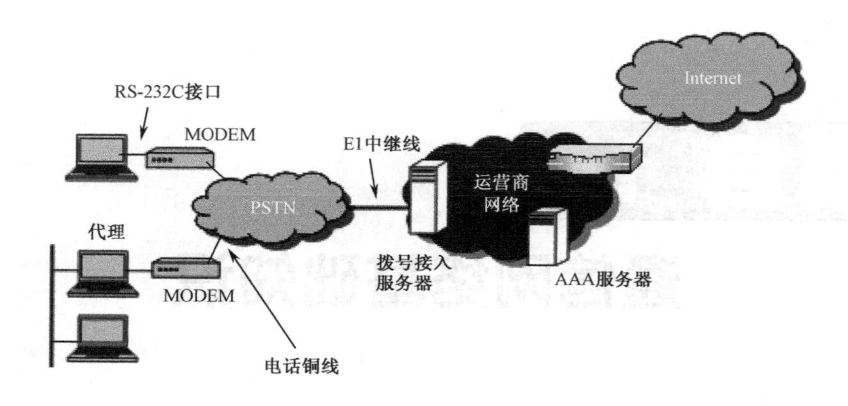

图 1-1　话带 MODEM 拨号接入示意图

议一议：话带 MODEM 的主要功能和特点

1. 话带 MODEM 的主要功能

（1）将数字信号调制成音频信号发送到电话用户线上。

（2）将从电话线上收到的模拟信号解调成数字信号。

2. 话带 MODEM 的特点

（1）MODEM 带宽范围为 300～3400Hz。

（2）最高下行速率为 56Kbps。

（3）上网时一直占用话路，在一对双绞线上数话不能同传。

（4）是一种最简单、最便宜的接入方式。

（5）广泛用于家庭用户，部分用于小型办公室局域网的 Internet 接入。

看一看：ISDN 拨号接入

ISDN 拨号接入示意图如图 1-2 所示。

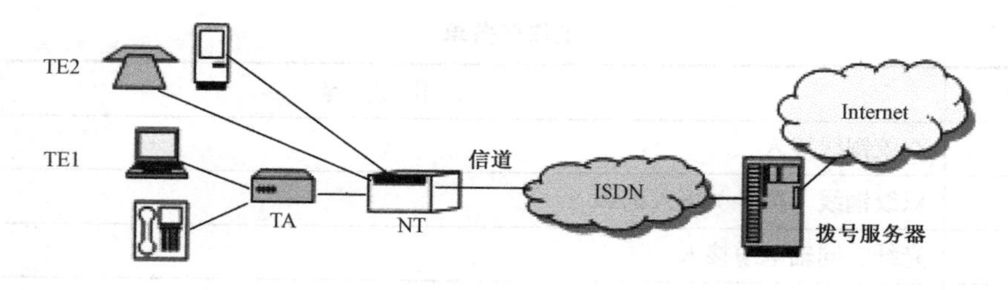

图 1-2　ISDN 拨号接入示意图

议一议：ISDN 拨号接入的特点

（1）在模拟信道上采用数字传输技术。

（2）一线多能（数话同传）。

（3）高速接入（2 个 B 信道可以捆绑使用，上网速率可达 128Kbps）。

（4）提供标准网络用户接口，支持多个设备接入。

①1 条具有 2B+D 的用户线可连接 8 台终端。

②最多可有 3 台同时工作（D 信道也可传输低速数据）。

（5）可用于家庭用户拨号接入、商用专线接入。

（6）除欧洲外，其他地区的用户很少。

知识链接 1

双绞铜线接入

学一学：双绞铜线接入技术

定义：有线接入技术主要包括双绞铜线接入、光纤接入和混合光纤/同轴电缆接入技术等形式，所谓双绞铜线接入技术是指在非加感的用户线上，通过采用先进的数字信号处理技术来提高双绞铜线对的传输容量，向用户提供各种业务的接入手段。

虽然我国的铜缆已有相当规模，且国家为此付出了巨大投资，但是我国还有大量经济不富裕地区，因此在接入网建设中应充分利用现有铜线价值，在光接入网尚未形成或经济条件不允许时，选择 xDSL（DSL 是数字用户线 Digital Subscriber Line 的缩写）接入和 Cable MODEM（电缆调制解调器）等技术，满足接入甚至宽带接入的需要。

分类：xDSL 技术按上行和下行的速率是否相同，可分为速率对称型和速率非对称型两种。速率对称型的 xDSL 有 HDSL（高比特率数字用户线）、SDSL（Single line DSL）、IDSL（ISDN DSL）、HDSL2 等多种形式，其中 HDSL 采用 2 对双绞铜线实现双向速率对称通信，SDSL 的功能与 HDSL 相同，但仅用一对铜线即可提供速率对称型通信，而 ISDN 提供 128Kbps 双向速率对称型通信业务。非对称型的 xDSL 有全速率 ADSL（Asymmetric DSL）、简化 ADSL（G.lite）和 VDSL（Very high bit rate DSL）等。

双绞铜线接入技术的引入：随着通信技术的不断进步，在普通电话线（双绞铜线）上传输越来越高速的数字信息成为现有电信接入网升级的一种重要手段。20 世纪 50 年代，语音频带 MODEM 传输速率是 600bps，60 年代为 2400bps，70 年代为 9600bps，自从 80 年代发明了 TCM（网格编码调制）以来，语音频带 MODEM 的传输速率获得大幅度提高，经过了 14.4Kbps，19.2Kbps，28.8Kbps，33.6Kbps 等几个阶段，直到目前 V.90 标准的 PCM MODEM，其上行速率是 33.6Kbps，下行速率是 56Kbps，这几乎接近了香农定律所规定的电话线信道（语音频带）的理论容量。

看一看：双绞铜线传输系统的基本构成

传统的电话用户接入网结构如图 1-3 所示。

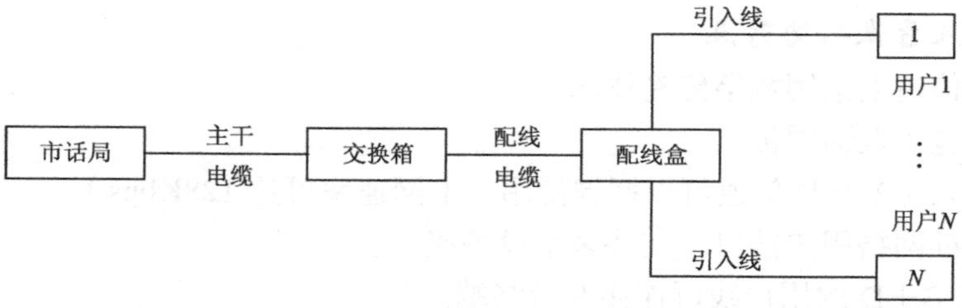

引入线
1
用户1
市话局
主干电缆
交换箱
配线电缆
配线盒
⋮
用户N
引入线
N

图 1-3　传统的电话用户接入网结构

由市话局至用户端的传输线是整个通信网的重要组成部分，它占接入网中机线设备总投资的 50%以上；而主干电缆占 2/3 以上的长度，其投资额又占传输线投资额的 70%～80%。因此它们的作用与影响都是不容忽视的。

这种传统的电话用户接入网在结构上具有以下特点：

（1）根据市话局服务区域的不同，从交换机到用户之间的双绞铜线对的长度参差不齐，从几十米至十几千米长短不等，但一般都在 3～4km 之间；

（2）与局间中继线相比，它的线径较细，一般为 0.4mm 或 0.5mm；

（3）分布区域广，涉及面大；

（4）从市话局至用户间的某一条线对的线径也有可能不相同；

（5）在某一条线对上有可能有桥接配线和加感线圈。

议一议：传统的双绞铜线传输存在的问题

前面简述了传统的双绞铜线传输系统的结构与特点，在实际应用时，该系统会出现以下问题：

（1）由于用户与交换机之间的线对长度视地理环境而差别很大，且线径多有失配，从而导致信号传输所经历的中继器数量不等，信号质量受到影响；

（2）由于各双绞铜线对在较长距离内都是紧紧贴在一起的，所以信号中高频成分的电磁感应容易造成不同线对之间的串音，影响通话质量；

（3）由于双绞铜线对在信号低频部分的相位频率特性呈非线性，所以信号在传输过程中，将产生群时延失真，造成码间干扰；

（4）由于双绞铜线对在信号高频部分的衰减量很大，所以会引起信号失真；

（5）铜线电缆的传输频带较窄；

（6）使用场合受到一些条件的制约。

另外，双绞铜线传输还存在着质量大、难敷设等问题。

记一记：数字线对增容技术

数字线对增容（Digital Pair Gain，DPG）技术是最早提出并得到应用的一种改进原有传输技术的手段，它仍以双绞铜线为传输媒质，但容量比以前已有很大提高。

1．基本结构

DPG 技术是指利用原有普通双绞铜线在交换机与用户之间传送多路电话复用信号的一种方式，它借助于交换机的 U 接口（用户网络接口），采用 TDMA（时分多址）伪数字传输技术、高效语音编码技术、高速自适应信号处理技术等，较好地均衡全频段的线路损耗，消除串音，抵消回波，从而达到了提高用户线路传输能力的目的，并且它可实现在一对用户线上双向传送 160～1024Kbps 的用户信息，距离可以达到 3～6km。

DPG 技术的突出优点是能够充分利用原有的电话线路来实现系统的增容，而且可以将 8～16 套线对增容传输系统集成在一个机架内；它的体积小，抗干扰能力较强，通信质量较好，且易于扩容。其缺点是不带 V5 接口（数字接口），业务不透明，传输容量不是很大。

DPG 系统结构如图 1-4 所示，它主要由 DPG 系统局端设备、远端设备及双绞铜线对构成。

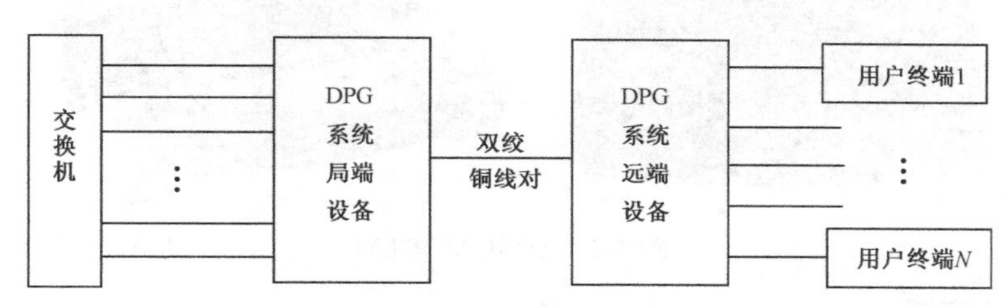

图 1-4　DPG 系统结构

2. 局端设备的主要功能

DPG 系统中的局端设备主要有以下功能：

（1）将交换机输出的用户模拟语音信号转换成数字语音信号；

（2）检测交换机输出的振铃信号，并转换成 DPG 系统的信令，再传送到远端单元；

（3）检测远端设备送来的用户摘机／挂机信号，送至交换机；

（4）必要时向远端单元供电。

3. 远端设备的主要功能

DPG 系统中的远端设备主要有以下功能：

（1）将局端设备送来的数字语音信号转换成模拟语音信号；

（2）将局端设备送来的振铃信号（信令）转换成铃流，并向用户发送振铃信号；

（3）检测用户送来的摘机／挂机信号，并对其进行编码，送到局端设备；

（4）检测用户送来的拨号信号，并对其进行编码，送到局端设备。

4. 主要设备

DPG 系统所涉及的接口主要包括 Z 接口（模拟接口）和 U 接口（用户网络接口）。其网络管理部分可由 RS-485 或 RS-422 报告给交换局。在 DPG 系统中，局端设备的供电由交换机供电系统完成，远端设备可采用远供方式供电或本地供电，用户终端可由远端设备供电或就近解决。

实训操作 1：双绞铜线（拨号）接入训练

看一看：几种 ADSL 设备

1. ADSL MODEM

MODEM 其实是 Modulator（调制器）与 Demodulator（解调器）的简称，中文称为调制解调器。根据 MODEM 的谐音，人们亲昵地称之为“猫”。它是在发送端通过调制将数字信号转换为模拟信号，而在接收端通过解调再将模拟信号转换为数字信号的一种装置。ADSL MODEM 如图 1-5 所示。

图 1-5 ADSL MODEM

2. ADSL 分离器

分离器和电话分线器不是一回事。ADSL 分离器是利用频分复用的技术把普通电话线路所传输的低频信号（3.0～3.4kHz）和高频信号（4.0～1000kHz）分离开来的。ADSL 分离器及接口如图 1-6 所示。

图 1-6 ADSL 分离器及接口

记一记：ADSL 的定义、特征、频谱划分

1. ADSL 的定义

ADSL 宽带接入是目前最流行的 Internet 接入方式之一。ADSL 技术是非对称数字用户环路技术，利用一对电话铜线，为用户提供上、下行的非对称的传输速率（带宽），上行（从用户到网络）为低速传输，可达 640Kbps，下行（从网络到用户）为高速传输，可达 8Mbps。它最初主要是针对视频点播业务开发的。

2. ADSL 的基本特征

（1）在现有的电话铜线上提供高速数字业务，不干扰 POTS 业务。

（2）ADSL 只使用 PSTN 的用户接入段，不进入程控交换机，直接进入数据网，且 ADSL 业务不交电话费。

（3）与 POTS 业务共享同一电话线，采用 FDM 实现数话同传。

（4）最高上行传输速率为 640Kbps，最高下行传输速率为 8Mbps。

（5）传输距离为 3～5km。

（6）业务类型为语音、数据、图像。

（7）上、下行速率不对称，特别适合 Internet 的接入。

3. ADSL 的频谱划分（如图 1-7 所示）

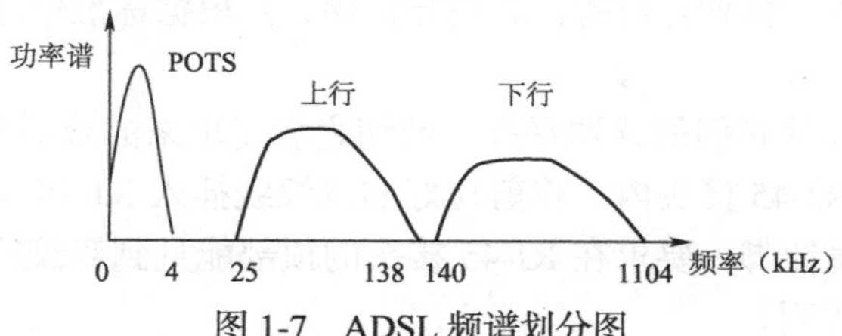

图 1-7 ADSL 频谱划分图

做一做：利用制作好的双绞线用 ADSL 方式接入 Internet

一、双绞线的制作

制作双绞线的关键是要注意 8 根导线排列的顺序，称为线序。线序采用的标准 EIA/TIA568 包含 T568A 和 T568B 两个子标准，如表 1-1 所示。这两个子标准没有质的区别，只是在线序上有一定的交换。在工程中人们习惯采用 T568B 标准。

表 1-1 双绞线线序对应图

引 脚 号	1	2	3	4	5	6	7	8
T568A 标准	白绿	绿	白橙	蓝	白蓝	橙	白棕	棕
T568B 标准	白橙	橙	白绿	蓝	白蓝	绿	白棕	棕

1. 制作工具和基本材料

（1）非屏蔽双绞线。

（2）RJ-45 接头，属于耗材，不可回收，如图 1-8 所示。

（3）RJ-45 压线钳，主要由剪线口、剥线口、压线口组成，如图 1-9 所示。

（4）剥线刀，为专用剥线工具。

（5）测线仪。常用的双绞线测线仪由信号发射器和信号接收器组成。双方各有 8 个信号灯及 1 个 RJ-45 接口，如图 1-10 所示。

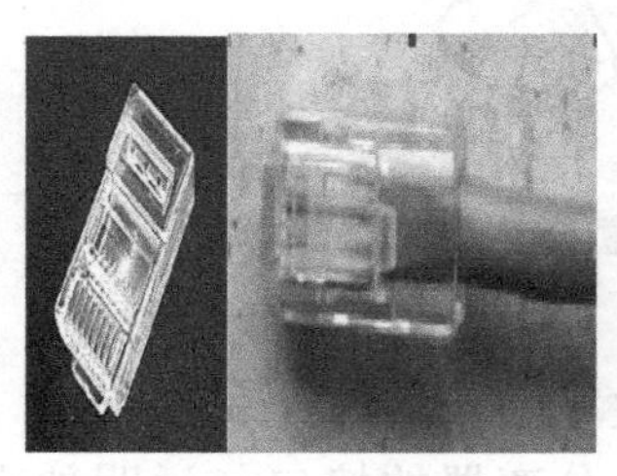
图 1-8 RJ-45 接头

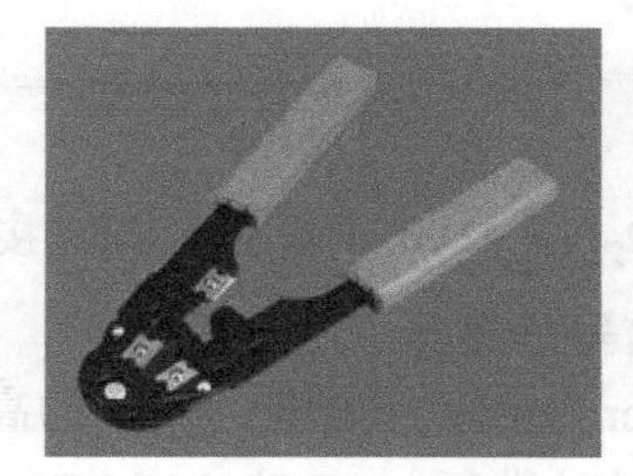
图 1-9 RJ-45 压线钳

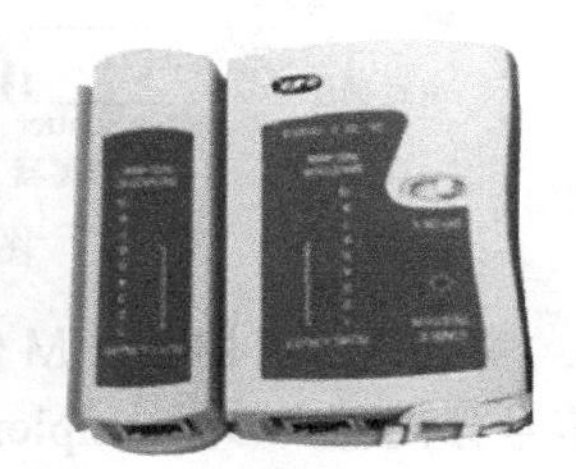
图 1-10 测线仪

2. 双绞线的制作步骤

（1）将双绞线的外表皮剥除：用剥线刀剪裁适当长度的 RJ-45 线，使用剥线刀剥去约 2cm 的塑料外皮。

（2）除去外套层：采用旋转的方式将双绞线外套慢慢抽出。

（3）准备工作：将 4 对双绞线分开，并查看双绞线是否有损坏，如有破损或断裂的情况出现，则需要重复上述两个步骤。

（4）将双绞线拆开：拆开成对的双绞线，使它们不扭曲在一起，以更能看到每一根芯，并将每根芯弄直。

（5）按照标准线序进行排列：对每根芯进行排序，并根据标准使芯的颜色与选择的线序标准颜色从左至右相匹配。

（6）剪线：剪切线对使它们的顶端平齐，剪切之后露出来的线对长度大约为 1.5cm。

（7）将双绞线插入 RJ-45 接头内：将剪切好的双绞线插入 RJ-45 接头，确认所有线对接触到 RJ-45 接头顶部的金属针脚；要求在 RJ-45 接头的顶部能见到双绞线各线对的铜芯，如果没有排列好，则进行重新排列。

（8）压制工作：将 RJ-45 接头装入压线钳的压线口，紧紧握住把柄并用力压制。

（9）测试：使用测试仪检查线缆接头制作是否正确，将制作成功的双绞线缆接头两端分别插入测试仪的信号发射端和接收端，然后打开测试仪电源，观察指示灯情况。如果接收端的 8 个指示灯依次发出绿光，表示连接正确；如果有的指示灯不发光或发光的次序不对，则说明连接有问题，这时需要重新制作。

二、ADSL 设备的安装和连接

1. 连接线缆

ADSL 设备通过线缆连接的示意图如图 1-11 所示。

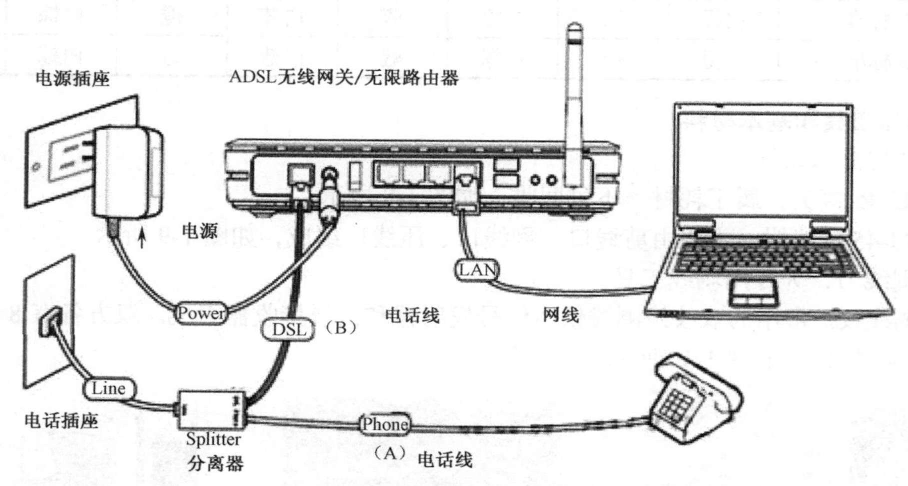

图 1-11　ADSL 设备通过线缆连接的示意图

2. 安装 ADSL MODEM 信号分离器

信号分离器（Demultiplexer）用来分离电话线中的高频数字信号和低频语音信号，使拨打/接听电话与计算机上网可同时进行。ADSL MODEM 信号分离器的接口与说明如表 1-2 所示。

表 1-2　ADSL MODEM 信号分离器的接口与说明

接　　口	说　　明
LINE	接来自电信部门的入户线
ADSL	连接 ADSL MODEM
PHONE	接电话机

3. 安装 ADSL MODEM

在 ADSL MODEM 上有三个插孔，分别是“ADSL（或 LINE）”插孔和“Ethernet（或 LAN）”插孔和“电源（Power）”插孔，如图 1-12 所示。可用一根电话线将 ADSL MODEM 信号分离器的“ADSL”插孔与 ADSL MODEM 的“ADSL”插孔相连接。

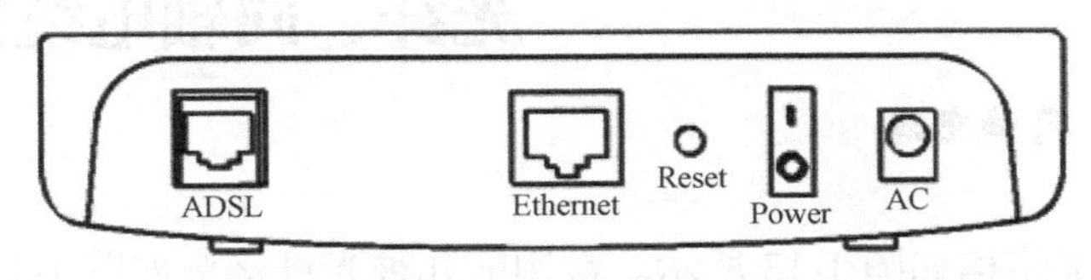

图 1-12　ADSL MODEM 的三个插孔分布

三、ADSL 设备的维护技巧

（1）维护 ADSL MODEM 的工作环境，保持工作环境的平稳、清洁与通风。

（2）远离电源线和大功率电子设备等电磁干扰较强的地方。

（3）要保证 ADSL 电话线路连接可靠，无故障、无干扰，且尽量不要将它直接连接在电话分机及其他设备（如传真机）上。

（4）避免雷击损坏，防止它因过热而发生故障及烧毁芯片。

（5）要保持干燥通风，避免水淋及阳光的直射。

（6）定期清洁，如可以使用软布清洁设备表面的灰尘和污垢。

（7）定期进行检查，看有无接触不良和损坏，如有损坏或电话线路接头氧化则要及时更换。

四、ADSL 接入 Internet

（1）选择【开始】→【所有程序】→【附件】→【通信】→【新建连接向导】命令，打开“新建连接向导”对话框。

（2）单击“下一步”按钮，打开“网络连接类型”对话框，选择“连接到 Internet”选项。

（3）单击“下一步”按钮，打开“准备好”对话框，选择“手动设置我的连接”选项。

（4）单击“下一步”按钮，打开“Internet 连接”对话框，选择“用要求用户名和密码的宽带连接来连接”选项。

（5）单击“下一步”按钮，打开“连接名”对话框，在“ISP 名称”文本框中输入连接的名称，如“中国电信”。

（6）单击“下一步”按钮，打开“Internet 账户信息”对话框，在“用户名”文本框中输入电信部门提供的用户名，在“密码”和“确认密码”文本框中分别输入电信提供的密码，其他选项可以使用默认值。

（7）单击“下一步”按钮，进入向导的完成页面。选择“在我桌面上添加一个到此连接的快捷方式”复选框，将会在桌面上创建一个当前所建连接的快捷方式。

（8）单击“完成”按钮，完成 ADSL 连接的创建。

（9）至此，ADSL 的上网连接已经完成，如果需要访问 Internet，就回到桌面上双击刚才建立的连接图标，如“中国电信”图标，然后单击“连接”按钮，计算机就通过 ADSL MODEM 连接到 Internet 上，此时可以打开浏览器进行 Internet 访问或其他形式的 Internet 工作。

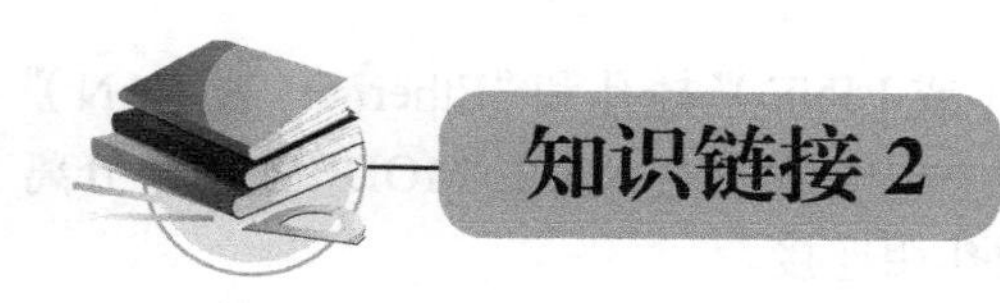

知识链接 2

光纤、同轴电缆接入

看一看：认识光纤、同轴电缆

1. 光纤

常见光纤及其内部结构如图 1-13 所示。常用的几种光纤接头如图 1-14 所示。

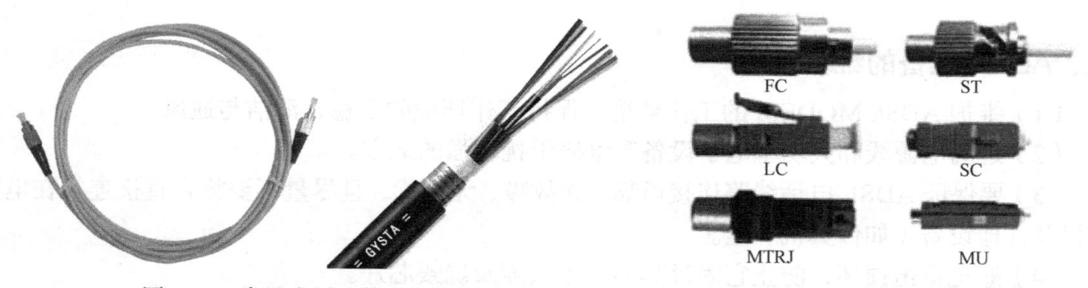

图 1-13　常见光纤及其内部结构图　　图 1-14　常用的几种光纤接头

2. 同轴电缆

常见同轴电缆及其内部结构如图 1-15 所示。常用的几种同轴电缆接头如图 1-16 所示。

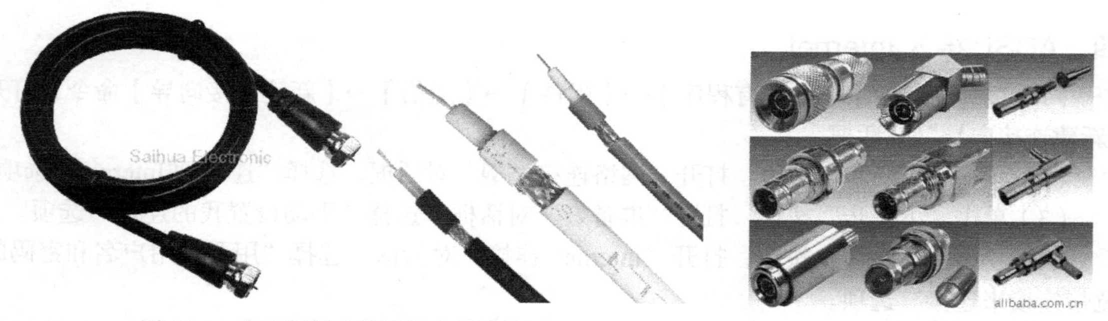

图 1-15　常见同轴电缆及其内部结构图　　图 1-16　常用的几种同轴电缆接头

学一学：光纤的定义、内部结构、分类和特点

1. 光纤的定义

定义：光纤是光导纤维的简称，是一种利用光在玻璃或塑料制成的纤维中的全反射原理而达成的光传导工具。

2. 光纤的内部结构

光纤的内部结构图如图 1-17 所示。

纤芯位于光纤中心，其直径 $2a$ 为 5～75μm，作用是传输光波；包层位于纤芯外层，其直径 $2b$ 为 100～150μm，作用是将光波限制在纤芯中。纤芯和包层即组成裸光纤，两者均采用高纯度二氧化硅（SiO_2）制成，但为了使光波在纤芯中传送，应对材料进行不同掺杂，使包层材料折射率 n_2 比纤芯材料折射率 n_1 小，即光纤导光的条件是 $n_1 > n_2$，如图 1-18 所示。

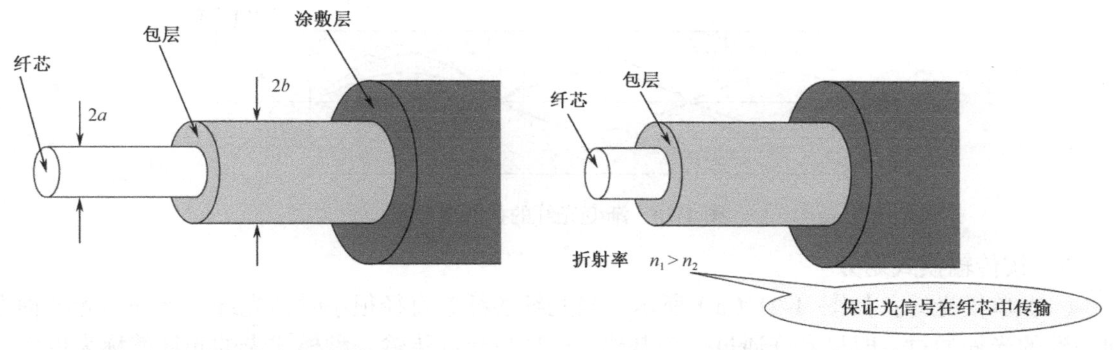

图 1-17　光纤的内部结构图　　　　图 1-18　光纤折射率

一次涂敷层（包层）是为了保护裸纤而在其表面涂上的聚氨基甲酸乙酯或硅酮树脂层，其厚度一般为 30～150μm。套层又称为二次涂敷、涂敷层或被覆层，多采用聚乙烯塑料或聚丙烯塑料、尼龙等材料制成。经过二次涂敷的裸光纤称为光纤芯线。

3. 光纤的分类

光纤的分类主要可从组成材料、折射率（一般指纤芯折射率）分布、传输模式方面进行归纳，现将各种分类举例如下。

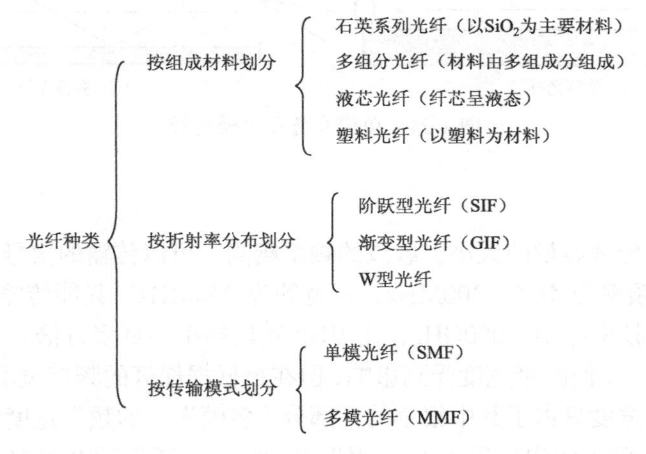

1）按折射率分布划分

（1）阶跃型光纤：如图 1-19 所示，光纤纤芯的折射率 n_1 和包层的折射率 n_2 都为一常数，且 $n_1>n_2$，在纤芯和包层的交界面处折射率呈阶跃型变化，这种光纤称为阶跃型光纤，又称为均匀光纤，可用 SI 表示。

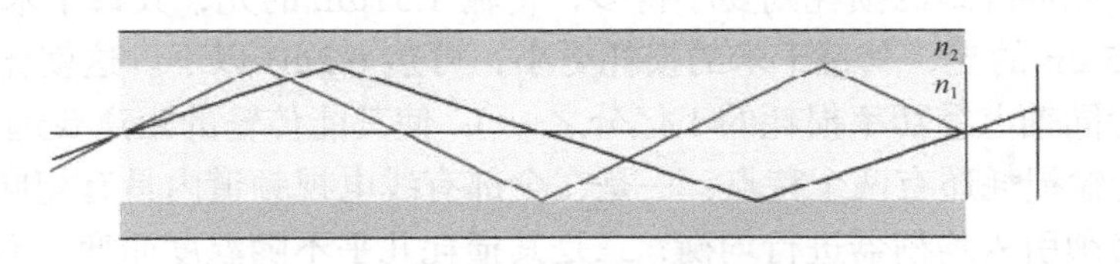

图 1-19　阶跃型光纤的折射率分布

（2）渐变光纤：如图 1-20 所示，光纤纤芯的折射率 n 随着半径的增加而按一定规律减小，到纤芯与包层交界处为包层的折射率 n_2，即纤芯中折射率的变化呈近抛物线型，这种光纤称为渐变光纤，又称为非均匀光纤，可用 GI 表示。

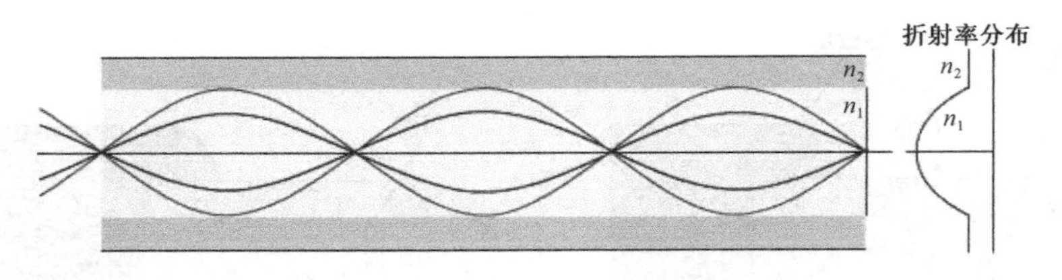

图 1-20　渐变光纤的折射率分布

2）按传输模式划分

（1）单模光纤：如图 1-21（a）所示，当光纤的纤芯直径很小时，光纤只允许与光纤轴方向一致的光线通过，即只允许通过一个基模，这种只允许传输一种模式光的光纤就称为单模光纤。

（2）多模光纤：如图 1-21（b）所示，在光纤的受光角内，以某一角度射入光纤端面，并能在光纤的纤芯-包层交界面上产生全反射的传播光线，就可称为光的一个传输模式；当光纤的纤芯直径较大时，则在光纤的受光角内，可允许光波以多个特定的角度射入光纤端面，并在光纤中传播，此时就称光纤中有多个模式，这种能传输多个模式的光纤就称为多模光纤。

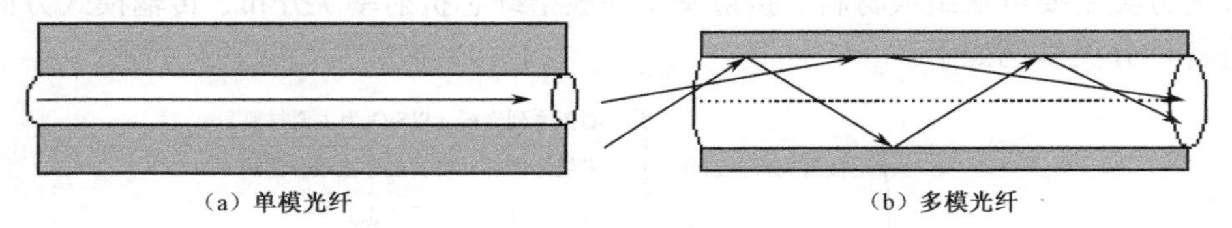

（a）单模光纤　　（b）多模光纤

图 1-21　单模光纤和多模光纤

4．光纤的特点

1）频带宽

频带的宽窄代表传输容量的大小。载波的频率越高，可以传输的信号的频带宽度就越大。在 VHF 频段，载波频率为 48.5～300MHz，带宽约为 250MHz，只能传输 27 套电视和几十套调频广播。可见光的频率达 100 000GHz，比 VHF 频段高出一百多万倍。尽管由于光纤对不同频率的光有不同的损耗，使频带宽度受到影响，但在最低损耗区的频带宽度也可达 30 000GHz。目前单个光源的频带宽度只占了其中很小的一部分（多模光纤的频带宽度约为几百兆赫，好的单模光纤的频带宽度可达 10GHz 以上），采用先进的相干光通信可以在 30 000GHz 范围内安排 2000 个光载波，进行波分复用，可以容纳上百万个频道。

2）损耗低

在由同轴电缆组成的系统中，最好的电缆在传输 800MHz 信号时，每千米的损耗都在 40dB 以上。相比之下，光导纤维的损耗则要小得多，传输 1.31μm 的光，其每千米的损耗在 0.35dB 以下；若传输 1.55μm 的光，其每千米的损耗更小，可达 0.2dB 以下。这就比同轴电缆的功率损耗要少很多（为同轴电缆功率损耗的 1 亿分之一），使其能传输的距离要远得多。

此外，光纤传输损耗还有两个特点：一是在全部有线电视频道内具有相同的损耗，不需要像电缆干线那样必须引入均衡器进行均衡；二是其损耗几乎不随温度而变，不用担心因环境温度变化而造成干线电平的波动。

3）质量轻

因为光纤非常细，单模光纤的纤芯直径一般为 4～10μm，外径也只有 125μm，加上防水层、加强筋、护套等，用 4～48 根光纤组成的光缆直径还不到 13mm，比标准同轴电缆的直径 47mm

要小得多，加上光纤是玻璃纤维，比重小，所以使得它具有直径小、质量轻的特点，其安装十分方便。

4）抗干扰能力强

因为光纤的基本成分是石英，只传光，不导电，不受电磁场的作用，在其中传输的光信号不受电磁场的影响，故光纤传输对电磁干扰、工业干扰有很强的抵御能力。也正因为如此，在光纤中传输的信号不易被窃听，因而利于保密。

5）保真度高

因为光纤传输一般不需要中继放大，所以不会因为放大引入新的非线性失真。只要激光器的线性好，就可高保真地传输电视信号，因此光纤传输系统的非线性失真指标远高于一般电缆干线系统的非线性失真指标。

6）工作性能可靠

我们知道，一个系统的可靠性与组成该系统的设备数量有关。设备越多，发生故障的机会越大。因为光纤系统包含的设备数量少（不像电缆系统那样需要几十个放大器），可靠性自然也就高，加上光纤设备的寿命都很长，无故障工作时间达 50 万～75 万小时，其中寿命最短的光发射机中的激光器，其最低寿命也在 10 万小时以上，故一个设计良好、正确安装调试的光纤系统的工作性能是非常可靠的。

7）成本不断下降

目前，有人提出了新摩尔定律，也叫做光学定律（Optical Law）。该定律指出，光纤传输信息的带宽，每 6 个月增加 1 倍，而价格降低一半。光通信技术的发展，为 Internet 宽带技术的发展奠定了非常好的基础，这也为大型有线电视系统采用光纤传输方式扫清了最后一个障碍。由于制作光纤的材料（石英）来源十分丰富，随着技术的进步，成本还会进一步降低；而电缆所需的铜原料有限，价格会越来越高。显然，今后光纤传输将占绝对优势，成为建立全省乃至全国有线电视网的最主要的传输手段。

学一学：同轴电缆的定义、内部结构、分类和特点

1. 同轴电缆的定义

同轴电缆是先由两根同轴心、相互绝缘的圆柱形金属导体构成基本单元（同轴对），再由单个或多个同轴对组成的电缆。

2. 同轴电缆的内部结构

同轴电缆的内部结构图如图 1-22 所示，其内部只有一根用于传输信号的铜导线，在铜导线和外部保护套中间还有屏蔽层。不同的同轴电缆，屏蔽层不尽相同，如在基带同轴电缆中，屏蔽层通常都为铜制材料的网状，而宽带同轴电缆则使用铝质的冲压技术材料，这使得同轴电缆具有更高的屏蔽性能，其抗干扰能力也优于双绞线。

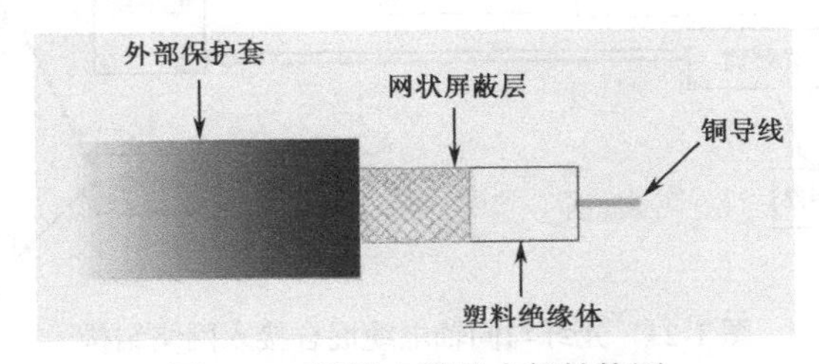

图 1-22　同轴电缆的内部结构图

3. 同轴电缆的分类

同轴电缆从用途上分可分为基带同轴电缆和宽带同轴电缆（即网络同轴电缆和视频同轴电缆）。按特性阻抗，同轴电缆分为 50Ω 基带电缆和 75Ω 宽带电缆两类。基带电缆又分为细同轴电缆和粗同轴电缆。基带电缆仅仅用于数字传输，其数据率可达 10Mbps。

75Ω 同轴电缆常用于 CATV 网，因此常称为 CATV 电缆，其传输带宽可达 1GHz。目前常用 CATV 电缆的传输带宽为 750MHz。50Ω 同轴电缆主要用于基带信号传输，其传输带宽为 1～20MHz，总线型以太网使用的就是 50Ω 同轴电缆。在以太网中，50Ω 细同轴电缆的最大传输距离为 185m，粗同轴电缆的最大传输距离可达 1000m。

粗缆适用于比较大型的局部网络，它的标准距离长，可靠性高，且由于安装时不需要切断电缆，所以可以根据需要灵活调整计算机的入网位置，但粗缆网络必须安装收发器电缆，安装难度大，因此其总体造价高。相反，细缆的安装则比较简单，且其造价低，但由于在安装过程中要切断电缆，两头须装上基本网络连接头（BNC），然后接在 T 型连接器两端，所以当接头多时容易产生不良的隐患，这是目前运行中的以太网的最常见故障之一。

4. 同轴电缆的特点

同轴电缆的优点是可以在相对长的无中继器的线路上支持高带宽通信，而其缺点也是显而易见的：一是体积大，细缆的直径就有 3/8 英寸粗，要占用电缆管道的大量空间；二是不能承受缠结、压力和严重的弯曲，这些都会损坏电缆结构，阻止信号的传输；三是成本高。所有这些缺点正是双绞线能克服的，因此在现在的局域网环境中，同轴电缆基本已被基于双绞线的以太网物理层规范所取代。

看一看：光纤与同轴电缆混合接入网络结构

传统有线电视系统的主要业务是进行电视节目的传送，这种传送的信号是从有线电视头端流向用户端的，这是一种单向的传送。要想借助光纤与同轴电缆混合有线电视网实现接入业务，就必须将网络线路改变为双向的传送，既要实现传统的有线电视业务，将互联网服务器端的数据信号传送到用户端，又要将用户提交的数据信号反向传送到互联网的服务器。如图 1-23 所示为光纤与同轴电缆混合接入网络结构。

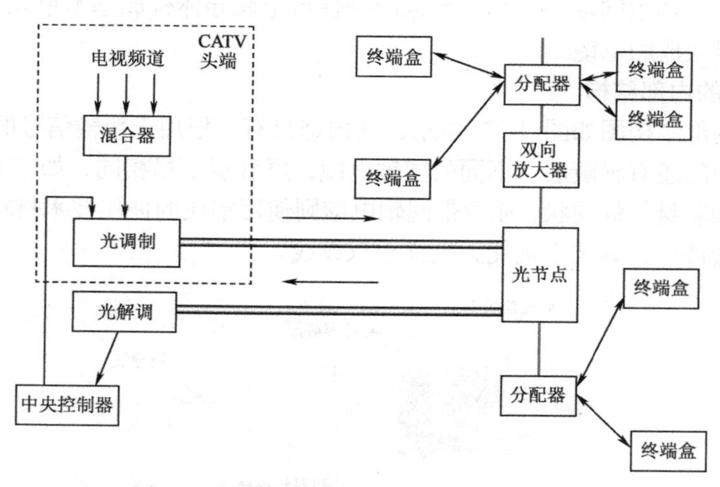

图 1-23　光纤与同轴电缆混合接入网络结构

议一议：光纤与同轴电缆混合接入网络结构的改进

与传统的光纤与同轴电缆混合有线电视网相比，如图 1-23 所示的光纤与同轴电缆混合接入网络结构做了如下改进。

（1）传输线路中除有传统的有线电视信号外还有双向的数据信号，这种数据信号采用适当的调制方法，将数据信号转变为频带信号在线路中传送，数据信号经调制后得到的载波频率与有线电视节目的频率进行合理的分配，这样保证了数据信号的传送与传统有线电视信号互不影响。

（2）传输线路为一种双向传送的线路，同轴电缆可以方便地进行双向的传送，而分路器（图中对应的是光节点）、分支器（图中对应的是分配器）和同轴电缆的线路放大器需要进行改造，以适应于双向信号传送的需要；光纤部分使用波分技术或双向光纤技术来实现光纤线路的双向传送。

随着光纤及光端设备的价格不断降低、光纤传输和技术的不断普及，光纤与同轴电缆混合接入网络的结构将从现在的光纤到路边，向光纤到小区、到楼宇甚至到家庭发展。在一些发达的城市，已经实现光纤到楼宇的工程。

学一学：光纤与同轴电缆混合接入网络的频谱结构

如图 1-24 所示为 HFC 网络中频谱的分配情况。

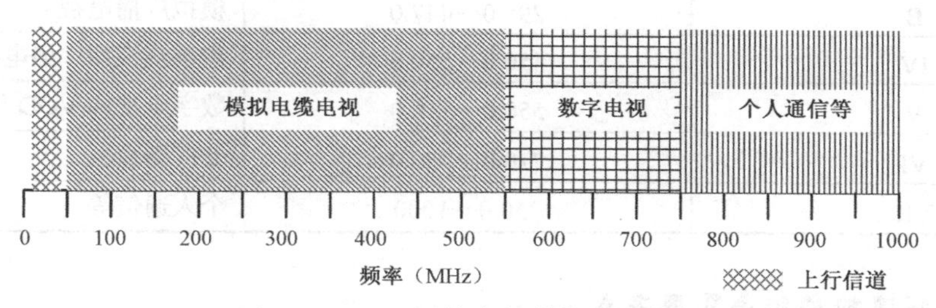

图 1-24 HFC 网络中频谱的分配情况

图中，低频端的 5～30MHz 共 25MHz 的频率范围安排为上行信道，也称为回传信道，主要用来回传用户上传的信号，如互联网的请求信号、视频点播的点播信令等。这个频段与无线频段的短波频段一致。粗看这个频率的选择会对短波通信产生影响，但由于有线电视信号是通过电缆传输的，所以这种上传信号不会对短波通信产生实际上的影响。现在随着滤波器技术质量的提高和采用减小服务区的方法，减少了服务区用户数，从而减少了实际的频率带宽的需求，但由于点播电视的信令、监视信号及数据和电话等要求，所以现在一般的上行频率扩展到 5～42MHz 共 37MHz 的带宽内。

48.5～1000MHz 频段用于下行信道，其中：

（1）48.5～550MHz 频段用来传输现在的模拟 CATV 信号，每一个通路带宽为 6～8MHz，因此可以传输各种制式的电视信号 60～80 路；

（2）550～750MHz 频段信道用来传输附加的模拟 CATV 信号或数字 CATV 信号，或用于传输双向交互式通信业务。假设采用 64QAM（正交幅度调制）调制方式和 MPEG-2 图像信号，则频谱效率可达 5 bit/（s · Hz），从而允许在一个 6～8MHz 的模拟信道内传输 30～40Mbps 速度的数字信号，若扣除必要的前向纠错等辅助码位后，则相当于 6～8 路 4Mbps 速率的 MPEG-2 图像信号。因此，这 200MHz 的带宽总共至少可传输约 200 路采用 MPEG-2 编码的电视信号，当然这些频率资源也可以用来传输数据或多媒体及电话信号。若采用 QPSK 调制方式，每

3.5MHz 的带宽可以传输 90 路 64Kbps 速率的语音信号和 128Kbps 速率的信令及控制信号，这样便可以拿出一定的带宽来传输电话信号了。

（3）高端 750～1000MHz 频段已经明确仅用于各种双向通信业务，其中 2×50MHz 频带可用于个人通信业务，其他未分配的频段用来应付未来可能出现的新业务。表 1-3 列出了 HFC 系统的频段划分。

表 1-3　HFC 系统的频段划分

波　段	频带（MHz）	业　务
R	5.0～10.0	上行电话及非广播业务
R1	30.0～42.0	上行非广播业务
I	48.5～92.0	模拟广播电视
FM	87.0～108.0	调频广播
A1	111.0～167.0	模拟广播电视
III	167.0～223.0	模拟广播电视
A2	223.0～295.0	模拟广播电视
B	295.0～447.0	模拟广播电视
IV	450.0～550.0	数字或模拟广播电视
V	550.0～710.0	数字电视和 VOD 等
VI	710.0～750.0	非广播业务
VII	750.0～1000	个人通信等

记一记：上行信道的调制与复用方式

在 HFC 网络中所提供的可用于双向交互式通信的频带中，上行信道的频带宽度非常有限，因此必须选用合适的调制方式和多址接入技术来满足多用户的接入需求。

HFC 网络系统提供的上行信道的频率带宽 W 为 35 MHz（5～42MHz，近似看成 35MHz），根据香农（Shannon）公式可求得最高的极限传输速率 R 为

$$R = W\log_2(1+S/N)\ \text{bps} \tag{1-1}$$

假设信噪比 S/N 为 28dB，带宽 W 为 35MHz，则该带宽可以传输的信息速率 R 可达 325Mbps。在实际的应用系统中传输的速率远低于这个值，且与使用的调制方式和多址接入方式有关，一般将 35MHz 带宽信道传输码元的速率限制在 35Mbaud（兆波特），因此信息速率将取决于不同的调制方式。若采用 16QAM 调制，则上行信息速率为 140Mbps；而采用 64QAM 调制方式时，传输速率可达到 210Mbps。为了适应宽频业务的需要，在 16QAM 调制系统中，通常要求每个用户上传信息的传送速率达到 2.8Mbps，这样每个光节点可承载的用户数仅为 50 个。为了使更多的用户可以接入，可以通过增加光节点的方法来实现。

HFC 中采用的是同轴电缆树形结构的形式，各用户在不同的物理空间接入网络，这些用户必须选用合适的信道复用的方式。通常使用的多址接入方式有 FDMA（频分多址）、TDMA（时分多址）、CDMA（码分多址）等，其中 FDMA 实现简单，有利于降低成本和提高 HFC 网络系统的可靠性，且各用户的相互影响较小。

实训操作 2：光纤接入训练

看一看：光纤接入设备

1. 光纤跳线

光纤跳线（如图 1-25 所示，简称跳纤）用做从设备到光纤布线链路的跳接线。它有较厚的保护层，一般用于光端机和终端盒之间的连接。

2. 光纤尾纤

光纤尾纤（如图 1-26 所示）又叫猪尾线，只有一端有连接头，而另一端是一根光缆纤芯的断头。它通过熔接与其他光缆纤芯相连，常出现在光纤终端盒内，用于连接光缆与光纤收发器（它们之间还用到耦合器、跳线等）。

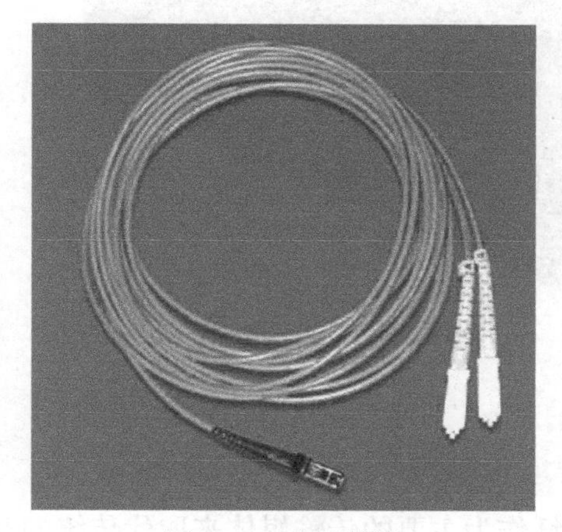

图 1-25　光纤跳线

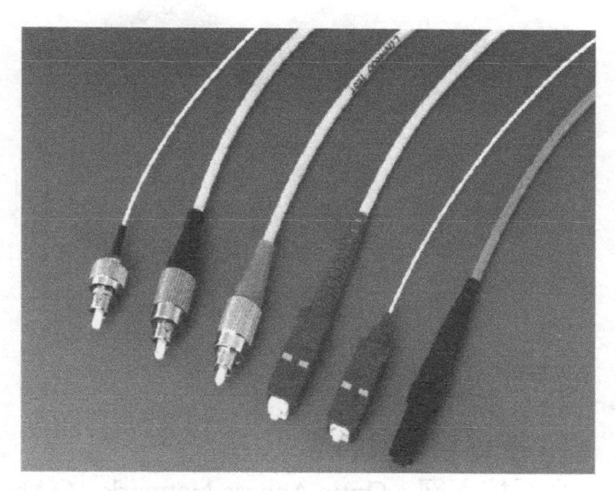

图 1-26　光纤尾纤

3. 光纤接头

光纤接头（如图 1-27 所示）将两根光纤永久地或可分离开地连接在一起，并有保护部件的接续部分。

4. 光纤终端盒

光纤终端盒（如图 1-28 所示）是一条光缆的终接头，它的一头是光缆，另一头是尾纤，相当于是把一条光缆拆分成单条光纤的设备。

图 1-27　光纤接头

图 1-28　光纤终端盒

5. 光纤耦合器

光纤耦合器（Coupler）（如图 1-29 所示）又称为分支器（Splitter）、连接器、适配器、法兰盘，是用于实现光信号分路/合路，或用于延长光纤链路的元件。

6. 光纤收发器

光纤收发器（如图 1-30 所示）是一种将短距离的双绞线电信号和长距离的光信号进行互换的以太网传输媒体转换单元，在很多地方也被称为光电转换器（Fiber Converter）。

图 1-29 光纤耦合器

图 1-30 光纤收发器

记一记：光纤接入网

1. 光纤接入网的定义

光纤接入网（Optic Access Network，OAN）是用光纤作为主要的传输媒体来取代传统的双绞铜线，通过光网络终端（OLT）连接到各光网络单元（ONU），提供用户侧接口，也就是采用光纤通信或者部分采用光纤通信的接入网技术。

OLT 的作用是为接入网提供与本地交换机之间的接口，并通过光传输与用户端的光网络单元通信。它还将交换机的交换功能与用户接入完全隔开。OLT 提供对自身和用户端的维护和监控，它可以直接与本地交换机一起放置在交换局端，也可以设置在远端。

ONU 的作用是为接入网提供用户侧的接口。它可以接入多种用户终端，同时具有光电转换功能，以及相应的维护和监控功能。ONU 的主要功能是终结来自 OLT 的光纤，处理光信号并为多个小企业、事业用户和居民住宅用户提供业务接口。ONU 的网络端是光接口，而其用户端是电接口，因此 ONU 具有光/电和电/光转换功能。它还具有对语音的数/模和模/数转换功能。ONU 通常放在距离用户较近的地方，其位置具有很大的灵活性。

2. 光纤接入网的分类

光纤接入网从系统配置上可分为：无源光网络（PON），采用无源光的光分路器分路；有源光网络（AON），采用有源的电复用器分路。

这两种网络的特点如下。

（1）无源光网络（如图 1-31 所示）由于在 OLT 和 ONU 之间没有任何有源电子设备，对各种业务呈透明状态，所以易于升级扩容，便于维护管理。无源光网络由于其低的接入成本，受到很多电信部门和运营部门的重视，但其不足之处是 OLT 之间的距离和容量增长容易受到一定的限制。

（2）在有源光网络中，有源设备或网络系统（如 SDH 环网）的 ODT 代替了无源光网络中的 ODN，使得传输距离和容量大大增加，易于扩展带宽，网络规划和运行的灵活性大。其不足的地方是有源设备需要机房、供电、维护等。

这两种网络综合使用，可提供窄带、宽带业务的光接入网。总的来说，随着信息传输向全数字化过渡，光接入方式必将成为宽带接入网的最终解决方法。

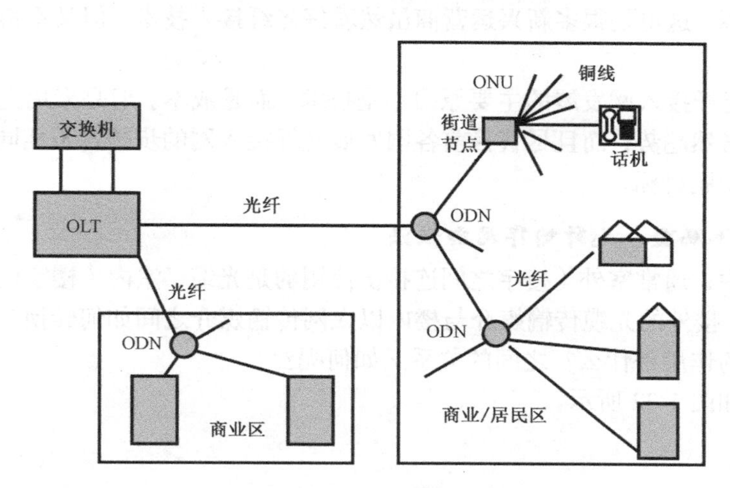

图 1-31　无源光网络示意图

3. 光纤接入网的形式

根据光网络单元（ONU）的位置，光纤接入网的形式可分为：FTTB（光纤到大楼）；FTTC（光纤到路边）；FTTZ（光纤到小区）；FTTH（光纤到用户）；FTTO（光纤到办公室）；FTTF（光纤到楼层）；FTTP（光纤到电杆）；FTTN（光纤到邻里）；FTTD（光纤到门）；FTTR（光纤到远端单元）。

其中，最主要的是 FTTB（光纤到大楼）、FTTC（光纤到路边）、FTTH（光纤到用户）三种形式。FTTB 的 ONU 设置在大楼内的配线箱处，主要用于综合大楼、远程医疗、远程教育及大型娱乐场所，为大中型企事业单位及商业用户服务，提供高速数据、电子商务、可视图文等宽带业务。FTTC 主要是为住宅用户提供服务的，其光网络单元（ONU）设置在路边，即用户住宅附近，从 ONU 出来的电信号再传送给各个用户；它一般用同轴电缆传送视频业务，用双绞线传送电话业务。FTTH 是将 ONU 放置在用户住宅内，为家庭用户提供各种综合宽带业务。FTTH 是光纤接入网的最终目标，但是每一用户都需要一对光纤和专用的 ONU，因此其成本昂贵，实现起来非常困难。

4. 光纤接入网的优点与劣势

与其他接入技术相比，光纤接入网具有如下优点。

（1）光纤接入网能满足用户对各种业务的需求。人们对通信业务的需求越来越高，除了打电话、看电视外，还希望有高速计算机通信、家庭购物、家庭银行、远程教学、视频点播（VOD）及高清晰度电视（HDTV）等，这些业务用铜线或双绞线是比较难实现的。

（2）光纤可以克服铜线电缆无法克服的一些限制因素，且光纤损耗低、频带宽，解除了铜线径小的限制，此外，光纤不受电磁干扰，保证了信号传输质量；用光缆代替铜缆，可以解决城市地下通信管道拥挤的问题。

（3）光纤接入网的性能不断提高，价格不断下降，而铜缆的价格却在不断上涨。

（4）光纤接入网提供数据业务，有完善的监控和管理系统，能适应将来宽带综合业务数字网的需要，打破“瓶颈”，使信息高速公路畅通无阻。

当然，与其他接入网技术相比，光纤接入网也存在一定的劣势，即其成本较高，尤其是光节点离用户越近，每个用户分摊的接入设备成本就越高。另外，与无线接入网相比，光纤接入网还需要管道资源，这也是很多新兴运营商虽然看好光纤接入技术，但又不得不选择无线接入技术的原因。

现在，影响光纤接入网发展的主要原因不是技术，而是成本。但是采用光纤接入网仍然是光纤通信发展的必然趋势；而且尽管目前各国发展光纤接入网的步骤各不相同，但光纤到户是公认的接入网的发展目标。

做一做：光缆、终端盒、尾纤的作用和接法

在网络布线中，通常室外（楼宇之间连接）使用的是光缆，室内（楼宇内部）使用的是以太双绞线，那么，楼外的光缆传输媒介与楼内以太网传输媒介之间如何转换？其中，又用到了什么设备？它们的作用是什么？之间的关系又如何呢？

光纤连接图如图 1-32 所示。

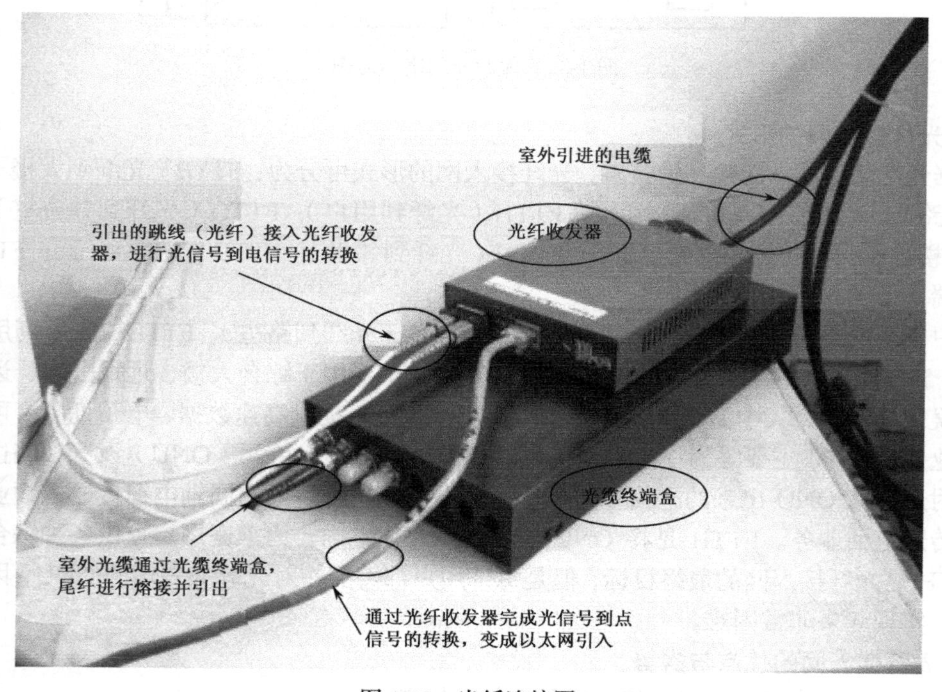

图 1-32　光纤连接图

连接关系介绍如下。

（1）将室外光缆接入终端盒，目的是将光缆中的光纤与尾纤进行熔接，通过跳线，将其引出。

（2）将光纤跳线接入光纤收发器，目的是将光信号转换成电信号。

（3）光纤收发器引出的便是电信号，使用的传输介质便是双绞线。此时双绞线可接入网络设备的 RJ-45 口。到此为止，便完成了光电信号的转换。

说明：现在的很多网络设备也有光口（光纤接口），但如果没有配光模块（类似光纤收发器功能），该光口也不能使用。

图中的光缆终端盒的作用为终接光缆（接光缆的终端），及连接光缆中的纤芯和尾纤。光缆终端盒的内部结构如图 1-33 所示，接入的光缆可以有多芯。例如，一根 4 芯的光缆（光缆中有 4 根纤芯），则这根光缆经过终端盒，便可熔接出最多 4 根尾纤，即往外引出 4 根跳线。而图 1-32 中只熔接了两根，因此也就往外引出了两根跳线。

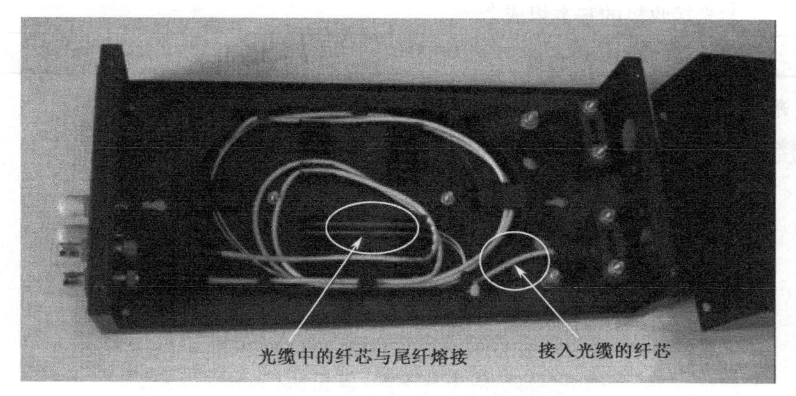

图 1-33　光缆终端盒的内部结构

如图 1-34 所示为一根 ST 接头的单模（外皮是黄色）光纤尾纤。

尾纤：一端有连接头，另一端是一根光缆纤芯的断头，通过熔接，与其他光缆纤芯相连。

尾纤的作用：如果用于连接光纤两端的接头，则尾纤的一端与光纤接头熔接，另一端通过特殊的接头与光纤收发器或光纤模块相连，构成光数据传输通路。

一般人们购买不到纯粹的尾纤，而只能购买到如图 1-35 所示的光纤跳线，将其中间剪开，便成了尾纤。

尾纤的位置：用在终端盒里，连接光缆中的光纤，通过终端盒（耦合器或适配器），连接尾纤和跳线。

跳线：跳线两头都是活动接头，起连接尾纤和设备的作用。

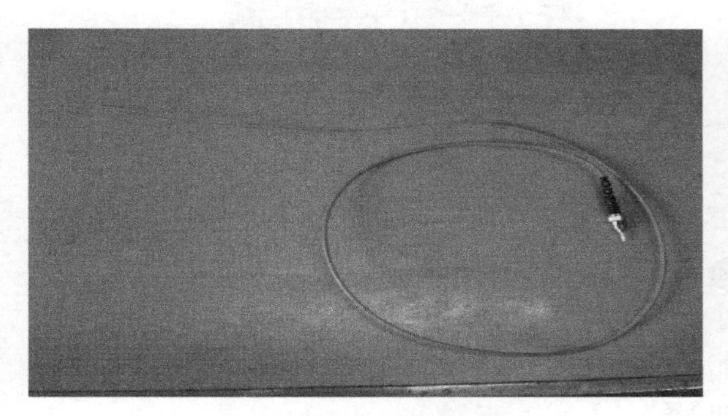

图 1-34　单模光纤尾纤

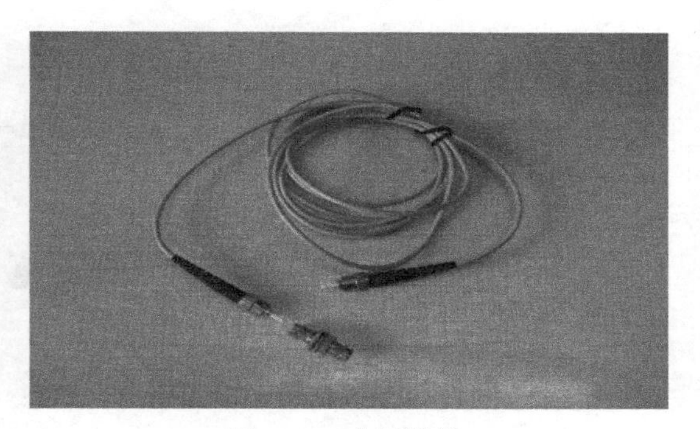

图 1-35　光纤跳线

任务二 光纤通信系统的组成

工作任务单

序　号	工 作 内 容
1	光发射机的基本组成
2	光发送模块测试
3	光接收机的基本组成
4	光接收模块测试

看一看：光发射、接收设备

光发射、接收设备如图 1-36 所示。

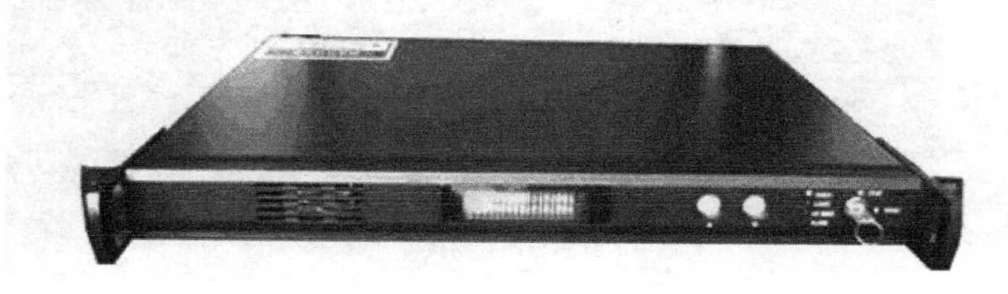

光发射机

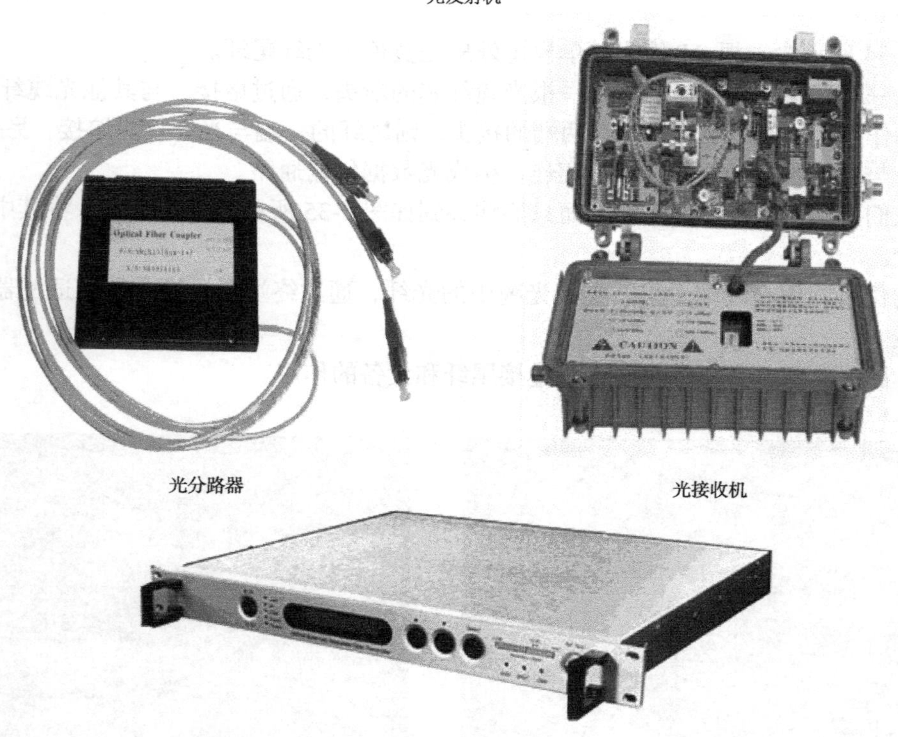

光分路器

光接收机

光中继器

图 1-36　光发射、接收设备

光发射、接收设备联网示意图如图 1-37 所示。

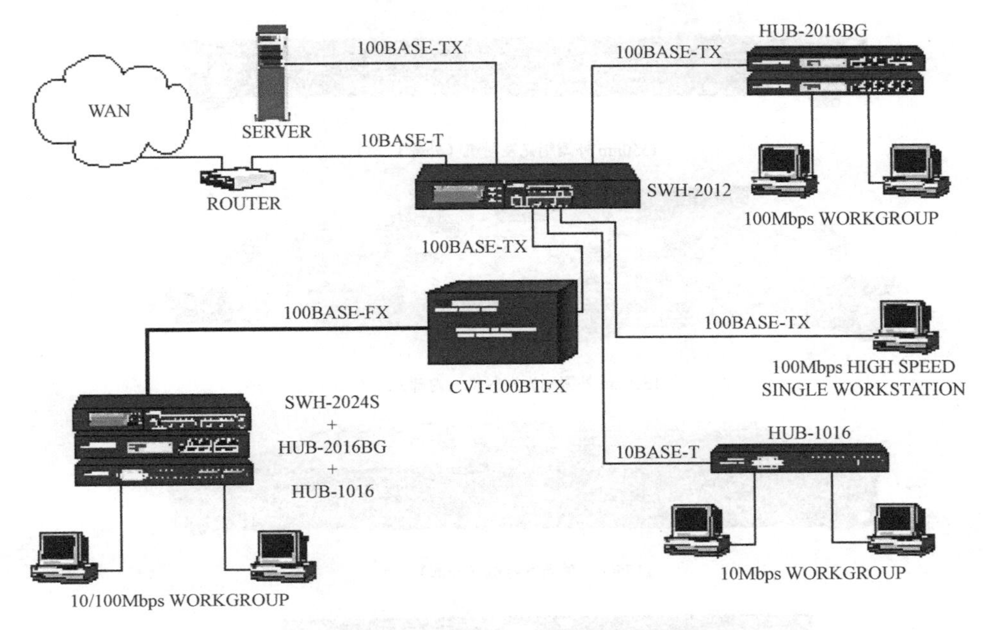

图 1-37　光发射、接收设备联网示意图

议一议：光纤接入网的优点

（1）容量大：光纤的工作频率比目前电缆使用的工作频率高出 8～9 个数量级，因此其所开发的容量大。

（2）衰减小：光纤的每千米的衰减比目前容量最大的通信同轴电缆每千米的衰减要低一个数量级以上。

（3）体积小，质量轻：有利于施工和运输。

（4）防干扰性能好：光纤不受强电干扰、电气信号干扰和雷电干扰，其抗电磁脉冲能力也很强，保密性好。

（5）节约有色金属：一般通信电缆要耗用大量的铜、铅或铝等有色金属，而光纤本身是非金属，因此光纤通信的发展将为国家节约大量有色金属。

光发射机的基本组成

认一认：常用的光发射机

常用的光发射机如图 1-38 所示。

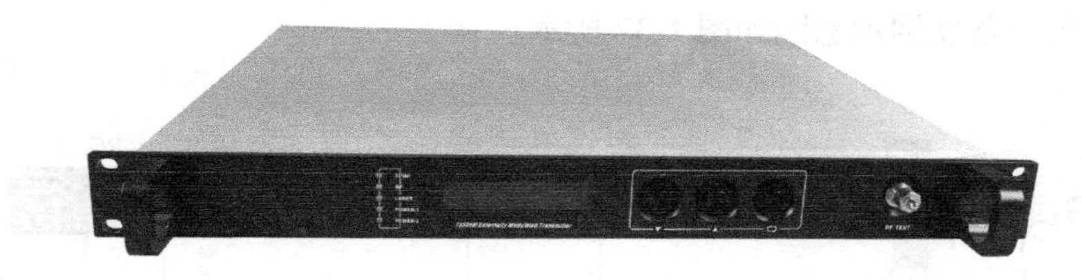

1550nm 外调制光发射机（外部）

1550nm 外调制光发射机（内部）

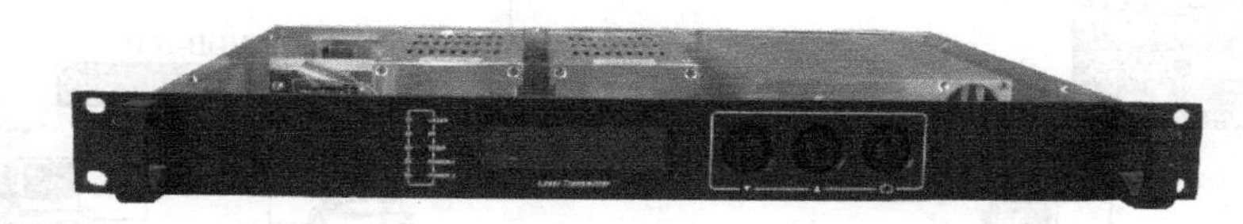

1550nm 激光发射机（外部）

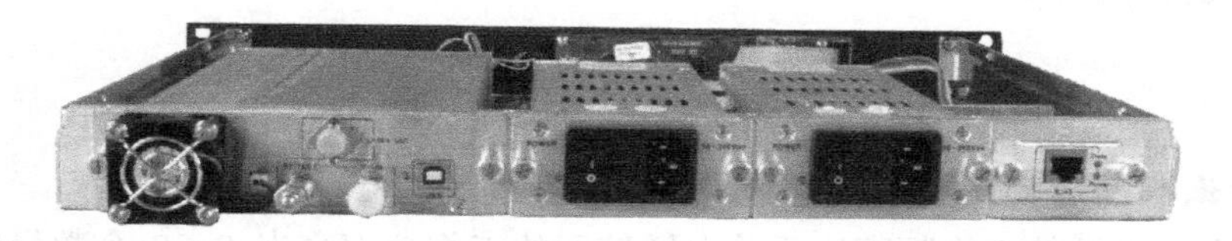

1550nm 激光发射机（内部）

图 1-38　常用的光发射机

看一看：光发射机的组成

在光纤通信系统中，必须将电信号经过光发射机转换为光信号耦合进光纤才能传输到接收端。因此，光发射机是光纤通信系统的重要组成部分。光纤数字通信系统中的光发射机组成框图如图 1-39 所示。与光纤模拟通信系统中的光发射机组成相比，除了都有一个驱动电路和光源外，它还多了扰码、编码和控制等部分。

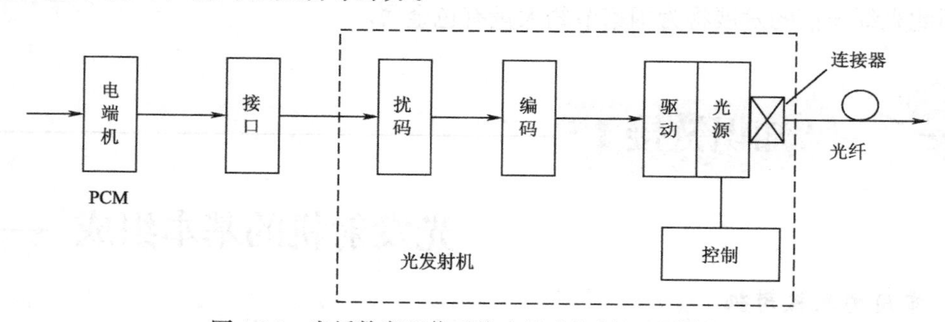

图 1-39　光纤数字通信系统中的光发射机组成框图

学一学：光发射机的主要技术指标

光发射机的技术指标有许多，但其中最主要的有以下 4 项指标。

1. 输出光功率及其稳定性

光发射机的输出光功率，实际上是从其尾巴光纤的出射端测得的光功率，因此应称为出纤光功率。输出光功率的单位有时用绝对值表示，如μW 或 mW；有时用相对值表示，即相对于1mW 光功率的分贝数（1mW 光功率定义为 0dB）。在工程上主要采用相对值表示，即

$$P_T = 10\lg\frac{P(\text{mW}))}{1(\text{mW})} \quad (\text{dBm}) \tag{1-2}$$

光发射机的输出光功率大小，直接影响光纤通信系统的中继距离，是进行光纤通信系统设计时不可缺少的一个原始数据。

输出光功率的稳定性要求是指在环境温度变化或器件老化过程中，输出光功率要保持恒定，如稳定度为 5%～10%。

2. 消光比 EXT

消光比是指发全“0”码时的输出光功率 P_0 和发全“1”码时的输出光功率 P_1 之比，即

EXT=全“0”码时的输出光功率 P_0/全“1”码时的输出光功率 P_1 （1-3）

消光比的大小有两种意义：一是反映光发射机的调制状态，若消光比值太大，则表明光发射机的调制不完善，电光转换效率低；二是影响接收机的接收灵敏度。例如，一部性能完好的数字光发射机，其消光比的值应为 EXT≤1：10。

3. 光脉冲的上升时间 t_r、下降时间 t_f 及开通延迟时间 t_d

设置这些时间都是为了使光脉冲成为输入数字信号的准确重现，即有相适应的响应速度。

4. 无张弛振荡

若加的电信号脉冲速率较高，则输出光脉冲可能引起张弛振荡，这时必须加以阻尼，以使光发射机能正常工作。

此外，还有电路难易、电源功耗、成本等指标。要实现较理想的指标，就必须适当选择光源器件和驱动电路。

做一做：光发射机指标的测试

衡量光发射机质量的好坏，有两个主要技术指标：平均输出光功率和消光比。

1. 光发射机的平均输出光功率的测量

平均输出光功率是指光发射机输入伪随机码时的平均输出光功率。因此，该项指标的测试应该按照图 1-40 所示的框图进行。这样，在不需要太多费用的情况下，便可进行该项指标的测试。

对光发射机的光源进行调制后，即可由光功率计测出此时光发射机的平均输出光功率。

测量时应注意光功率计的选择。对于短波长系统，必须选用短波长的光功率计或换用短波长的探头。对于长波长系统，应该选用长波长的光功率计或换用长波长的探头。光功率一般用相对值“dBm”或者绝对值“μW”表示。

2. 光发射机的消光比的测量

消光比是光发射机的重要技术指标。在光纤数字通信系统中，光发射机发送的是“0”码和“1”码的光脉冲。完善的光发射机，在发“0”码时应无光功率输出。实际的光发射机，由于其本身的缺陷，在发“0”码时会残留矮尖脉冲（这是一种随机干扰），或者由于直流偏置 I_B 的选择不当，在工作时会有多余光功率输出。表明光发射机存在这种缺陷的程度用消光比（EXT）表示。

光发射机在发“0”码时会有矮尖脉冲存在，或者光发射机在工作时会有一定的多余光功

率输出等现象，称为光发射机调制的不完善。这两种现象都要产生额外噪声，使光纤数字通信系统的信噪比恶化，从而影响光接收机的灵敏度。消光比越大，灵敏度下降越厉害。因此，为了保证光接收机有足够的接收灵敏度，通常要求光发射机的消光比要小于 0.1，即要求 EXT<0.1。由此可见，测量光发射机是否满足 EXT<0.1 的要求，对保证光接收机的灵敏度是十分重要的。

光发射机消光比的测量框图仍如图 1-40 所示。按照定义，测量时首先测出全“0”码时的平均输出光功率 P_0，然后再测出全“1”码时的平均输出光功率 P_1。对于 PCM 系统分析仪或伪码发生器送出的伪随机码，基本上认为它产生“1”码时的概率与产生“0”码时的概率相等。因此，实测的全“1”码时的平均输出光功率 P_1 应乘以 2。考虑到这一情况，光发射机的消光比应该按照下式计算：

$$\mathrm{EXT}=\frac{P_0}{2P_1} \tag{1-4}$$

实际操作时，先将光发射机接通电源，待其工作稳定后，PCM 系统分析仪便送出伪随机码信号。这时，通过光功率计测出平均输出光功率 P_1。再将光端机（包括光发射机、光接收机）中的码变换盘拔出，再测光发射机的平均输出光功率，即“0”码时的光功率 P_0。最后按照式（1-4）计算出该光发射机的消光比 EXT。例如，实测值分别为 P_1=6.23μW，P_0=3.8μW，通过式（1-4）计算得到 EXT=0.3。显然，该光发射机的消光比不符合要求，应该采取措施降低消光比。

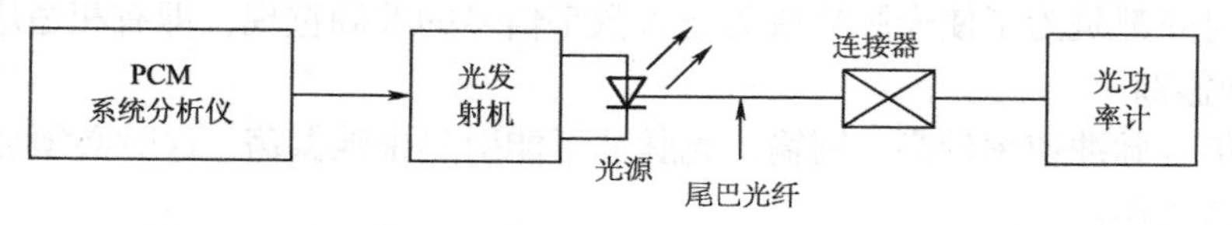

图 1-40　光发射机的平均输出光功率和消光比的测量框图

记一记：应知应会内容

（1）光发射机的主要技术指标：输出光功率及其稳定性、消光比 EXT、光脉冲的上升时间 t_r、下降时间 t_f 及开通延迟时间 t_d、无张弛振荡。

（2）光发射机指标的测试：光发射机的平均输出光功率的测量、光发射机的消光比的测量。

实训操作 1：光发送模块测试

学一学：基本要求

1. 实训目的

（1）了解光源的发光特性。

（2）掌握光发送模块所完成的电/光变换原理。

（3）了解模拟光发送和数字光发送的区别。

2. 实训内容

（1）用示波器观察数字信号光传输的各点波形。

（2）用示波器观察模拟信号光传输的各点波形。

（3）采用光功率计测出光源的光纤功率，多测几点并画出输出功率和注入电流的关系曲线。

（4）用示波器观察光源的非线性失真。

看一看：实训仪器（北京精仪达盛科技有限公司提供）

1. EL-GT-IV 光纤通信实验箱（1 台）

EL-GT-IV 光纤通信实验箱如图 1-41 所示。

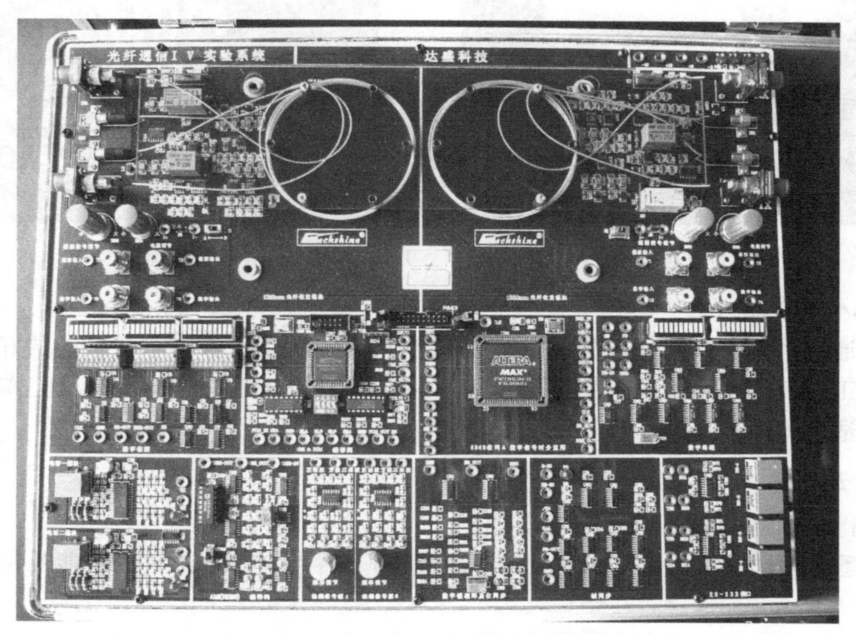

图 1-41　EL-GT-IV 光纤通信实验箱

2. 数字存储示波器（1 台）

数字存储示波器如图 1-42 所示。

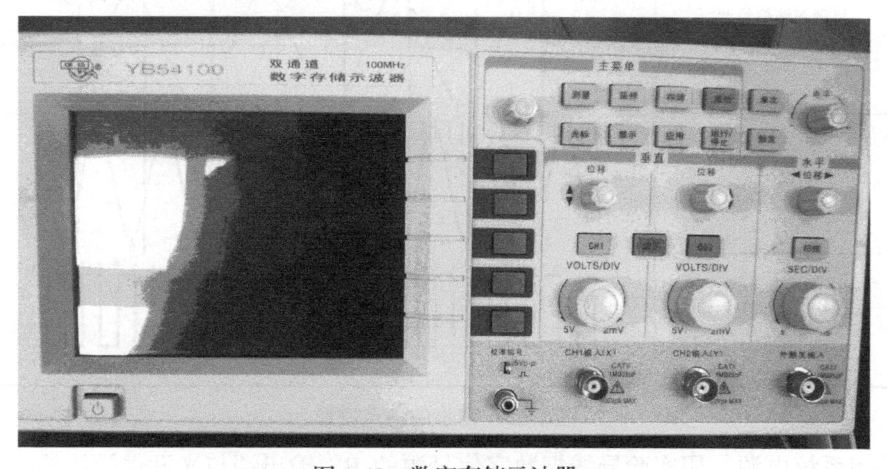

图 1-42　数字存储示波器

3. 光功率计（1 台）

光功率计如图 1-43 所示。

4. 光纤跳线（若干）

光纤跳线如图 1-44 所示。

图 1-43　光功率计

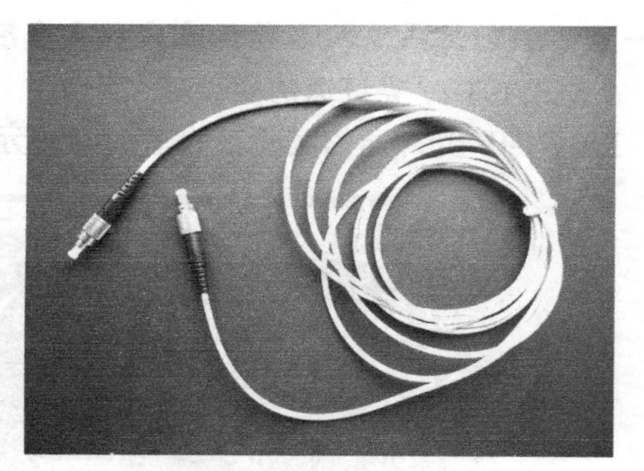

图 1-44　光纤跳线

想一想：基本原理

在光纤通信系统中，光发送模块是比较关键的电路模块之一。该模块性能的好坏，与整个系统的稳定工作有很大的关系，在设计时，应尽量提高光电转换效率，减小其工作时的动态阻值，以提供适当的工作电流。

做一做：实训步骤

1310nm 光纤收发模块的测试步骤如下。

（1）熟悉光发送模块的工作原理及结构组成，了解半导体激光器件的性能及在操作上应注意的事项。

（2）打开系统电源，观察电源指示灯是否正常；用示波器检测数字信号源的 BS 输出是否正常；用示波器检测正弦信号的输出是否正常（输出的各点波形如图 1-45 所示）。

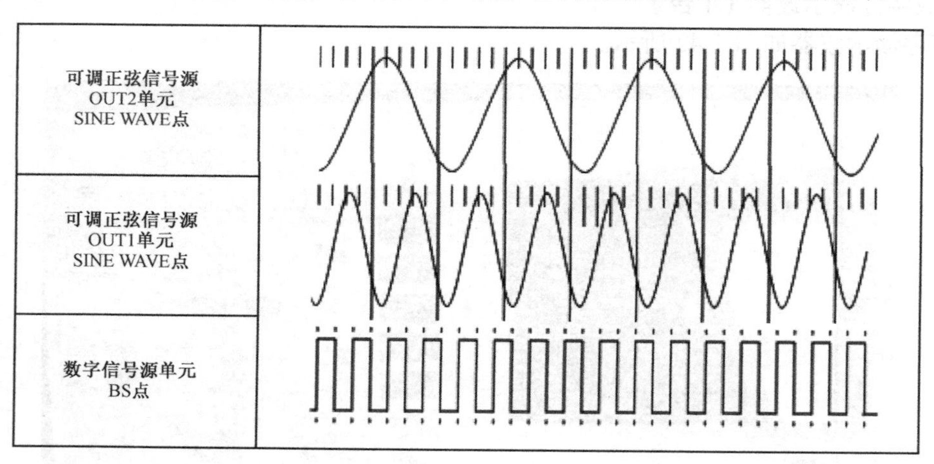

图 1-45　输出的各点波形

（3）关闭系统电源，用实验导线把数字信号源的 BS 输出端与光发送模块的 DIGITAL-IN 连接起来，用示波器观测各测试点的波形：DIGITAL-IN 端口、J8（I-measure）。检测光发送模块的切换开关 S1 是否拨向数字状态，同时检查模块电源开关（POWER SWITCH）是否处于打开状态。接通系统电源，用示波器观察 J8 的波形及电压，看它是否处于正常状态（正常状态时，此点的波形应该与输入点的波形相同，且幅度变小）。其中数字输入端口 T2（在实验箱上）的波形为输入信号的波形，J8 的波形为进入激光器前的驱动信号波形，如图 1-46 所示。

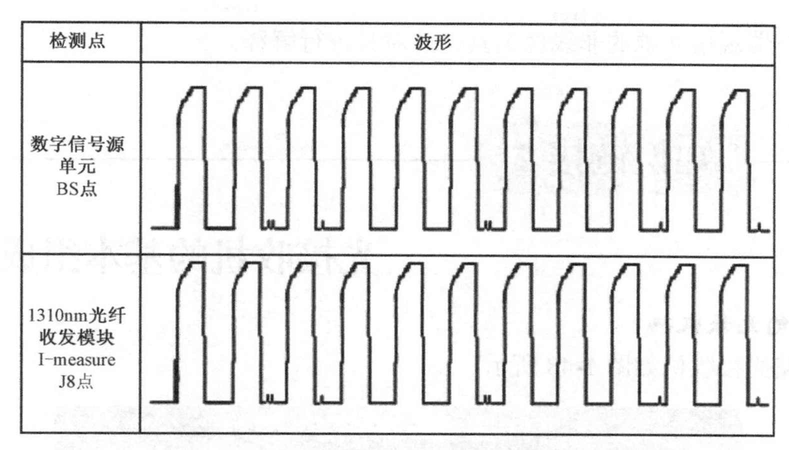

图 1-46　数字信号发送波形的检测

注意：在测试 1310nm 光纤收发模块的 J8 点时，请勿将短路子（短接线，在实验箱上）拔出；测试注入电流时，应将短路子拔出，用万用表的两个表笔短路 J8 点的两根铜柱。

（4）用光功率计测量光纤输出的光功率：调节可调电阻 R95（在实验箱上），改变注入电流，观察光功率计的变化；将光纤慢慢从激光器件中抽出，观察光功率计的变化。

（5）关闭系统电源，用实验导线把正弦信号源的任一输出端与光发送模块的模拟输入端 T1 连接起来，用示波器观测各测试点的波形：模拟输入端口 T1、J8。其中模拟输入端口 T1 的波形为输入信号的波形，J8 的波形为进入激光器前的驱动信号波形。调节 R86（在实验箱上）以改变输入模拟信号的衰减，使其进入光发送模块的幅度达到合适的值，防止信号的饱和失真，在调节的同时用示波器观察 J8 上的波形，直至波形不失真为止，如图 1-47 所示。

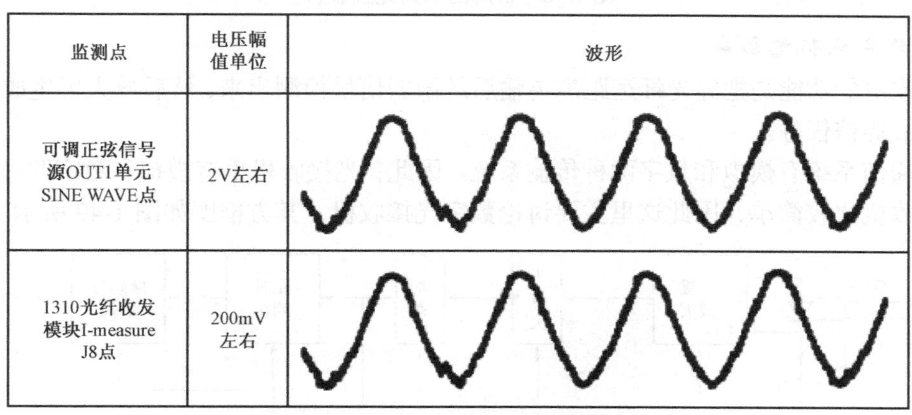

图 1-47　模拟信号发送波形的检测

（6）重复第（4）步的操作：调节 R95 和 R86，观察光功率计的变化。总结输入信号幅度的大小及注入电流对光功率的影响。

（7）更换输入模拟信号的波形，重复第（5）步的操作。

理一理：实验报告要求

（1）整理实验记录，画出相应的信号波形。

（2）通过光功率计测出光源的光功率，多测几点，画出输入功率和注入电流的关系曲线，并做相应说明。

（3）用示波器观察光源的非线性失真，并对其进行解释。

光接收机的基本组成

认一认：常用的光接收机

常用的二路光接收机如图 1-48 所示。

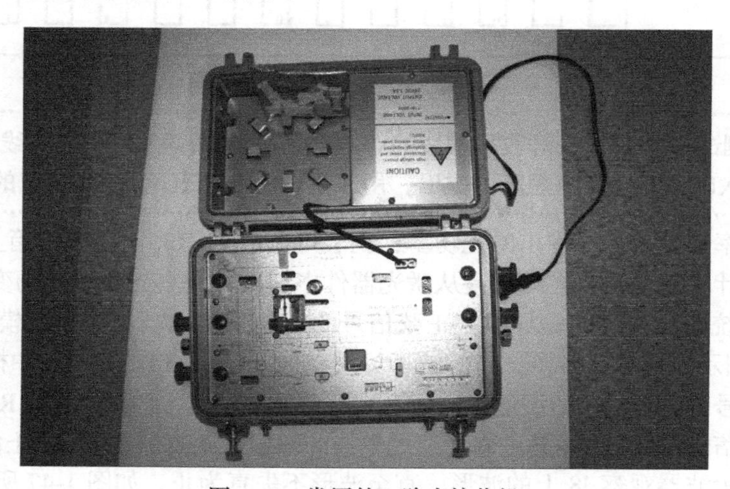

图 1-48　常用的二路光接收机

看一看：光接收机的组成

光接收机的功能是把经光纤远距离传输后的微弱信号检测出来，然后放大再生成原来的电信号，完成通信任务。

光纤通信系统有模拟和数字两种传输系统。因此，光接收机也有模拟和数字两种。模拟系统的光接收机比较简单，因此这里主要讨论数字光接收机，其方框图如图 1-49 所示。

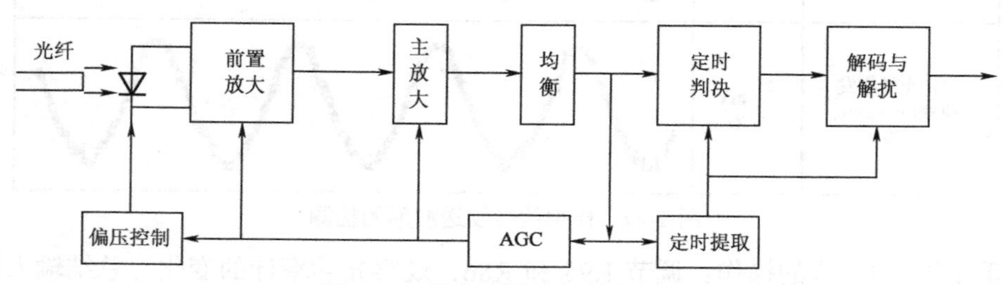

图 1-49　数字光接收机的方框图

学一学：数字光接收机的组成

由图 1-49 可知，数字光接收机的组成包括以下几部分。

（1）光检测器件：目前光纤通信中使用的光检测器件主要有 APD 和 PIN 两种光电二极管，用来完成光/电转换。

（2）前置放大和主放大：实现将电信号放大到足够电平输给均衡器（实现均衡作用）。

（3）均衡：实现将信号均衡成升余弦波，排除码间干扰并减小噪声影响以利判决。

（4）定时判决：实现把经均衡后的波形判决再生为原来的波形。

（5）定时提取：实现从接收信号中提取时钟。

（6）解码与解扰：实现发端编码和扰码的逆过程。

（7）AGC：当光纤通信系统及光检测器的特性随时间和工作条件变化引起输出变化时，自动增益控制（AGC）电路控制放大器增益，使输出维持不变。

（8）偏压控制：APD 偏压达 50～200V，需用变换器将低压变成高压；PIN 管需偏压 10～20V，可不使用偏压控制电路。

因为传输到光接收机的光信号已经很微弱，所以如何提高光接收机的灵敏度、降低输入端的噪声是研究光接收机的主要问题。光检测器件和前置放大器（实现前置放大作用）对光接收机的性能起着关键性作用。对于模拟光接收机而言，表征其性能的指标是信噪比和接收灵敏度；对于数字光接收机而言，误码率、接收灵敏度及其动态范围则是主要指标。这些指标都与光检测器件和前置放大器有关。

做一做：光接收机主要技术指标的测量

在光纤数字通信系统中，衡量其光接收机质量的好坏主要有两个重要技术指标：接收灵敏度和动态范围。

1. 接收灵敏度的测量

数字光接收机（以下简称光接收机）的接收灵敏度是指在保证一定误码率的前提下需要的最低接收光功率。通常用 P_r 表示接收灵敏度。其单位用相对值 dBm 表示，即相对 1mW 光功率的分贝数：

$$P_r = 10\lg\frac{P_{min}}{1(mW)} \quad (dBm) \tag{1-5}$$

P_r 或 P_{min} 的值越小，光接收机的接收灵敏度越高。光接收机的接收灵敏度高，不仅说明质量好，而且也说明中继通信距离长。

光接收机的接收灵敏度测量系统框图如图 1-50 所示。为了保证通信质量，系统的误码率一般规定为 10^{-8}～10^{-9}。因此，在按照图 1-50 对光接收机进行接收灵敏度的测量时，应同时用误码仪检测。具体操作为：首先接通电源，稳定后，PCM 系统分析仪便送出伪随机码序列，再逐渐增大可变光衰减器的衰减量，直到误码仪上指示的误码率为 10^{-9} 为止。这时，光功率计上的指示便是被测光接收机的最小接收光功率 P_{min}。然后通过式（1-5）计算出以相对值表示的该光接收机的接收灵敏度的 dBm 值。

按照图 1-50 进行光接收机的接收灵敏度测量时，还应考虑活动连接器的损耗值。由于接收灵敏度功率 P_r 是在活动连接器前测量的，所以实际接收灵敏度应该减去活动连接器的损耗。例如，经测试按上述公式计算出光接收机的接收灵敏度为 P_r=–50.3dBm，活动连接器的损耗为 0.7dBm，则光接收机的接收灵敏度应该为–50.3dBm–0.7dBm=–51dBm。

另外，在对光纤数字通信系统进行接收灵敏度的测量时，由于系统的两端都有光接收机，所以测量既可在本端环路进行，也可在远端环路进行。

2. 动态范围的测量

在保证光纤数字通信系统一定误码率的前提下，光接收机能够接收最小光功率 P_{min} 和最大光功率 P_{max} 的能力，便是光接收机的动态范围。光接收机的动态范围也是用相对值表示的，单

位为 dB。它的数学表达式为

$$D = 10\lg\frac{P_{max}}{P_{min}} \quad (\text{dB}) \qquad (1\text{-}6)$$

光接收机的动态范围和接收灵敏度一样，是衡量光接收机质量好坏的重要技术指标。在实际的光纤数字通信系统中，由于种种原因，如光纤损耗随温度的变化和光源输出光功率随使用时间的增长而下降等，都要导致光接收机输入光功率的变化。因此，一部质量好的光接收机，不仅要有高的接收灵敏度，而且也应该有较大的动态范围。这样，才能保证系统在各种条件下稳定可靠地工作。因此，测量光接收机的动态范围，对保证系统正常工作是十分重要的。

光接收机的动态范围测量系统框图仍如图 1-50 所示。测量时，除按照测量接收灵敏度的方法测得最小接收光功率 P_{min} 外，还应该逐渐减小可变光衰减器的衰减量，以增加入射到光接收机中光电检测器的光功率。在减小可变光衰减器衰减量的同时，应时刻注视误码仪（图中未显示）的指示。在保证误码仪的指示为 10^{-9} 的前提下，由光功率计读出的光功率便是光接收机所能接收到的最大光功率 P_{max}。如果再继续减小可变光衰减器的衰减量，误码仪的指示就要增大，表明系统的误码率增加了，光接收机过载，系统不能正常工作。

根据测得的最大光功率 P_{max} 和最小光功率 P_{min}，按照式（1-6）便可计算出该光接收机的动态范围的 dB 值。

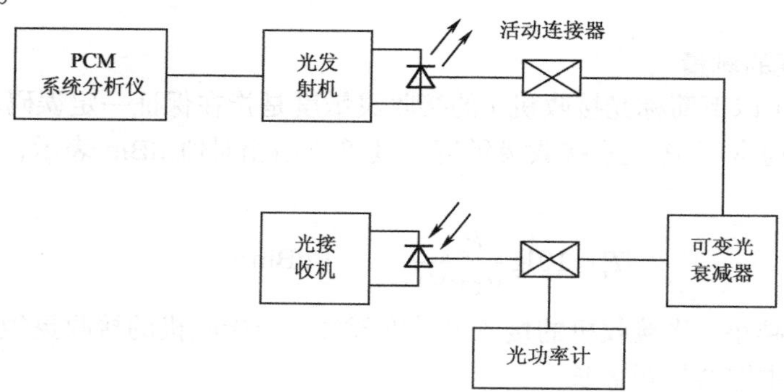

图 1-50　光接收机的接收灵敏度和动态范围测量系统框图

记一记：应知应会内容

（1）数字光接收机的方框图。

（2）数字光接收机主要技术指标的测量：接收灵敏度的测量、动态范围的测量。

实训操作 2：光接收模块测试

学一学：基本要求

1. 实训目的

（1）了解光电检测器的光/电变换原理。

（2）了解光接收电路的功能。

（3）掌握光接收机的动态范围的概念。

2. 实训内容

（1）用示波器观察光接收电路输出点的各点波形。

（2）检测光接收机的灵敏度。

（3）测试光接收机的误码率。

（4）检测光接收机的动态范围。

看一看：实训仪器（由北京精仪达盛科技有限公司提供，同“实训操作 1：光发送模块测试”）

（1）EL-GT-IV 光纤通信实验箱：1 台。

（2）数字存储示波器：1 台。

（3）光功率计：1 台。

（4）光纤跳线：若干。

想一想：基本原理

光接收电路主要完成光/电信号的转换，小信号的检测与信号的恢复放大等功能。它主要由光电检测模块（光纤检测模块）、滤波模块（隔离电路）、放大模块（主信号放大电路）组成，其结构框图如图 1-51 所示。

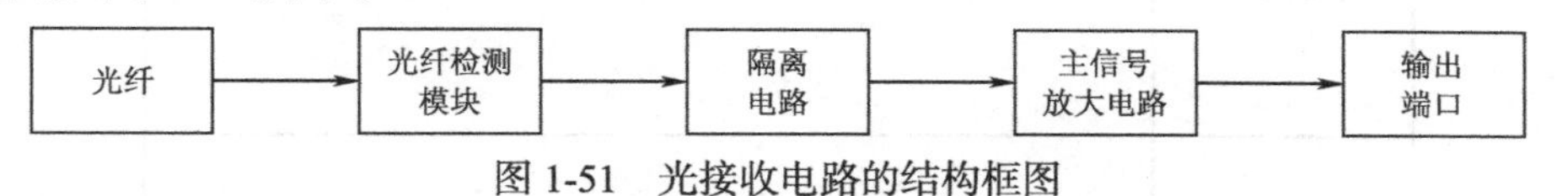

图 1-51　光接收电路的结构框图

做一做：实训步骤

1310nm 光纤收发模块的测试步骤如下。

（1）将光纤跳线一端插入激光器件端口，另一端插入光功率计接口。安装光纤跳线时请注意光纤接头处的突出卡片和光纤连接器上的凹槽应良好接触。

（2）熟悉光接收模块的工作原理及结构组成，了解半导体激光器件的性能及在操作上应注意的事项。

（3）打开系统电源，观察电源指示灯是否正常；用示波器检测数字信号源的 BS 输出是否正常；用示波器检测正弦信号的输出 OUT1 和 OUT2 是否正常。输入信号波形如图 1-52 所示。

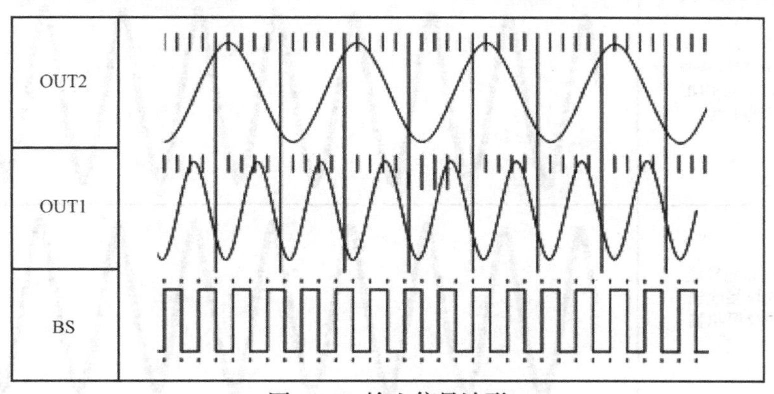

图 1-52　输入信号波形

（4）关闭系统电源，按照表 1-4 接线，将信号切换开关拨向数字端（即将拨动开关 S1 拨到数字端）。

注意：在做此实验时，请将 1310nm 光纤收发模块的转换开关 S1 均拨到数字端。表中所指“1310nm 光纤收发模块”的“1310nm　TX”和“1310nm　RX”这两个连接点位置在实验箱面板的左上区域（有两个已经固定好的法兰盘，在其右边做了标注，包含这两个标注）。

表 1-4　1310nm 光纤收发模块的接线方式

模　块	连 接 点	连接方式	连 接 点	模　块
数字信号源单元	BS　OUT	导线	DIGITAL T2	1310nm 光纤收发模块光发送输入单元
1310nm 光纤收发模块	1310nm　TX	光纤	1310nm　RX	1310nm 光纤收发模块

（5）开启系统电源，用示波器观测接收电路数字输出端口的波形，并与光发送端的输入波形相比较。波形比较如图 1-53 所示。

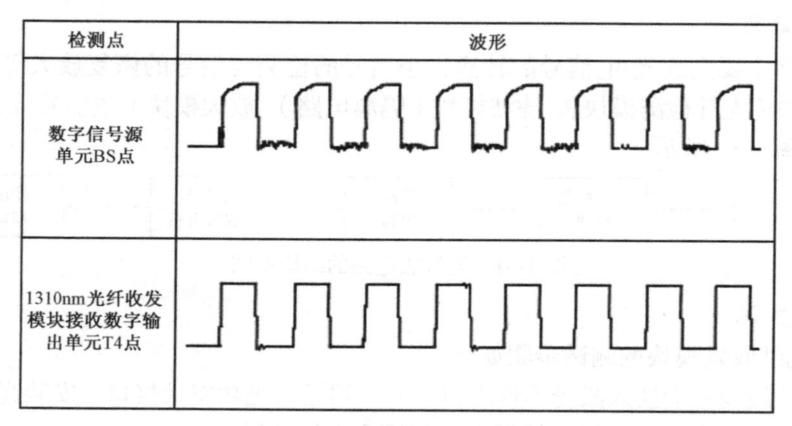

图 1-53　BS 码在光纤传输前后的波形

（6）关闭电源，将模拟信号输入光发送模块，将信号切换开关拨向模拟端（即将拨动开关 S1 拨到模拟端），再接通电源，按照表 1-5 接线。实验中各点的波形如图 1-54 所示。

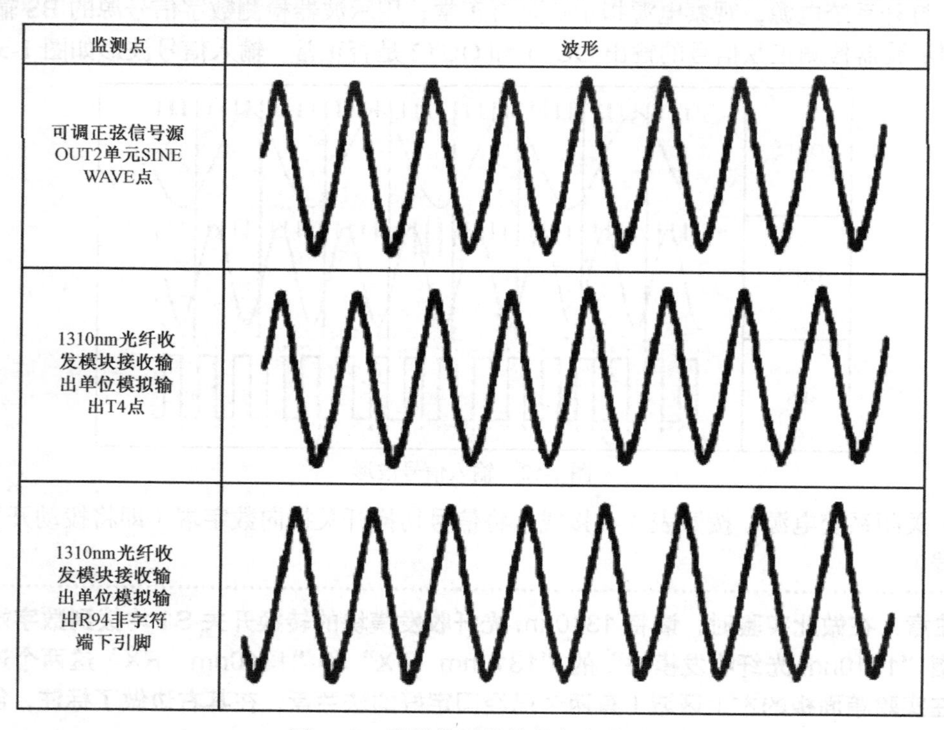

图 1-54　模拟信号传输的各点波形

表 1-5　模拟信号传输的接线方式

模　　块	连　接　点	连接方式	连　接　点	模　　块
可调正弦信号源 OUT2 单元	SINE WAVE 点	导线	ANALOG T1 点	1310nm 光纤收发模块光接收输出单元
1310nm 光纤收发模块	1310nm　TX	光纤	1310nm　RX	1310nm 光纤收发模块

（7）将输出接入误码测试仪，观察误码。

（8）将光纤长度加长至出现误码，此时，光纤的长度为收发模块之间的最大距离，再测量光纤输出的光功率，则可求得接收机的接收灵敏度。

理一理：实验报告要求

（1）整理实验记录，画出相应的信号波形。

（2）总结出动态范围的测试方法，如有条件，测出本套系统的光纤收发模块的动态范围。

（3）总结出接收灵敏度的测试方法，如有条件，测出本套系统的光纤收发模块的接收灵敏度。

任务三　接入网基础知识

工作任务单

序　　号	工 作 内 容
1	接入网的基本概念、特点、位置和作用
2	ADSL 接入网络（一）
3	接入网的主要接口与业务支持
4	ADSL 接入网络（二）

看一看：接入技术之一——ADSL 系统的典型结构图

ADSL 系统的典型结构如图 1-55 所示。

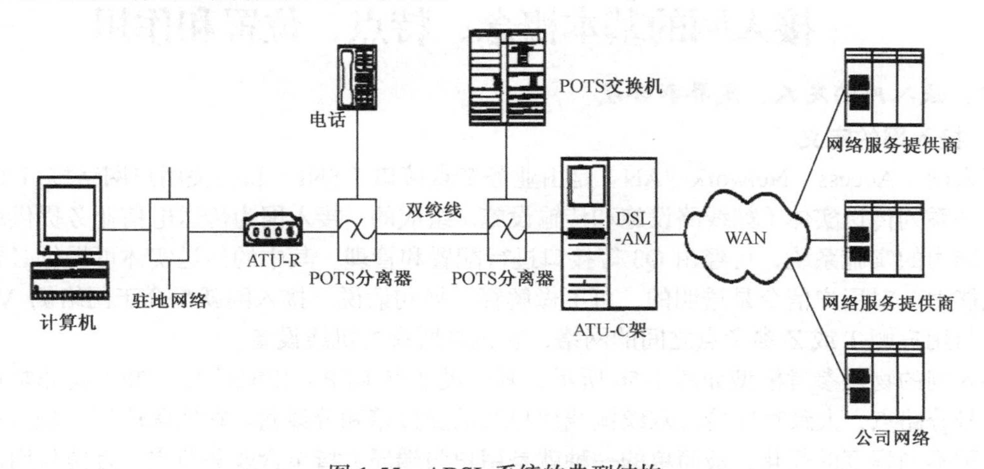

图 1-55　ADSL 系统的典型结构

记一记：系统结构与各部分作用

由图 1-55 可知，ADSL 系统主要由局端设备和远端设备组成，其中局端设备包括 ATU-C，DSLAM 和 POTS 分离器；远端设备包括 ATU-R 和 POTS 分离器。

1. 用户接口

用户接口可以有多种不同的选择方案，常见的接口有 10 Base-T 和 25.6Mbps ATM 接口（或简称为 ATM－25 接口）两种。

2. POTS 分离器

POTS 分离器使得 ADSL 信号能够与普通电话信号共用一对双绞线。在局端和远端均需要有一个 POTS 分离器，它在一个方向上组合两种信号，而在相反方向上将这两种信号正确分离。

3. ATU-R

ATU-R 是指远端 ADSL 收发单元，放置于用户端（家用或商用），主要完成接口适配、调制解调及桥接等功能。

4. ATU-C

ATU-C 是指局端 ADSL 收发单元，放置于局端，与 ATU-R 配对使用，主要完成接口适配、调制解调及桥接等功能。

5. DSLAM

DSLAM 是指数字用户线接入复用器，可将用户线路上的业务流量整合汇聚到与骨干网交换设备相连的高速数据链路上。

6. BNAS

BNAS 是指宽带网络接入服务器，主要用于对逻辑点对点（PPP）连接的管理，完成或协助完成时长统计、流量统计，以及用户识别、鉴权、地址分配等。

7. NSP

网络服务提供商（NSP）是实现综合服务网络的重要部分。NSP 是一个通用术语，泛指因特网服务提供商、娱乐服务提供商、公司网络或用户通过 xDSL 技术接入的任何一种类型的服务提供商。

知识链接 1

接入网的基本概念、特点、位置和作用

学一学：接入网的定义、定界和分层

1. 接入网的定义

接入网（Access　Network，AN）是由业务节点接口（SNI）和相关用户网络接口（UNI）之间的一系列传送实体（如线路设施和传输设施）组成的。接入网为传送电信业务提供所需传送承载能力的实施系统，可经由 Q3 等接口进行配置和管理。其中的传送实体可提供必要的传送承载能力，对用户信令是透明的，可不做解释。换句话说，接入网就是介于网络侧 V 或 Z 参考点与用户侧 T 或 Z 参考点之间的网络，它包含所有的机线设备。

接入网的物理参考模型如图 1-56 所示，其中灵活点（FP）和配线点（DP）是非常重要的两个信号分路点，大致对应传统双绞铜线用户线的交接箱和分线盒。在实际应用与配置时，可以有各种不同程度的简化，最简单的一种就是用户与端局（指包含业务节点，直接与用户连接的电话局）直接相连，这对于离端局不远的用户而言是最为简单的连接方式，另一种情况参见图 1-56，即用户通过配线点、灵活点、远端设备与端局的业务节点相连，但在多数情况下是介于上述两种极端配置方式之间的。

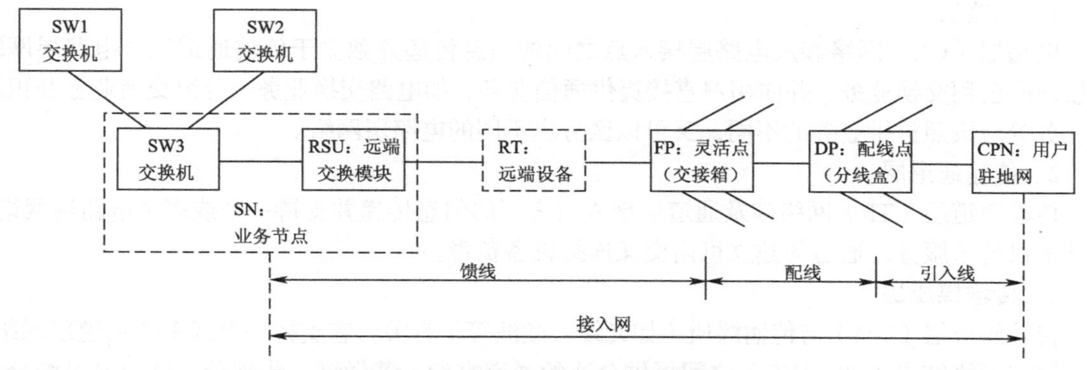

图 1-56　接入网的物理参考模型

根据图 1-56 所示结构，可以将接入网的概念进一步明确。所谓接入网一般是指端局本地交换机或远端交换模块至用户之间的部分，其中端局至 FP 的线路称为馈线段，FP 至 DP 的线路称为配线段，DP 至用户的线路称为引入线，SW 为交换机。图 1-56 中的远端交换模块（RSU）和远端设备（RT）可根据实际需用来决定是否设置；CPN 为用户驻地网。

2．接入网的定界

接入网有三个接口定界，在用户侧，它经用户网络接口（UNI）与用户设备（用户驻地网）相连；在网络侧，它经业务节点接口（SNI）与业务节点（SN）相连；在维护管理侧，它经 Q3 接口与电信管理网（TMN）相连。如图 1-57 中所示的是三个接口间机线设施的总和。其主要功能是复用、交叉连接和传输，一般不含交换功能。接入网对用户信令是透明的，不做处理，可以看做一个与业务和应用无关的传送网。业务节点 SN 是提供业务的实体，是可以接入各种交换型和／或永久连接型电信业务的网元，如本地交换机、ATM 边缘交换机、点播电视（VOD）业务节点、声像业务节点等。

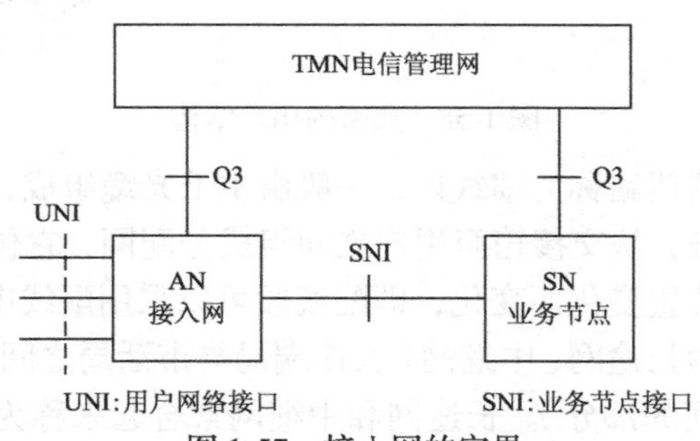

图 1-57　接入网的定界

接入网可以与多个 SN 连接，接入分别支持不同业务的单个 SN，也可以接入支持相同业务的多个 SN。UNI 与 SN 的联系是静态的，即非交换型的，是通过协调指配功能来完成的。由此可见，接入网是一个很大的概念范畴，简单的接入网可能是一条双绞用户线，复杂的接入网可能是一个系统。

3．接入网的分层

为便于网络设计与管理，接入网按垂直方向分解为三个独立的层次，其中每一层为其相邻的高阶层提供传送服务，同时又使用相邻的低阶层所提供的传送服务，这三层网络分别是电路层、传输通道层、传输媒质层。进行网络分层后，每一层仍显复杂，因此可以进一步将每一层网络分为若干个子网，每一个子网又可进一步分割成若干个更小的子网。

1）电路层

电路层（CL）网络涉及电路层接入点之间的信息传递并独立于传输通道层。电路层网络直接面向公用交换业务，并向用户直接提供通信业务，如电路交换业务、分组交换业务和租用线业务等。按照提供业务的不同，又可以区分出不同的电路层网络。

2）传输通道层

传输通道层（TP）网络涉及通道层接入点之间的信息传递并支持一个或多个电路层网络，为其提供传送服务。通道的建立可由交叉连接设备负责。

3）传输媒质层

传输媒质层（TM）与传输媒质（如光缆、微波等）有关，它支持一个或多个通道层网络，为通道层网络结点（如 DXC）之间提供合适的通道容量。若做进一步划分，该层又可细分为段层和物理层。

以上三层相互独立，相邻层之间符合客户/服务者关系。这里所说的客户是指使用传送服务的层面，服务者是指提供传送服务的层面。例如，对于电路层与通道层来说，电路层为客户，通道层为服务者。

看一看：用户网和电信网的组成

电信网可划分为公用电信网和用户驻地网（CPN）两大部分。用户驻地网归用户所有，形式多种多样，如从最简单的一段接到普通电话机的导线，到一个以用户小交换机为核心的内部电话通信网，再到规模庞大的校园网。传统的公用电信网是由成千上万条电话线路将端局的交换机与用户终端设备连接起来的，从而形成了庞大的用户网，图 1-58 给出了典型的用户结构。

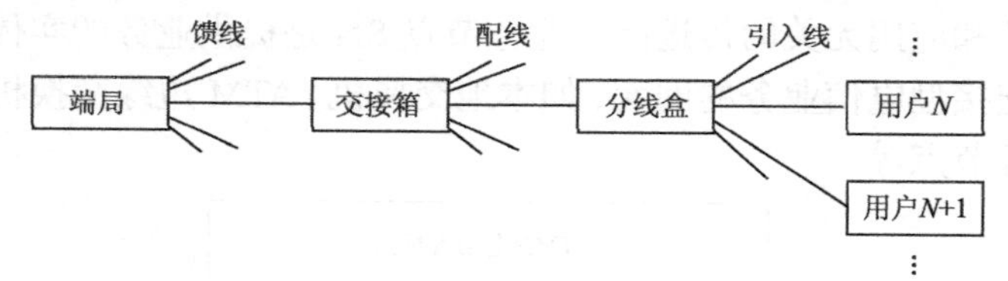

图 1-58　典型的用户结构

图中的端局至交接箱的线路称为馈线段，一般由主干光缆组成，长度为几千米，它担负着信息传输的主干通道的任务；从交接箱至用户之间组成分配网，它包括配线和引入线，分配网的结构随着光缆终端盒的位置变化而变化，即配线段可以采用配线电缆或配线光缆等。

公用电信网又可划分为长途网、中继网（长途端局与市话局之间，以及市话局之间的部分）和接入网（端局到用户之间的部分）。长途网和中继网常合起来称为核心网。相对核心网，公用电信网的其余部分可称为接入网，主要完成将用户接入核心网的任务（如图 1-59 所示）。由于两者在运行环境、业务量密度及技术手段方面差别很大，所以也有人将核心网部分称为网络，而将接入网称为接入环路。

图 1-59　公用电信网的组成

国际电联对接入网有严格的定义（G.902 建议）：接入网是由业务接点接口（SNI）和相关用户网络接口（UNI）之间的一系列传送实体（线路设备和传输设备）所组成的，为传送电信业务提供承载能力的实施系统，可经由 Q3 接口进行配置和管理。

记一记：接入网在网络中的位置与作用

接入网是由传统的用户环路发展而来的，是用户环路的升级，是电信网络的组成部分，负责将电信业务透明地传送到用户，即用户通过接入网的传输，能灵活地接到不同的电信业务节点上。接入网处于电信网的末端，直接与用户连接，它包括本地交换机与用户端设备之间的所有实施设备与线路，它可以部分或全部替代传统的用户本地线路网，可含复用、交叉连接和传输功能（如图 1-60 所示）。

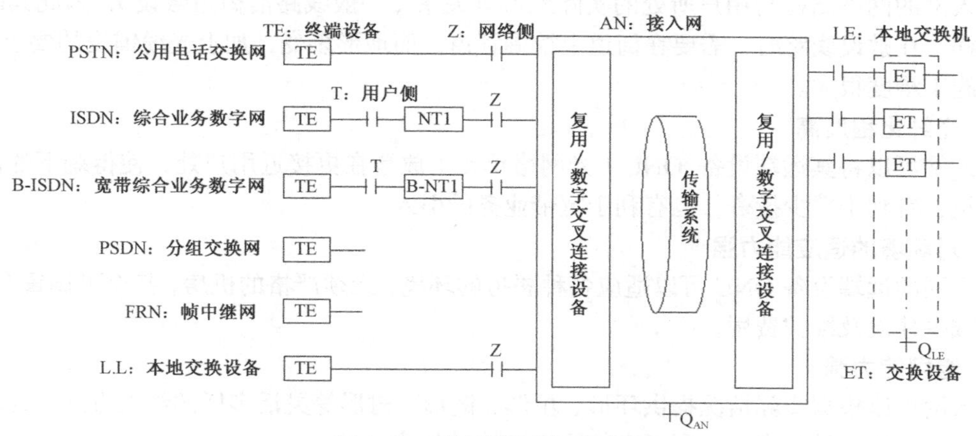

图 1-60　接入网的位置与功能

引入接入网的目的，就是为了通过有限种类的接口，利用多种传输媒介，灵活地支持各种不同的接入类型业务。

议一议：接入网的主要特点

随着电信网络的数字化、综合化和宽带化，尤其是核心网上 ATM（异步转移模式）、SDH（同步数字分层体系）和 WDM（光纤波分复用）技术的广泛应用，带宽已不是珍稀资源，但传统的以双绞铜线接入电话业务的用户线的传输能力却成为用户享用核心网传输资源，使用宽带、高速电信业务的制约因素。为了实现向千家万户提供数字化、宽带化、多媒体化、综合化的电信业务，克服信息高速公路的“瓶颈”，必须改造原有的以铜双绞线为基础的接入网，利用最新的技术成果，满足用户对电信业务多种多样、千差万别的需求。

接入网介于市话中继网和用户之间，直接担负广大用户的信息传递与交换任务，它与长途干线网和市话网有明显的不同，具有以下主要特点。

1. 完成复用、交叉连接和传输功能

接入网主要完成复用、交叉连接和传输功能，不具备交换功能，提供开放的 V5 标准接口，可实现与任何种类的交换设备进行连接。

2. 提供各种综合业务

接入网业务需求种类多，除接入语音业务外，还可接入数据业务、视像业务及租用业务等。

3. 网径较小

接入网只连接本地交换机和用户，因此它的传输距离短，在市区为几千米，在偏远地区为几千米到十几千米。长途网和市话网则不同，它们是信息传递的干线部分，覆盖范围广，特别是我国领土范围大，与接入网相比，它们的传输距离长得多。

4. 成本与用户有关

因为接入网需要覆盖所有类型的用户，而各用户的传输距离不同，这就造成了成本上的差异。例如，居住在市中心的用户可能只需要1～2km的接入线，而偏远地区的用户有可能需要十几千米的接入线，因此一个偏远地区用户的成本很可能比市区用户的成本高出10倍以上。长途网和市话网的情况相反，每个用户需要分担的网络设施的成本十分接近；同一交换区用户需要分担的网络设施成本是一样的，不同交换区之间的差别最多也只有3～4倍。

5. 线路施工难度大

接入网的网络结构与用户所处的实际地形有关系（一般线路沿街道敷设），因此其网络复杂。这样，在敷设线路时，需要在街道上挖掘管道，而地形多变，加上光缆铺设的要求又高，因此其施工难度很大。

6. 光纤化程度高

接入网可以将其远端设备ONU（光网络单元）放置在更接近用户处，使得剩下的铜缆段距离缩短，有利于减少投资，也有利于宽带业务的引入。

7. 对环境的适应能力强

接入网的远端设备ONU可以适应各种恶劣的环境，无须严格的机房，甚至可搁置在室外，有利于减少建设及维护费用。

8. 组网能力强

接入网可以根据实际情况提供环形、星形、链形、树形等灵活多样的组网方式，且环形具有自愈功能，也可带分支，有利于电信网络结构的优化。

实训操作1：ADSL接入网络（一）

学一学：目的和原理

1. 实训目的

了解ADSL虚拟拨号方式的安装及调试方式，并了解ADSL的连接方式。

2. 实训原理

ADSL（Asymmetrical Digital Subscriber Line，非对称数字用户环线）使用一对电话线，在用户线两端各安装一个ADSL调制解调器，该调制解调器采用了频分复用（FDM）技术，将带宽分为三个频段：最低频段部分为0～4kHz，用于普通电话业务；中间频段部分为20～50kHz，用于速率为16～640Mbps的上行数据信息的传递；最高频段部分为150～550kHz或140kHz～1.1MHz，用于1.5～8.0Mbps的下行数据信息的传送。ADSL系统的框图如图1-61所示。

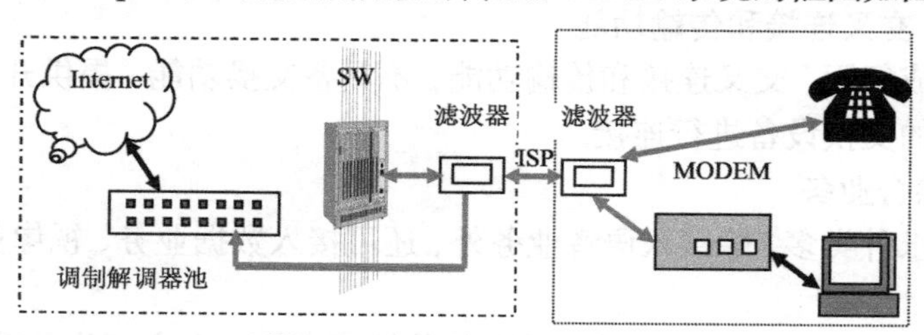

图1-61　ADSL系统的框图

在图 1-61 所示 ADSL 系统的框图中，在 ISP 处将用户输入线通过滤波器分别引入 ADSL 的调制解调器池和交换机（SW），通过调制解调器池实现各用户与 Internet 的连接，通过交换机的连接实现正常的电话功能；在用户端，用户接入线通过滤波器分别与电话机和 ADSL 调制解调器相连。由于普通电话使用的频率范围与调制解调器的频率范围不重叠，所以 ADSL 技术可以实现上网与打电话互不干扰。滤波器的作用是将 ADSL 调制器的已调信号与电话信号区分开来。如果没有滤波器，用户在打电话时会听到大量的噪声干扰。

看一看：实验设备和器材

（1）安装好 Windows 98 以上版本操作系统的计算机。

（2）ADSL 调制解调器。

（3）一条能直拨的电话外线，并申请开通 ADSL 业务。

（4）10/100Mbps 的 PCI 接口网卡。

（5）交叉连接的 5 类双绞线网线（ADSL 调制解调器内部附有）。

做一做：实验步骤

1. 硬件的安装

（1）安装网卡：关掉计算机电源，打开计算机机箱，拆除计算机空的 PCI 插槽后面的挡板，将网卡安装在空白扩展槽中。

（2）安装 ADSL MODEM 的滤波器（Splite）：滤波器（也即信号分离器）是用来将电话线路中的高频数字信号和低频语音信号分离的。低频语音信号经滤波器与电话机相连，用来传输普通语音信息；高频数字信号则接入 ADSL MODEM，用来传输上网信息和 VOD 视频点播节目。这样在使用电话时，就不会因为高频信号的干扰而影响语音质量，也不会因为在上网时，由于打电话时语音信号的串入而影响上网的速度。

具体安装时，应先将来自电信局端的电话线接入滤波器的输入端，然后再将滤波器内附带的一条电话线的一端连接滤波器的语音信号输出口，另一端连接电话机。此时的电话机便可以接听和拨打电话了。如图 1-62 所示为 ADSL 安装连线图。

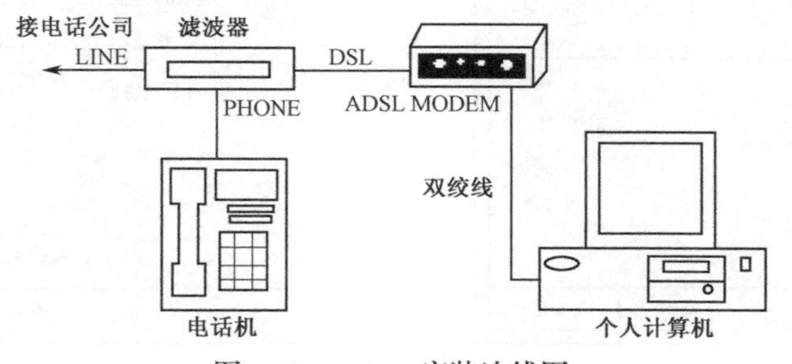

图 1-62　ADSL 安装连线图

注意：在采用 G.Lite 标准的 ADSL 系统中，由于降低了对输入信号的要求，所以就不需要安装滤波器，这使得该 ADSL MODEM 的安装更加简单和方便。

（3）安装 ADSL MODEM。只需要用电话线将来自于滤波器的 ADSL 高频信号接入 ADSL MODEM 的 ADSL 插孔，再将一根 5 类双绞线的一头连接 ADSL MODEM 的 10BaseT 插孔，另一头连接计算机网卡中的网线插孔，然后打开计算机和 ADSL MODEM 的电源，如果两边连接网线的插孔所对应的 LED 都亮了，则硬件连接也就成功了。如图 1-63 所示为 ADSL MODEM

与网卡的连接方法及网线的内部结构。

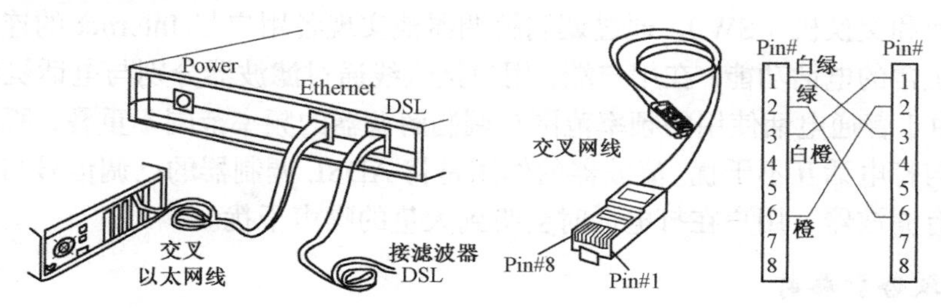

图 1-63 ADSL MODEM 与网卡的连接方法及网线的内部结构

2. 软件的安装

ADSL 上网的软件设置可分为以下几个步骤。

（1）网卡的安装和设置。安装好网卡后打开计算机，在进入 Windows 系统时会提示找到新硬件，再将驱动程序放入 CDROM，然后按照安装说明书内容进行安装即可。如果安装正确后重新启动计算机，这时在桌面上会出现“网上邻居”的图标。双击“网上邻居”图标会弹出如图 1-63 所示的“网络”对话框。

ADSL MODEM 与网卡进行通信时使用的通信网络协议为 TCP/IP 协议，这就需要将网卡的 IP 地址设置在 ADSL MODEM 的同一个网段。通过单击图 1-64 中的“TCP/IP”一栏，可以打开如图 1-65 所示的“TCP/IP 属性”对话框，选择“指定 IP 地址”，在“IP 地址”和“子网掩码”栏输入相应的值即可。

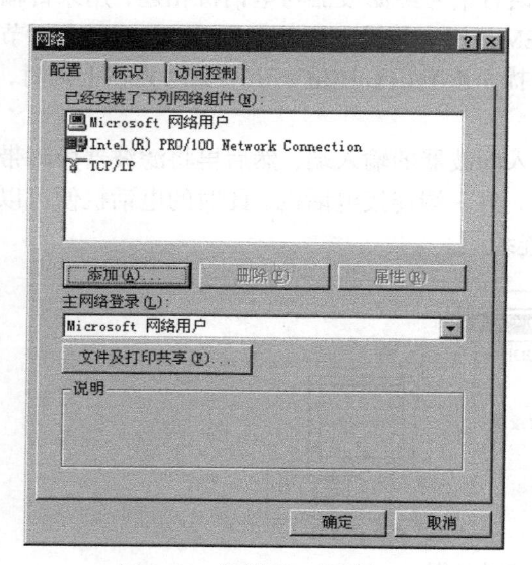

图 1-64 “网络”对话框

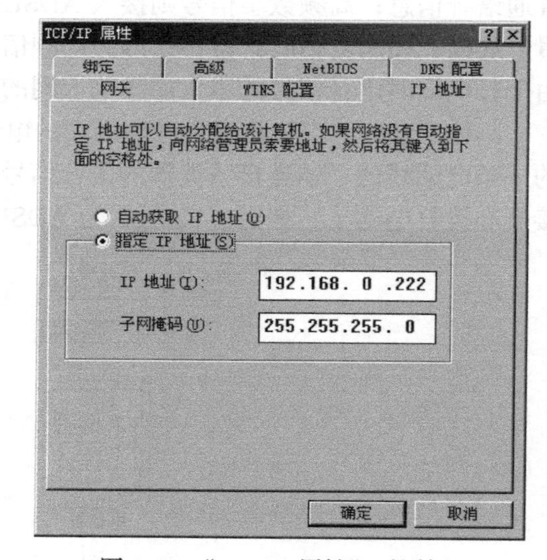

图 1-65 “TCP/IP 属性”对话框

通常情况下，ADSL MODEM 使用 C 类地址，为 196.168.XXX.XXX，其中 XXX 的取值为 0～254。

（2）ADSL MODEM 的设置。ADSL MODEM 出厂的默认设置与各地的 ISP 参数不一样，这时便需要进行设置。一般 ADSL MODEM 都支持超级终端方式和 Web 方式的设置，因此这里以创维 AVS 100 ADSL 路由器来说明其设置过程。

首先单击屏幕左下角的“开始”按钮，选择“运行”，然后在弹出的图 1-66 所示的“运行”

对话框中输入“telnet 192.168.1.1”，其中 192.168.1.1 为 ADSL MODEM 的 IP 地址。

图 1-66 通过 Telnet 命令进入设置界面

这时会弹出一个“Telnet”对话框，再按回车键便会弹出一个用户名和密码输入框。在用户名和密码输入框中直接输入相应的 ADSL MODEM 密码（创维 AVS100 的出厂密码是 1234），就可进入 ADSL MODEM 的设置主界面，如图 1-67 所示。

在图 1-67 中选择“1. Configuration”进入 AVS100 的设置界面，如图 1-68 所示。

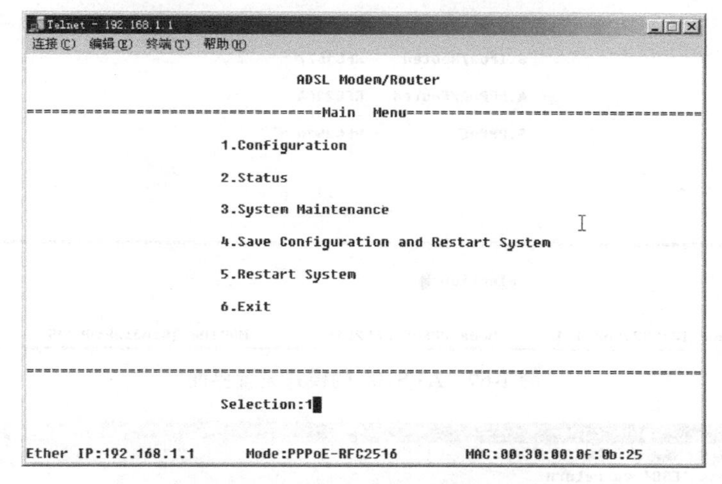

图 1-67 ADSL MODEM 的设置主界面

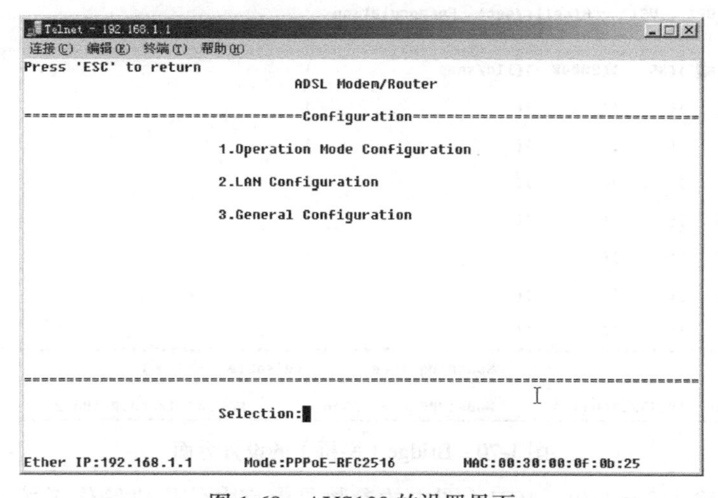

图 1-68 AVS100 的设置界面

在图 1-68 中有三个选择，如下所示。

（1）Operation Mode Configuration：操作模式设置，即用户设置 MODEM 的工作模式。

（2）LAN Configuration：本地局域网络设置，设置 MODEM 的 IP 等参数。

（3）General Configuration：设置路由器方式的路由表。

在电信局的设置模式下只需要设置第 1 项。在图 1-68 中选择“1. Operation Mode Configuration”，便进入图 1-69 所示的 AVS100 的模式设置界面。

图 1-69 中提供了 5 种工作模式供用户选择，其中电信设置为“1. Bridge”（网桥），其余几种都是支持各种方式的路由功能。选择“1 Bridge”后便进入图 1-70 所示的 Bridge（网桥）的设置界面。

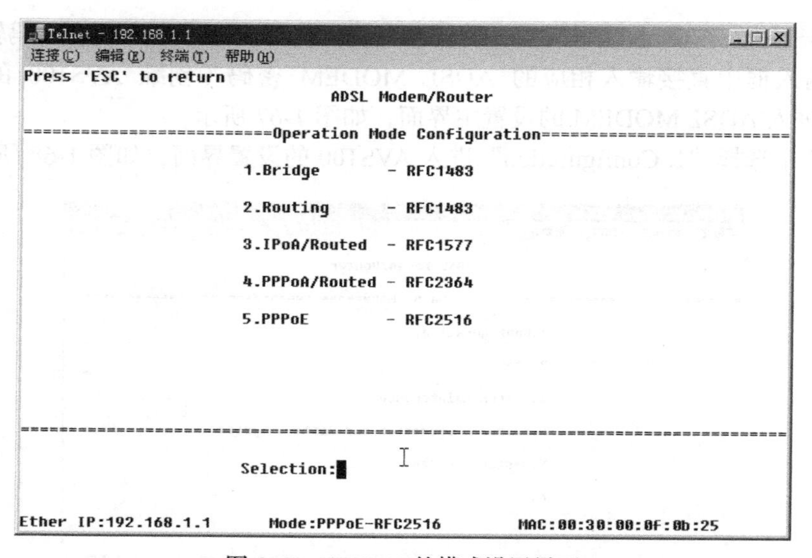

图 1-69 AVS100 的模式设置界面

```
Telnet - 192.168.1.1
连接(C)  编辑(E)  终端(T)  帮助(H)
Press 'ESC' to return
                         Bridge - RFC1483

No.VPI   VCI  PCR(cells/sec)  Encapsulation
==========================================================================
*1(8  )(35   )(20000  )(llc/snap               )
 2(   )(     )(       )(                       )
 3(   )(     )(       )(                       )
 4(   )(     )(       )(                       )
 5(   )(     )(       )(                       )
 6(   )(     )(       )(                       )
 7(   )(     )(       )(                       )
 8(   )(     )(       )(                       )
==========================================================================
                    Spanning Tree      (disable        )
Ether IP:192.168.1.1      Mode:PPPoE-RFC2516      MAC:00:30:00:0f:0b:25
```

图 1-70 Bridge（网桥）的设置界面

在图 1-70 中输入 No.VPI、VCI（图中的参数是南京电信提供给作者的参数，这个参数并不一定适用于其他计算机）。设置完成后按“Esc”键退回主界面，选择“4. Save Configuration and Restart System”（保存设置并重新启动 MODEM）。

（4）安装 PPPoE 虚拟拨号。安装虚拟拨号软件 EnterNet 300 软件，安装完后新建一个连接，需要上网时通过双击桌面上的 EnterNet 300 图标，在弹出的“EnterNet 300”窗口中双击新建的连接，便会弹出如图 1-71 所示的需要输入用户号及密码的对话框。在该对话框中单击“Connect”（连接）按钮，这时任务栏右下角便会出现一个新的图标。当连接上时该图标会由蓝色变为绿色，如图 1-72 所示。

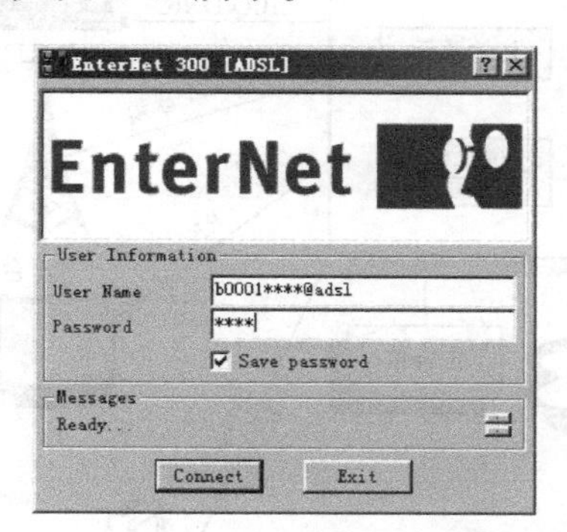

图 1-71 用 EnterNet 300 进行虚拟拨号

图 1-72 EnterNet 300 拨号后任务栏将出现一个新图标

建立完成以后直接运行建立好的上网文件即可进入“信息高速路”了。

（5）检查网络连接。通过 Ping 命令可以检查网络的连接状态。如果通过“开始”菜单运行 ping 163.com，返回结果如下：

```
Pinging 163.com [202.106.185.77] with 32 bytes of data:

Reply from 202.106.185.77: bytes=32 time=50ms TTL=239
Reply from 202.106.185.77: bytes=32 time=47ms TTL=239
Reply from 202.106.185.77: bytes=32 time=47ms TTL=239
Reply from 202.106.185.77: bytes=32 time=50ms TTL=239

Ping statistics for 202.106.185.77:
Packets: Sent = 4, Received = 4, Lost = 0 (0% loss),
Approximate round trip times in milli-seconds:
Minimum = 47ms, Maximum = 50ms, Average = 48ms
```

由此说明网络已经接通，这时便可以进行网上冲浪了。

知识链接 2

接入网的主要接口与业务支持

接入网的主要接口有用户网络接口（UNI）、业务节点接口（SNI）及维护管理接口（Q3）。如何将各种类型的业务从用户端接入各电信业务网，依赖于接入网的各种接口类型。接入网要想支持多种业务的接入，在不同的配置下，就必须有不同的接口类型与信号方式。

看一看：接入网支持的主要业务

综合业务接入网所能支持的业务种类（如图 1-73 所示）繁多，但可归纳如下。

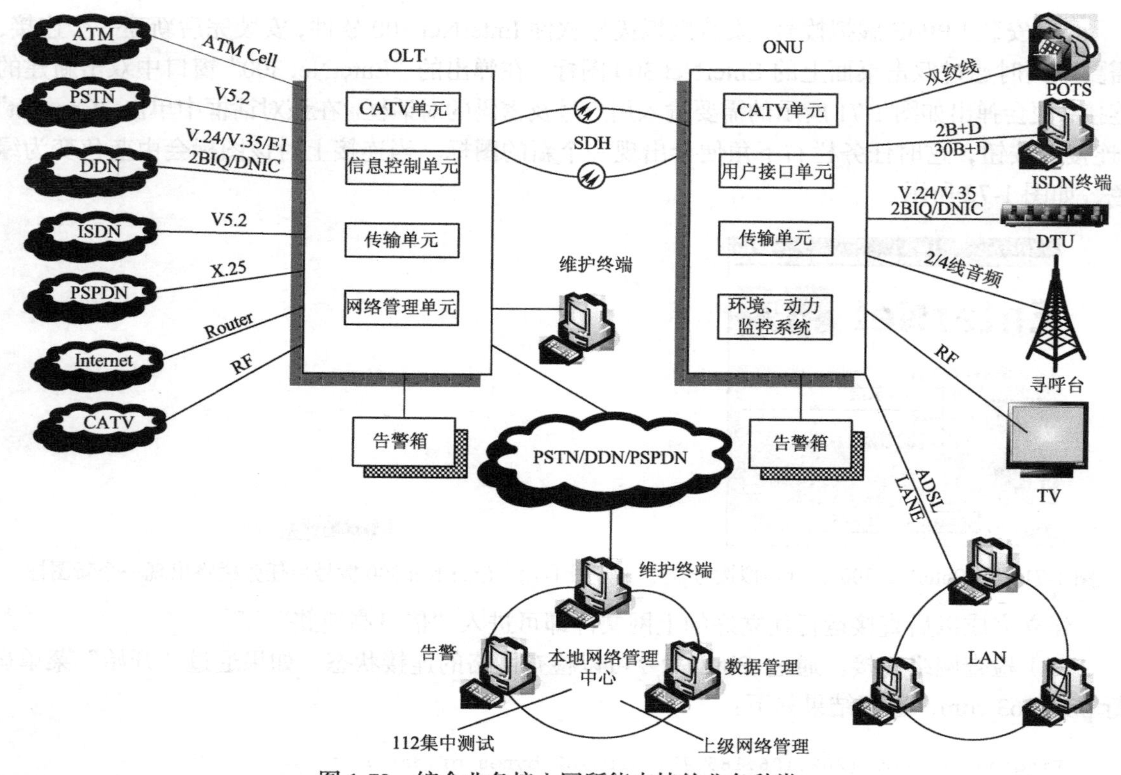

图 1-73　综合业务接入网所能支持的业务种类

（1）POTS 普通电话业务：支持普通模拟电话和 G3 传真、拨号上网等，支持各项必选和可选的新业务，如呼叫前转、三方通话等。

（2）窄带 ISDN 业务（基本速率接入和基群速率接入）：支持数字电话和 G4 传真、拨号上网等，支持 ISDN 的各项补充业务。

（3）DDN（数字数据网）专线业务（V.24，V.35 等）：支持 X.50，X.58 帧复用技术，其中 V.24 的支持速率为 300Kbps，600Kbps，1200Kbps，2400Kbps，4800Kbps，9600Kbps，19200Kbps 等，且支持同步和异步接口；V.35 的支持速率为 $N\times64$Kbps（$N=1\sim31$）。

（4）PSPDN 业务：支持 POTS 用户以拨号或专线方式接入 PSPDN 网；支持 ISDN 用户以拨号或专线方式接入 PSPDN 网。对以上两种用户类型，它均可提供分组型与非分组型终端的接入方式。

（5）Internet 接入业务：支持 POTS 用户以拨号方式接入 Internet（如 CHINANET、中国公众多媒体网等）；支持 ISDN 用户以拨号或专线方式接入 Internet；支持 DDN 用户以专线方式接入 Internet；支持 DLL 用户以专线方式接入 Internet。

（6）2 线和 4 线音频专线业务：提供寻呼中心到无线发射机之间的通道，提供专线方式——接入用户交换机的方式。

（7）CATV 业务：支持模拟方式同缆分纤传输。

（8）ADSL 业务：采用先进的 DMT 制式，可以支持全速率的 ANSI T1.413 Issue Ⅱ、ITU-T G.992.1 标准。

（9）LANE 业务：局域网互连，支持 10 Base-T、100 Base-Tx 接口。

（10）ATM UNI 接口：支持 155Mbps 光接口、ATM over SDH 形式。

（11）CATV 数字化传输业务：可以通过 155Mbps ATM 接口接入 MPEGⅡ编解码器，实现 CATV 的数字化传输，实现 CATV 与宽带业务的一体化综合传输。

学一学：接入网接口类型

1. 用户网络接口（UNI）

UNI 位于接入网的用户侧，应支持各种业务的接入，如模拟电话接入（PSTN）、N-ISDN 业务接入，以及租用线业务的接入等。对不同的业务，采用不同的接入方式，对应不同的接口类型。UNI 分为独立式和共享式两种，共享式 UNI 是指一个 UNI 可以支持多个业务节点，每个逻辑接入通过不同的 SNI 连向不同的业务节点。

UNI 主要包括 POTS 模拟电话接口、ISDN 基本速率（2B＋D）接口、ISDN 基群速率（30B＋D）接口、模拟租用线 2 线接口、模拟租用线 4 线接口、E1 数字中继接口、V.35 接口、V.24 接口、CATV（RF）接口等。

2. 业务节点接口（SNI）

SNI 位于接入网的业务侧，对不同的用户业务，要提供相对应的业务节点接口，使得用户能与交换机相连。

SNI 接口主要有两种，一种是对交换机的模拟接口（Z 接口），它对应于 UNI 的模拟 2 线音频接口，可提供普通电话业务或模拟租用线业务；另一种是数字接口（V5 接口），它又包括 V5.1 接口和 V5.2 接口，以及对节点机的各种数据接口或针对宽带业务的各种接口。

交换机的用户接口分为模拟接口（Z 接口）和数字接口（V 接口）。V 接口经历了从 V1 接口到 V5 接口的发展。为了适应接入网内的多种传输媒质、多种接入配置和业务，人们开发了 V5 接口。V5 接口是本地数字交换机数字用户接口的国际标准，它能同时支持多种用户接入业务。它可再分为 V5.1 和 V5.2 接口。

3. 维护管理接口（Q3）

Q3 接口是电信管理网（TMN）与电信网各部分相连的标准接口。作为电信网的一部分，接入网的管理也必须符合 TMN 的策略。接入网通过 Q3 与 TMN 相连来实施 TMN 对接入网的管理与协调，从而提供用户所需的接入类型及承载能力。

记一记：V5 接口的构成

为了支持不同的业务，接入网需要有不同的接口。ITU-T 于 1994 年 1 月定义了 V5 接口，并通过了相关的建议。采用 V5 接口光接入设备，将简化接入网的结构和设备，降低成本；同时有利于建立灵活而相对独立于制造商的开放接入网体系。此外，数字信号传输系统进一步靠近用户，使得数字化向前推近；同时有利于监控管理，进一步降低维护费用。

V5 接口的问世对接入网的发展影响巨大、意义深远，这主要反映在以下几点：

（1）V5 规范了数字化的用户接口，结束了用户环路中音频的转接，使网络既经济又有效；

（2）V5 支持多种业务的综合接入，为用户提供了更大范围的服务；

（3）V5 接口标准化，打破了生产厂家的专用性，更快地推动了接入网的发展。

图 1-74 简要说明了传统系统（现有光纤接入系统）与 V5 接口系统（V5 接口的光纤接入系统）的区别。通过采用 V5 接口，接入网可与本地交换机采用数字方式直接相连，从而消除了接入网在交换机侧和用户侧多余的数/模和模/数变换设备，使数字通道靠近或直接连到用户，以实现新业务的快速提供，改善通信质量与服务水平。另外，通过使用 V5 接口，可使多厂家产品的组网成为可能，并降低网络的整体成本。

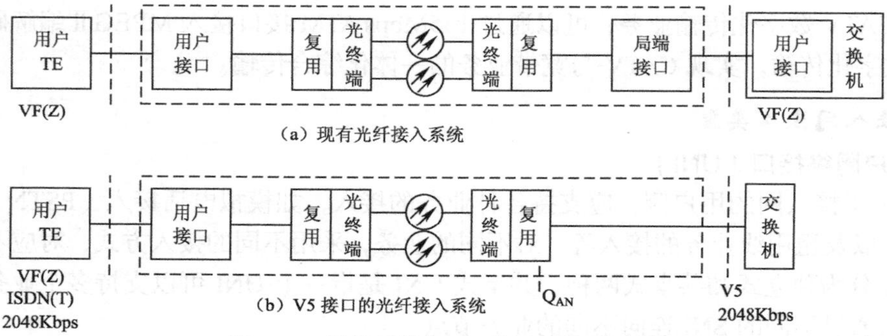

（a）现有光纤接入系统

（b）V5 接口的光纤接入系统

图 1-74　传统系统与 V5 接口系统的区别

V5 接口由三层组成，可以接模拟用户、ISDN 用户和专用线。

V5 接口根据连接的 PCM 链路数及接入网具有的功能分为 V5.1 和 V5.2（今后还将有其他接口的规范）。V5.1 接口用一条 PCM 基群（2048Kbps，30 路）线路连接接入网和交换机，一般应用在连接小规模的接入网时，所对应的接入网不含集成功能。V5.2 接口最多可连接 16 条 PCM 基群线路，具有集成功能，用于中规模和大规模的接入网的连接。V5.1 接口可以看成 V5.2 接口的子集，V5.1 接口可以升级为 V5.2 接口。

通过 V5 接口应能双向传输比特同步、字节识别、帧同步所需的定时信息，以及 2048Kbps 链路控制信息，即实现对 2048Kbps 的帧定位、复帧定位、告警指示和循环冗余码校验（CRC）等功能。

议一议：V5 接口的功能

图 1-75 给出了 V5 接口的功能描述，表示出了通过 V5 接口需传递的信息及所实现的控制功能。

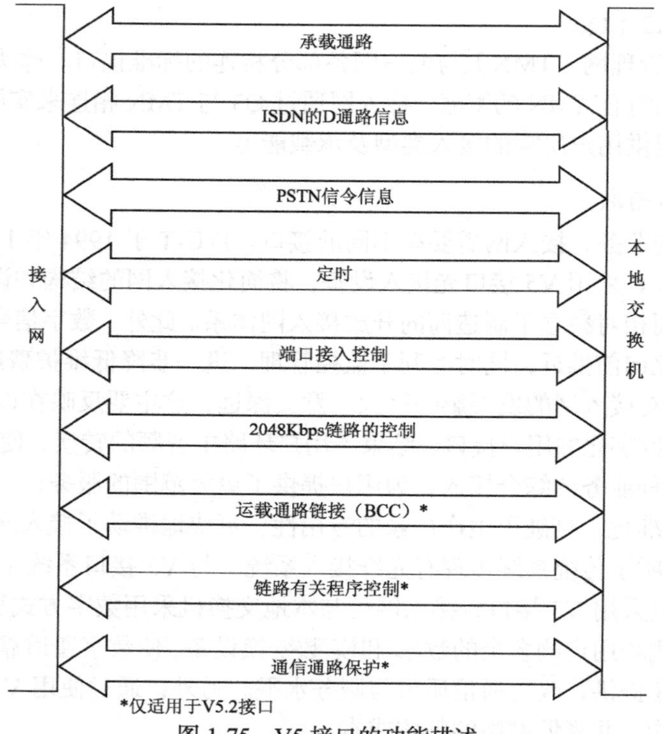

图 1-75　V5 接口的功能描述

在接入网（AN）中，一个 AN 可以有一个或多个 V5 接口，每一个 V5 接口可以连到一个本地交换机（LE）上或通过重新配量与另一个 LE 相连，也就是说它不只连到一个 LE 上。属于同一个用户的不同用户端口可以用同一个或不同的 V5 接口来配置，但一个用户端口侧只能由一个 V5 接口来服务。

（1）承载通路：为配置于 ISDN-BRA 和 ISDN-PRA 用户端口分配 B 通路，或为 PSTN 用户端口的 PCM 64Kbps 通路信息提供双向的传输能力。

（2）ISDN 的 D 通路信息：为 ISDN-BRA 和 ISDN-PRA 用户端口的 D 通路信息提供双向的传输能力。

（3）PSTN 信令信息：为 PSTN 用户端口的信令信息提供双向的传输能力。

（4）定时：提供比特传输、字节识别和帧同步必要的定时信息。这种定时信息可以用来处理处于同步工作状态的本地交换机和接入网之间的同步。根据网络运营者的要求，可以使用不同的方法来建立同步操作。

（5）用户端口控制：为每一个用户端口状态和控制信息提供双向的传输能力。

（6）2048Kbps 链路的控制：对 2048Kbps 链路的帧定位、复帧同步、告警指示和 CRC 信息进行管理控制。

（7）第二层链路的控制：为控制和 PSTN 信息提供双向的传输能力。

（8）用于支持公共功能的控制：提供指配数据的同步应用和重新启动能力。

（9）业务所需的多时隙连接：V5 接口应在 V5.2 接口内的一个 2048Kbps 的链路上提供业务所需的多时隙连接。在这种情况下，V5 接口总是提供 8kHz 和时隙序列的整体性。

（10）链路控制协议：它定义支持 V5.2 接口上 2048Kbps 链路的管理功能。

（11）保护协议：它定义在适当的物理 C 通路之间交换逻辑 C 通路。

总之，V5 接口可支持多种接入类型，包括模拟电话、ISDN 基本速率接口、ISDN 基群速率接口（仅 V5.2）及半永久连接租用线路（包括模拟和数字）。目前的 V5 接口主要是 V5.1 和 V5.2，它们都基于 2048Kbps；支持宽带业务的 VB5 接口规范，正在实施之中。

想一想：接入网有哪些分类

接入网可分为有线接入网和无线接入网（如表 1-6 所示），有线接入网包括铜线接入网、光纤接入网和混合光纤/同轴电缆接入网；无线接入网包括固定无线接入网和移动接入网。各种方式的具体实现技术多种多样，且各具特色。例如，有线接入时主要有以下几种技术措施：一是以原有铜质导线线路为主，在非加感的用户线上通过采用先进的数字信号处理技术来提高双绞铜线对的传输容量，向用户提供各种业务的接入手段，并采用新型设备，挖掘潜力，实现新业务的接入；二是以光缆为主干传输，经同轴电缆分配给用户，采用一种渐进的光缆化方式；三是全光化的实现，包括光纤到家庭等多种形式；四是以无线为主的接入方式。

表 1-6　接入网分类

<table>
<tr><td rowspan="7">接入网</td><td rowspan="7">有线接入网</td><td rowspan="3">铜线接入网</td><td>数字线对增益（DPG）</td></tr>
<tr><td>高比特数字用户线（HDSL）</td></tr>
<tr><td>不对称数字用户线（ADSL）</td></tr>
<tr><td rowspan="3">光纤接入网</td><td>光纤到路边（FTTC）</td></tr>
<tr><td>光纤到大楼（FTTB）</td></tr>
<tr><td>光纤到户（FTTH）</td></tr>
<tr><td colspan="2">混合光纤/同轴电缆接入网（HFC）</td></tr>
</table>

续表

	无线接入网	固定无线接入网	微波	一点多址（DRMA）
				固定无线接入（FWA）
			卫星	甚小型天线地球站（VSTA）
				直播卫星
		移动接入网	无绳电话	
			蜂窝移动电话	
			无线寻呼	
			卫星通信	
			集群调度	
	综合接入网	交互式数字图像（SDV）		
		有线＋无线		

实训操作 2：ADSL 接入网络（二）

学一学：目的和原理

1. 实验目的

了解 ADSL 路由方式的安装、调试方式。

2. 实验原理

使用虚拟拨号软件接入方式时，对于用户来讲，ADSL 调制解调器就相当于一个网桥，用户计算机与 ISP 的认证服务器之间是透明的，通过虚拟拨号软件实现用户的认证，最终与 Internet 之间形成一个通路。这种方法的缺点有两个：首先是使用了虚拟拨号软件，占用了计算机系统的内存；其次，用户账号和密码管理麻烦，且不易实现多台计算机的共享上网。

现在市场上销售的 ADSL 调制解调器大多数都具有路由器（Router）的功能，并且可以内置拨号，这样可以方便实现 ADSL 的共享上网。ADSL 共享上网的连接方法如图 1-76 所示。

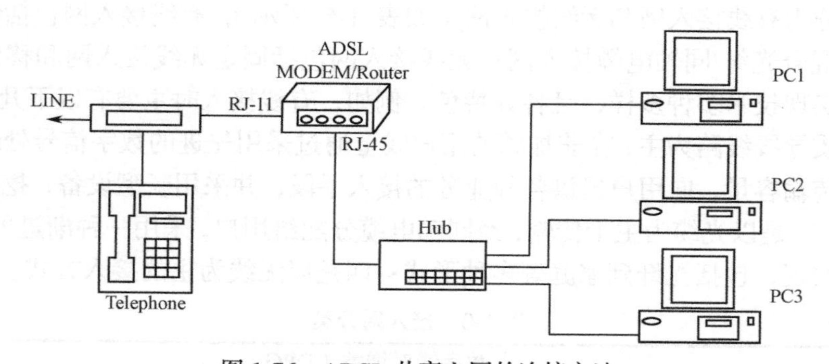

图 1-76　ADSL 共享上网的连接方法

图 1-76 中的 ADSL MODEM（ADSL 调制解调器）需要使用带路由功能的 MODEM；Hub（集线器）可实现多台计算机同时与 ADSL 调制解调器相连。集线器既可以使用通常的 10Mbps、10Mbps/100Mbps 的自适应集线器，也可以使用网络交换机。网络交换机比集线器具有更好的交换速度和稳定性，而且现在网络交换机与集线器的价格基本持平。

看一看：实验设备和器材

（1）安装好 Windows 98 以上版本的操作系统，并安装有网卡的计算机。

（2）ADSL 调制解调器。

（3）一条能直拨的电话外线，并申请开通 ADSL 业务。

（4）8 网络交换机或集线器。

（5）交叉连接的 5 类双绞线网线及对接的 5 类双绞线网线。

做一做：实验步骤

1. 设置连接图

设置连接图如图 1-76 所示，其中 ADSL 调制解调器与交换机（或集线器）通过交叉 5 类双绞线网线与集线器（或交换机）相连，PC 通过对接 5 类双绞线网线与集线器（或交换机）相连。

2. 设置 ADSL 调制解调器的参数

对 ADSL 调制解调器的参数进行设置前，需要向 ISP 索取如下技术参数：NO.VPI、VCI、用户名、密码、DNS 服务器 IP 地址等。

知道上述主要技术参数后就可以进行 ADSL 调制解调器参数的设置了。这里需要进行两个地方的设置：一个是模式设置，即将 ADSL 调制解调器设置为 PPPoe Router 方式；另一个是 ADSL 调制解调器在本地网（LAN）中的参数设置。

首先在 ADSL 调制解调器的本地网（LAN）的参数设置栏中输入“telnet 192.168.1.1”，运行“telnet 192.168.1.1”，进入调制解调器的设置界面，并在“ADSL MODEM”模式选择界面下选择“5. PPPoe RFC2516”，这时便出现图 1-77 所示的 PPPoe 模式的参数设置界面。请将 ISP 提供的 No.VPI、VCI 参数值、用户账号和密码填写到该界面中的相应位置，另外三项按照图中设置，最后还有两项是空的，可以不输入。

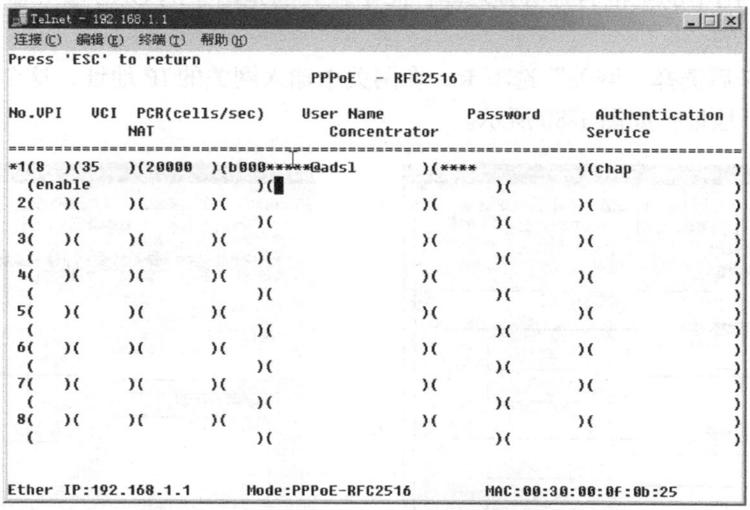

```
Telnet - 192.168.1.1
连接(C)  编辑(E)  终端(T)  帮助(H)
Press 'ESC' to return
                         PPPoE  - RFC2516

No.VPI   VCI  PCR(cells/sec)   User Name          Password     Authentication
               NAT                   Concentrator              Service
================================================================================
*1(8  )(35  )(20000  )(b000*****@adsl        )(****        )(chap          )
  (enable                  )(                   )(                          )
 2(   )(    )(       )(                      )(            )(              )
  (                        )(                   )(                          )
 3(   )(    )(       )(                      )(            )(              )
  (                        )(                   )(                          )
 4(   )(    )(       )(                      )(            )(              )
  (                        )(                   )(                          )
 5(   )(    )(       )(                      )(            )(              )
  (                        )(                   )(                          )
 6(   )(    )(       )(                      )(            )(              )
  (                        )(                   )(                          )
 7(   )(    )(       )(                      )(            )(              )
  (                        )(                   )(                          )
 8(   )(    )(       )(                      )(            )(              )
  (                        )(                   )(                          )

Ether IP:192.168.1.1      Mode:PPPoE-RFC2516       MAC:00:30:00:0f:0b:25
```

图 1-77　PPPoe 模式的参数设置界面

设置好参数后，保存修改，再退回到上级界面，选择“2. LAN Configuration”进行 ADSL 调制解调器在本地网中的参数设置，如图 1-78 所示。注意，请按图 1-78 进行设置，仅将最后一项（DNS Server IP：）改为用户当地的 DNS 服务器 IP 地址即可。

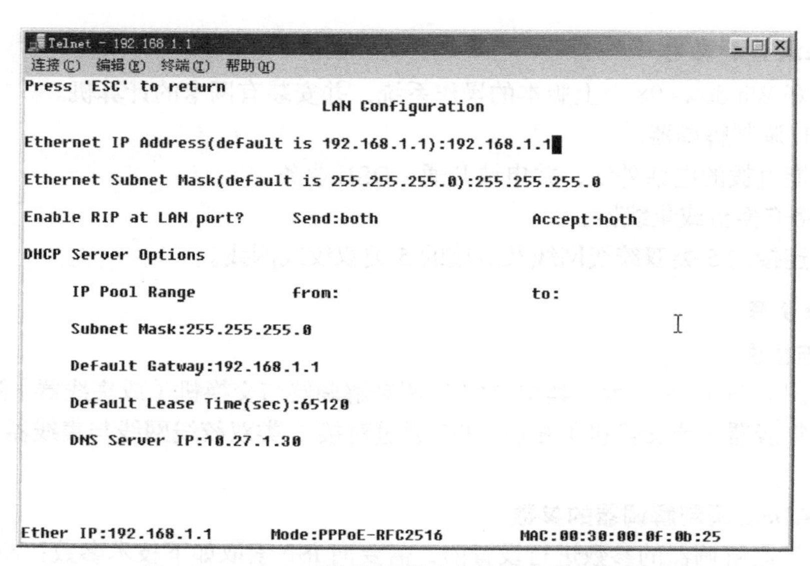

图 1-78 ADSL 调制解调器在本地网中的参数设置

至此，ADSL 调制解调器的路由功能设置已经结束。

3. 设置本机网络参数

设置完 ADSL 调制解调器后还需要对计算机的网络参数进行设置，其中有三项需要修改，分别是 IP 地址、DNS 配置和网关设置。

PC 的 IP 地址应设置为 ADSL 调制解调器的同一个网段的不同的地址，且每台 PC 的 IP 地址不能相同。由于图 1-78 中的局域网设置的 IP 地址为 192.168.1.1，所以 PC 的 IP 地址可选择为 192.168.1.2～192.168.1.254。

在网络的“TCP/IP 属性”对话框中选择“DNS 配置”，将 DNS 服务器的 IP 地址输入进去，如图 1-79 所示。图中的主机名称必须填写。图中输入的是南京的 DNS 服务器 IP，这与其他地方的 IP 是不一样的。

配置完 DNS 后选择“网关”选项卡，在网关中输入网关的 IP 地址，这个地址就是 ADSL 调制解调器的 IP 地址，如图 1-80 所示。

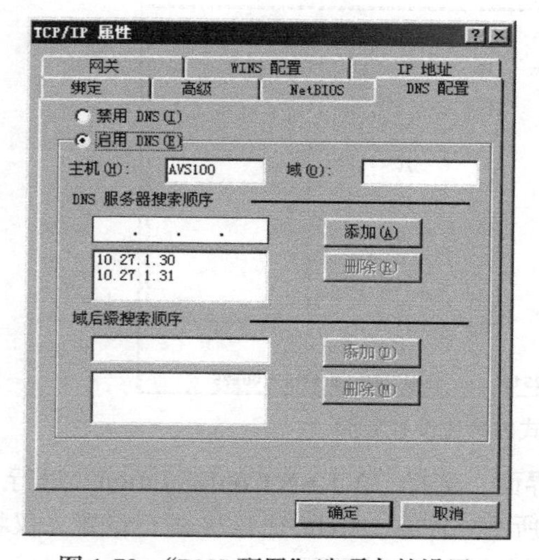

图 1-79 “DNS 配置”选项卡的设置

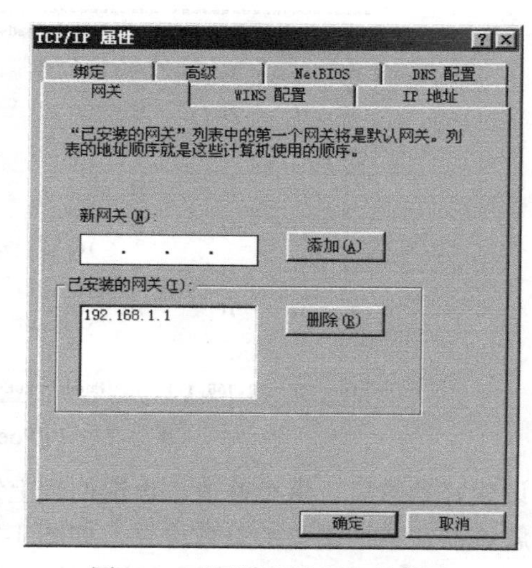

图 1-80 “网关”选项卡的设置

设置完上面的参数后重新启动计算机，再单击任务栏中的浏览器图标就可以上网了。

任务四　移动通信系统的组成

工作任务单

序　　号	工 作 内 容
1	移动通信网的网络结构及其组成
2	GSM、GPRS、CDMA 系统的基本概念、系统组成
3	参观校内外移动通信系统

看一看：移动通信系统

移动通信系统如图 1-81 所示。

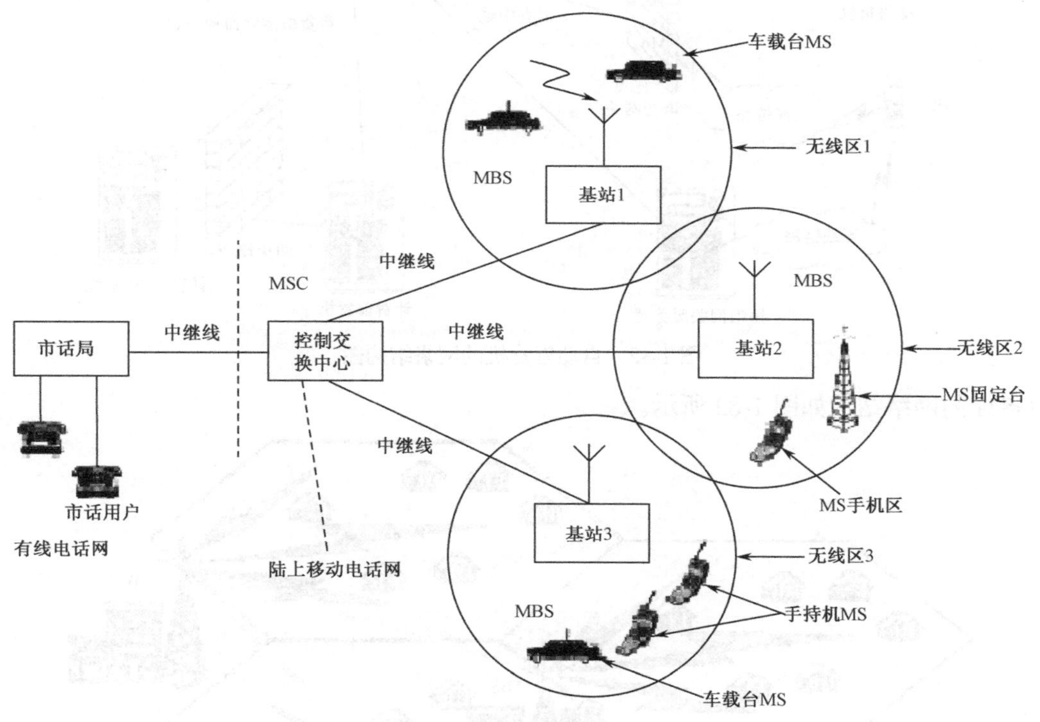

图 1-81　移动通信系统

记一记：移动通信系统的组成

移动通信系统一般由移动台（MS），基站（BS）及移动交换中心（MSC）三大部分组成。

移动通信网通常是先由若干邻接的无线小区组成一个无线区群，再由若干无线区群构成整个服务区的，参见图 1-81。从地理位置范围来看，GSM 系统（定义详见后面）分为 GSM 服务区、公用陆地移动网（PLMN）业务区、移动交换控制区（MSC）、位置区（LA）、基站区和小区。

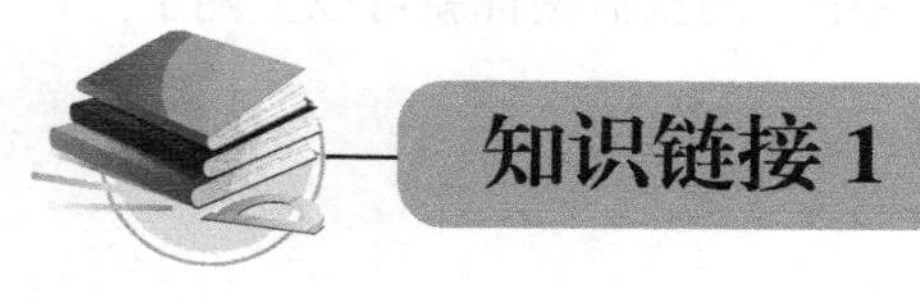

移动通信网的网络结构及其组成

看一看：移动通信网的网络结构

自动售货机的网络结构图如图 1-82 所示。

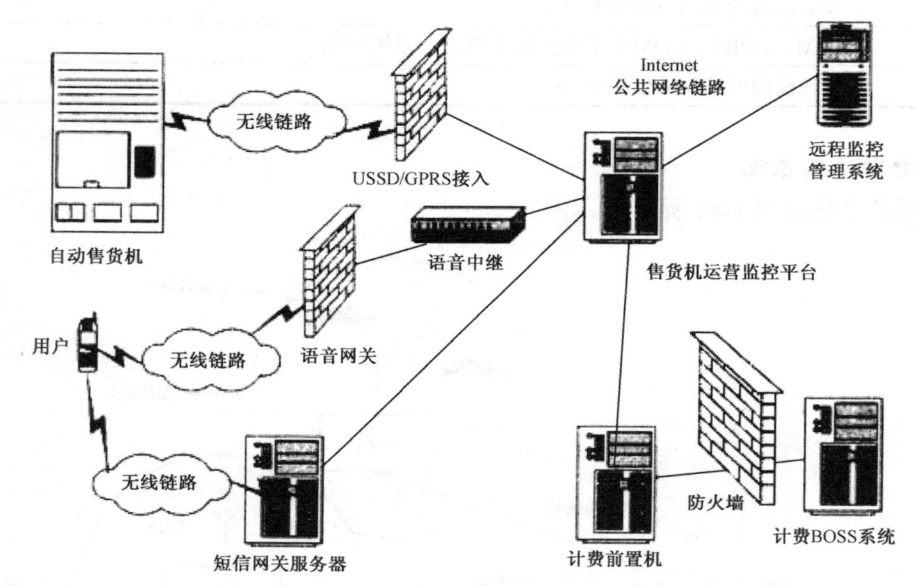

图 1-82　自动售货机的网络结构图

GSM 的网络结构如图 1-83 所示。

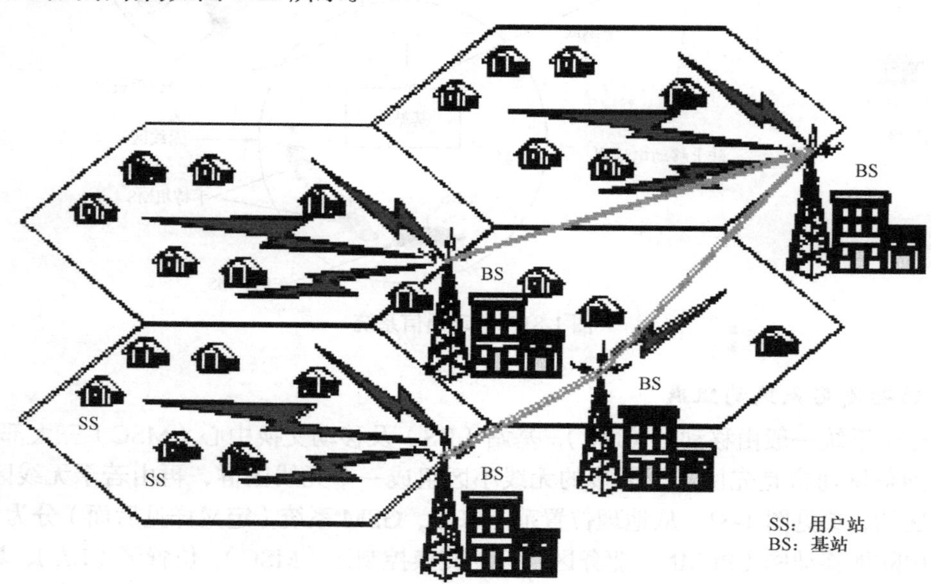

图 1-83　GSM 的网络结构图

GSM 网络的实际系统图如图 1-84 所示。

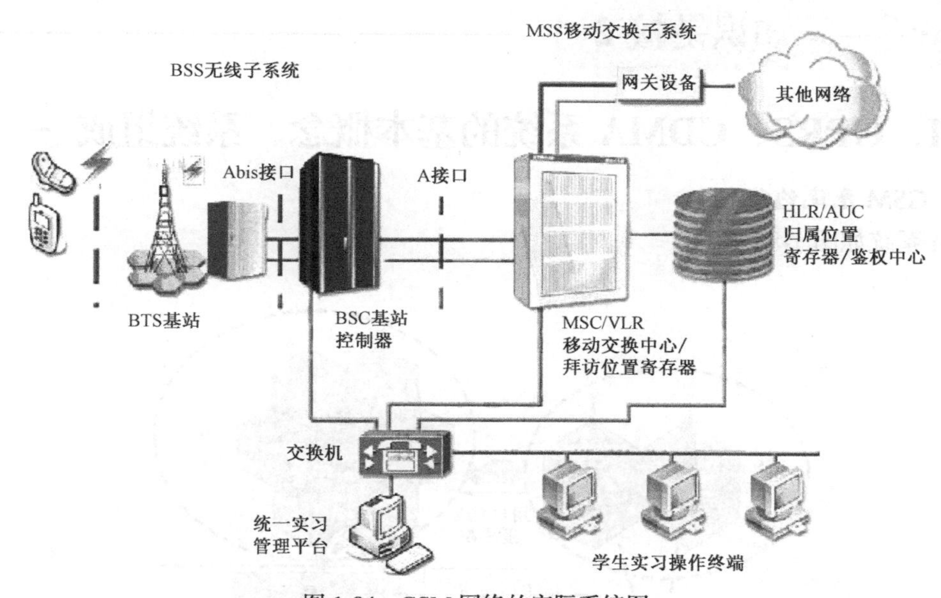

图 1-84　GSM 网络的实际系统图

学一学：移动通信网组成

1. 移动交换中心（MSC）

移动交换中心（MSC）由专用的数字程控交换机组成，它不仅具有普通程控交换机所具有的交换控制功能，而且还具有适应移动通信特点的移动性管理功能（如越区切换、漫游等），以完成移动用户主叫或被呼、建立通信路由等所必需的控制和管理功能。因此，MSC 是蜂窝网的控制中心，它与公用电话交换网（PSTN）或综合业务数字网（ISDN）及所辖的基站相连，其连接方式通常有电缆、光缆或数字微波线路等，它们之间都有相应的接口标准。大容量的移动通信系统可以有若干个交换中心。

2. 基站（BS）

基站（BS）的任务是完成与移动台的双向通信，它由多部信道机组成，信道机的数量由通信容量需求来决定。移动交换中心允许有多个移动用户同时与基站进行双向的无线通信。信道机由发射机、接收机和天线组成。此外，基站还配有定位接收机，用于监测移动台的位置。

3. 移动台（MS）

移动台（MS）可以是装载在汽车上的电台，也可以是手持式电台（简称手机）。它由发射机、接收机、逻辑控制单元、按键式电话拨号盘和送、受话器等组成。随着微电子技术和计算机技术的突飞猛进，现在的手机体积已经可以做得很小，这也是移动通信得到迅速发展的重要原因之一。

记一记：移动通信系统的组成

移动通信系统一般由移动台（MS），基站（BS）及移动交换中心（MSC）三大部分组成。

知识链接 2

GSM、GPRS、CDMA 系统的基本概念、系统组成

看一看：GSM 系统的结构

GSM 系统如图 1-85 所示。

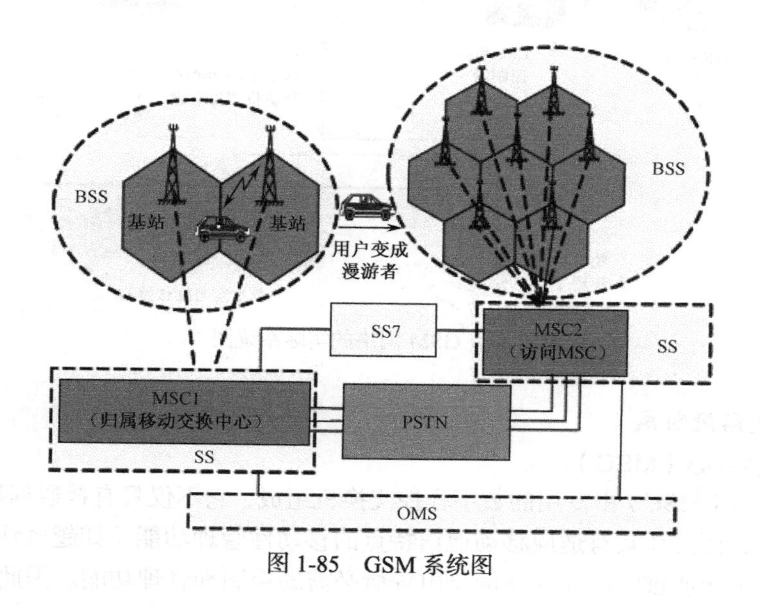

图 1-85 GSM 系统图

GSM 系统的结构如图 1-86 所示。

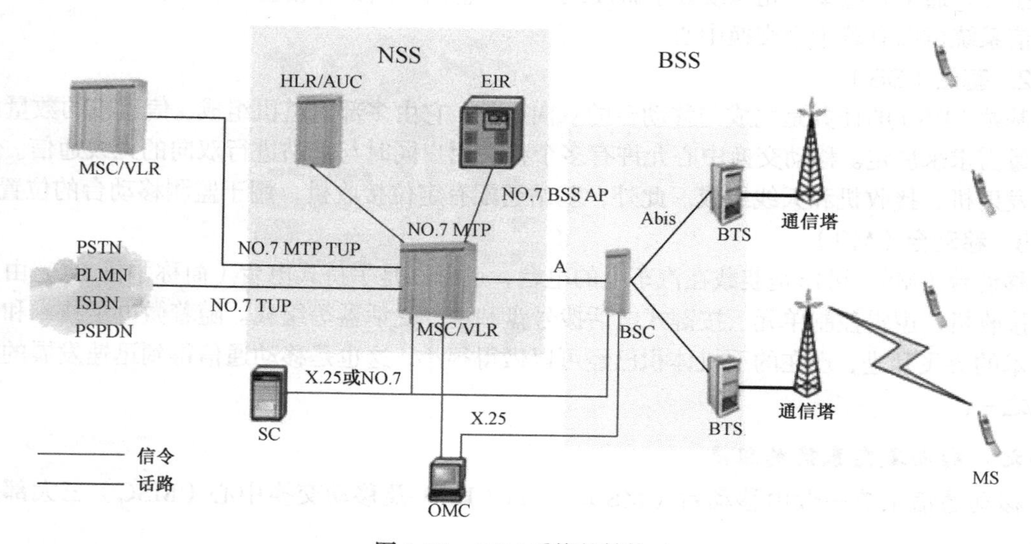

图 1-86 GSM 系统的结构

记一记：基本概念

GSM 系统是泛欧数字蜂窝移动通信网的简称，这是当前发展最成熟的一种数字移动通信系统，现重新命名为“Global System for Mobile Communication”，即“全球移动通信系统”。它采用数字无线传输和无线蜂窝之间先进的切换方法，具有比模拟蜂窝系统更高的频率利用率。它是第二代蜂窝系统的标准，是世界上第一个对数字调制、网络层结构和业务做了规定的蜂窝系统。

学一学：GSM 系统的组成

GSM 系统结构如图 1-85 和图 1-86 所示，它由三个分系统组成，即移动台子系统（MS）、基站子系统（BSS）、网络子系统（NSS）。

1. 移动台子系统（MS）

移动台是 GSM 系统中的用户设备，可以为车载型、便携型和手持型。

移动台并非固定于一个用户，移动通信系统中的任何一个移动台都可以利用用户识别卡（SIM 卡）来识别移动用户，保证合法用户使用移动网。

移动台也有自己的识别码，称为国际移动设备识别号（IMEI）。移动通信网络可以对 IMEI 进行检查，如关断有故障的移动台或被盗的移动台，检查移动台的型号许可代码等。

GSM 系统的移动台不仅能完成传统的电话业务、数字业务，如传输文字、图像、传真等，还能完成短消息业务等非传统的业务。

2. 基站子系统（BSS）

基站子系统包含了 GSM 数字移动通信系统的无线通信部分，它一方面通过无线接口直接与移动台连接，完成无线信道的发送和管理，另一方面连接到网络子系统的交换机上。

基站子系统可以分为两部分：一部分是基站收、发台（BTS）；另一部分是基站控制器（BSC）。BTS 负责无线传输，BSC 负责控制和管理。

3. 网络子系统（NSS）

网络子系统分为六个功能单元，即移动交换中心（MSC）、归属位置寄存器（HLR）、拜访位置寄存器（VLR）、鉴权中心（AUC）、设备识别寄存器（EIR）、操作与维护中心（OMC），现分别介绍。

1）移动交换中心（MSC）

MSC 是网络核心，它具有交换功能，能将移动用户之间，移动用户与固定用户之间相互连接起来。它提供了与其他的 MSC 互连的接口，以及与固定网（如 PSTN、ISDN 等）的互连接口。

MSC 从三种数据库，即归属位置寄存器（HLR），拜访位置寄存器（VLR），鉴权中心（AUC）中取得处理用户呼叫请求所需的全部数据，并根据最新数据更新数据库。

2）归属位置寄存器（HLR）

HLR 是系统的中央数据库，它存储着归属用户的所有数据，包括用户的接入验证、漫游能力、补充业务等。另外，HLR 还为 MSC 提供关于移动台实际漫游所在的 MSC 区域的信息（动态数据），这样使得任何入局呼叫立即按选择的路径送到被呼用户。

3）拜访位置寄存器（VLR）

VLR 存储进入其覆盖区的移动用户的全部有关信息，它是动态用户数据库，它需要与有关的 HLR 进行大量数据交换。如果用户进入另一个 VLR 区，那么在前一个 VLR 中存储的数据就会被删除。

4）鉴权中心（AUC）

AUC 存储保护移动用户通信不受侵犯的必要信息。由于空中接口易受到窃听，所以在 GSM 系统规范中要求有保护移动用户不受侵犯的措施，如用户的鉴权，传输信息加密等，而鉴权信息和密钥就存储在 AUC 中。

5）设备识别寄存器（EIR）

EIR 存储有关移动台设备参数的数据库，它可实现对移动设备的识别、监视、闭锁等功能。

6）操作与维护中心（OMC）

OMC 是网络操作者对全国进行监控和操作的功能实体。

看一看：GPRS 系统的结构

GM3150P GPRS 模块如图 1-87 所示，GPRS 系统的结构如图 1-88 所示。

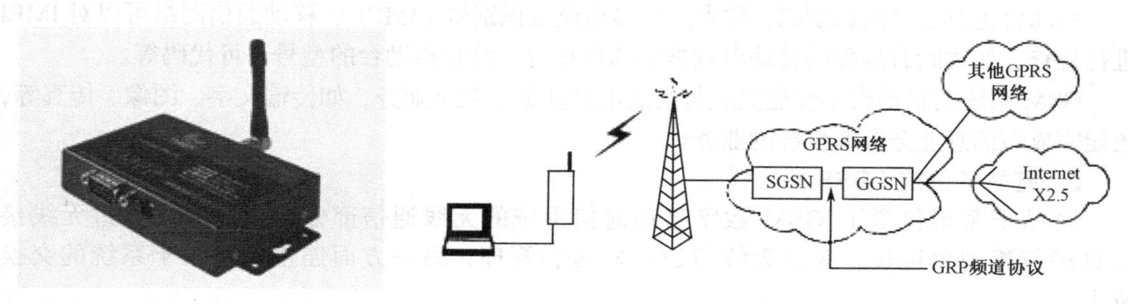

图 1-87　CM3150P GPRS 模块

图 1-88　GPRS 系统的结构

记一记：基本概念

GPRS 是通用分组无线服务技术（General Packet Radio Service）的简称，它是 GSM 移动电话用户可用的一种移动数据业务。GPRS 可以说是 GSM 的延续。GPRS 和以往连续在频道传输的方式不同，它将传输信息以封包（Packet）形式来传输，因此使用者所负担的费用是以其传输资料单位进行计算的，并非使用其整个频道，理论上较为便宜。GPRS 的传输速率可提升至 56Kbps，甚至 114Kbps。

GPRS 经常被描述成“2.5G”，也就是说，这项技术位于第二代（2G）和第三代（3G）移动通信技术之间。它通过利用 GSM 网络中未使用的 TDMA 信道来提供中速的数据传递。

GPRS 引入了分组交换和分组传输的概念，这样使得 GSM 网络对数据业务的支持从网络体系上得到了加强。GPRS 其实是叠加在现有的 GSM 网络上的另一个网络，GPRS 在原有的 GSM 网络的基础上增加了 SGSN（服务 GPRS 支持节点）、GGSN（网关 GPRS 支持节点）等功能实体。GPRS 共用现有的 GSM 网络的 BSS 系统，但要对软、硬件进行相应的更新；同时 GPRS 和 GSM 网络各实体的接口必须做相应的界定。另外，移动台则要求提供对 GPRS 业务的支持。GPRS 支持通过 GGSN 实现的和 PSPDN 的互联，其接口协议可以是 X.75 或者是 X.25，同时 GPRS 还支持和 IP 网络的直接互联。

学一学：GPRS 系统的组成

由图 1-88 可知，笔记本电脑通过串行或无线方式连接到 GPRS 蜂窝电话上；GPRS 蜂窝电话与 GSM 基站通信，但与电路交换式数据呼叫不同，GPRS 分组是从基站发送到 GPRS 服务支持节点（SGSN），而不是通过移动交换中心（MSC）连接到语音网络上的。SGSN 与 GPRS 网关支持节点（GGSN）进行通信；GGSN 对分组数据进行相应的处理，再发送到目的网络，如因特网或 X.25 网络。

来自因特网并标识有移动台地址的 IP 包先由 GGSN 接收，再转发到 SGSN，继而传送到移动台上。

SGSN 是 GSM 网络结构中的一个节点，它与 MSC 处于网络体系的同一层。SGSN 通过帧中继与 BTS 相连，是 GSM 网络结构与移动台之间的接口。SGSN 的主要作用是记录移动台的当前位置信息，并且在移动台和 GGSN 之间完成移动分组数据的发送和接收。

GGSN 通过基于 IP 协议的 GPRS 骨干网连接到 SGSN，是连接 GSM 网络和外部分组交换网（如因特网和局域网）的网关。GGSN 主要起网关作用，但也有人将 GGSN 称为 GPRS 路由器。GGSN 可以对 GSM 网中的 GPRS 分组数据包进行协议转换，从而可以把这些分组数据包传送到远端的 TCP/IP 或 X.25 网络上。

SGSN 和 GGSN 利用 GPRS 隧道协议（GTP）对 IP 或 X.25 分组进行封装，实现两者之间的数据传输。

议一议：GPRS 的特点

1. 应用上的特点

目前，用手机上网还显得有些不尽如人意。因此，全面的解决方法——GPRS 也就这样应运而生了，这项全新技术可以让用户在任何时间、任何地点都能快速方便地实现连接，同时费用又很合理。简单地说，速度上去了，内容丰富了，应用增加了，但费用却更加合理。

1）高速数据传输

GPRS 的速度 10 倍于 GSM，还可以稳定地传送大容量的高质量音频与视频文件，可谓不一般的巨大进步。例如，GPRS 远程集中抄表系统如图 1-89 所示。

2）永远在线

由于建立新的连接几乎不需要任何时间（即无须为每次数据的访问建立呼叫连接），所以用户随时都可与网络保持联系。举个例子，若无 GPRS 的支持，当用户正在网上漫游，而此时恰有电话接入时，大部分情况下用户不得不断线后接通来电，通话完毕后再重新拨号上网。这对大多数人来说，的确是一件非常令人恼火的事。而有了 GPRS 以后，用户就能轻而易举地解决这个冲突了。

3）仅按数据流量计费

仅按数据流量计费也即根据用户传输的数据量（如网上下载信息时）来计费，而不是按上网时间计费。也就是说，只要不进行数据传输，哪怕用户一直“在线”，也无须付费。

2. 技术上的特点

数据实现分组发送和接收，按流量计费；数据具有 56～115Kbps 的传输速度。

今后，GPRS 还会应用上 Bluetooth（蓝牙技术）。到时，如果数码相机加了 Bluetooth，就可以马上通过手机，把相片传送到遥远的地方，花费不到一刻钟的时间，够酷吧！这个日子距离我们不远了。

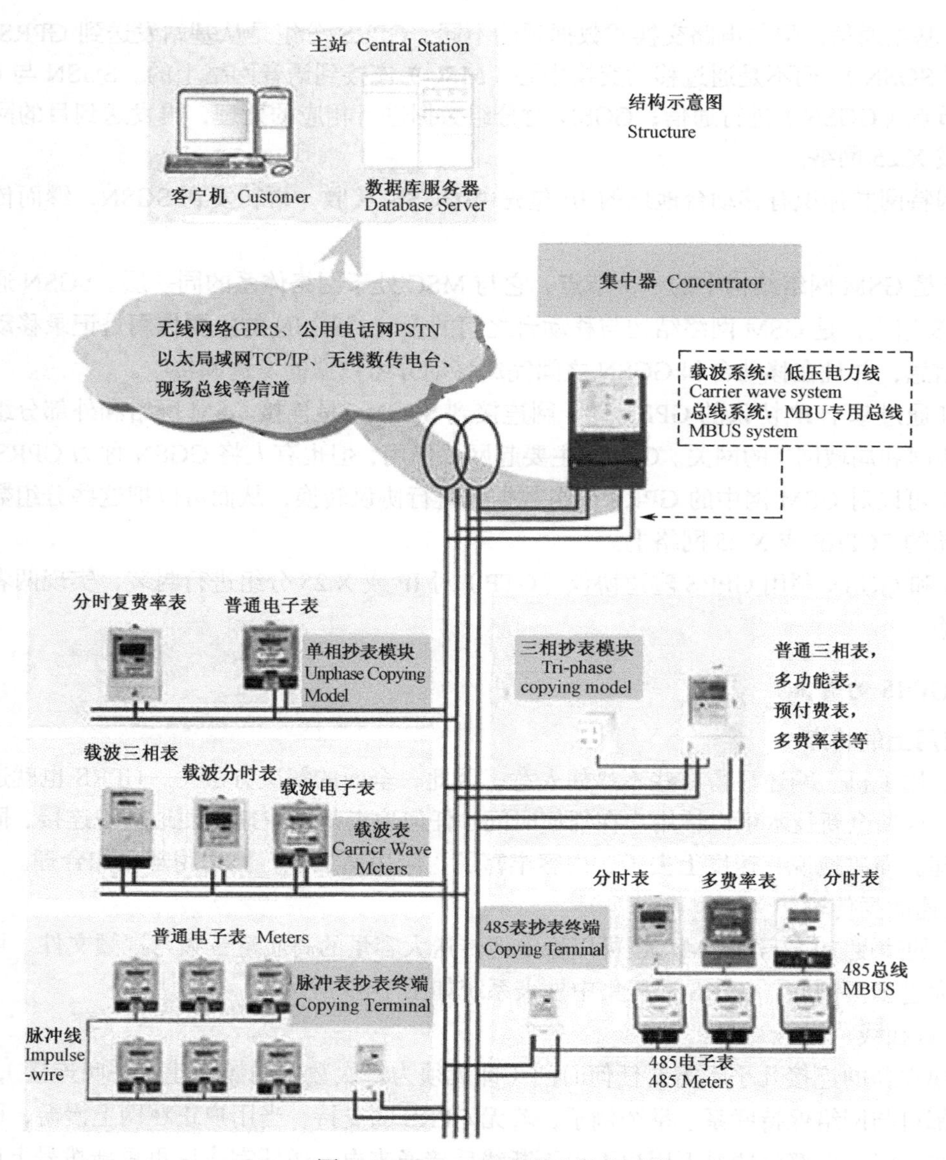

图 1-89　GPRS 远程集中抄表系统

3. GPRS 与 GSM 比较中表现出的特点

相对于 GSM 的 9.6Kbps 的访问速度而言，GPRS 拥有 171.2Kbps 的访问速度；在连接建立时间方面，GSM 需要 10～30s，而 GPRS 只需要极短的时间就可以访问到相关请求；在费用方面，GSM 是按连接时间计费的，而 GPRS 只需要按数据流量计费；GPRS 对于网络资源的利用率相对远远高于 GSM。

4. GPRS 服务特点对应的范围

（1）移动办公。

（2）移动商务。

（3）移动信息服务。

（4）移动互联网。

（5）多媒体业务。

5. GPRS 的技术优势

1）相对低廉的连接费用

GPRS 首先引入了分组交换的传输模式，使得原来采用电路交换模式的 GSM 传输数据方式发生了根本性的变化，这在无线资源稀缺的情况下显得尤为重要。对于电路交换模式，在整个连接期内，用户无论是否传送数据都将独自占有无线信道，这样在会话期间（指用户之间进行数据传输），许多应用往往有不少的空闲时段，如上 Internet 浏览、收发 E-mail 等。对于分组交换模式，用户只有在发送或接收数据期间才占用资源，这意味着多个用户可高效率地共享同一无线信道，从而提高了资源的利用率。GPRS 用户的计费以通信的数据量为主要依据，体现了“得到多少、支付多少”的原则。实际上，GPRS 用户的连接时间可能长达数小时，却只需支付相对低廉的连接费用。

2）传输速率高

GPRS 可提供高达 115Kbps 的传输速率（最高值为 171.2Kbps，不包括 FEC）。这意味着在数年内，通过便携式计算机，GPRS 用户能和 ISDN 用户一样快速地上网浏览，同时也使一些对传输速率敏感的移动多媒体应用成为可能。

3）接入时间短

分组交换接入时间缩短，这是因为 GPRS 是一种新的 GSM 数据业务，它可以给移动用户提供无线分组数据接入服务。GPRS 主要是在移动用户和远端的数据网络（如支持 TCP/IP、X.25 等网络）之间提供一种连接，从而给移动用户提供高速无线 IP 和无线 X.25 业务。

GPRS 采用分组交换技术，可以让多个用户共享某些固定的信道资源。如果把空中接口上的 TDMA 帧中的 8 个时隙都用来传送数据，那么数据速率最高可达 164Kbps。GSM 空中接口的信道资源既可以被语音占用，也可以被 GPRS 数据业务占用。当然在信道充足的条件下，可以把一些信道定义为 GPRS 专用信道。要实现 GPRS 网络，需要在传统的 GSM 网络中引入新的网络接口和通信协议。目前 GPRS 网络引入 GSN（GPRS Surporting Node）节点。用户的移动台则必须是 GPRS 移动台或 GPRS/GSM 双模移动台。

看一看：CDMA 系统的结构

CDMA 系统的结构如图 1-90 所示。

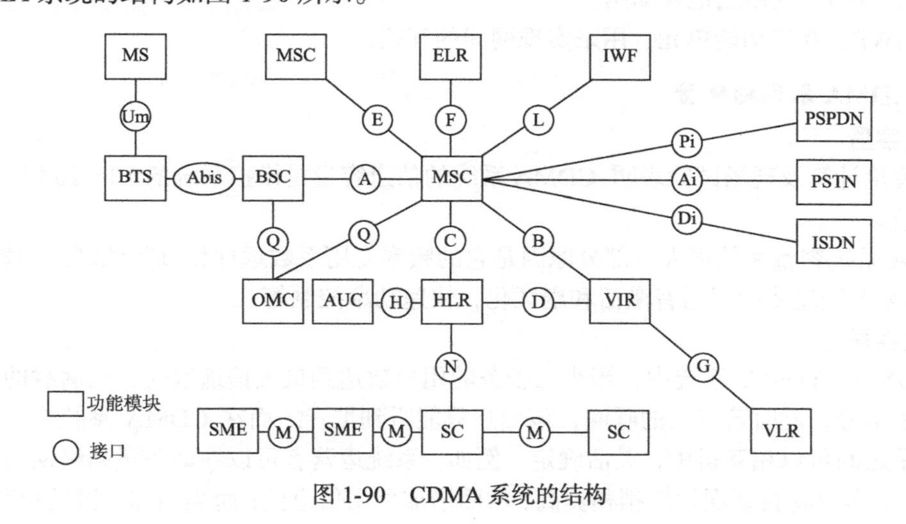

图 1-90　CDMA 系统的结构

记一记：基本概念

CDMA（Code Division Multiple Access）又称为码分多址，是在无线通信上使用的技术。CDMA 允许所有使用者同时使用全部频带（1.2288MHz），且把其他使用者发出的信号视为杂讯，完全不必考虑信号碰撞（collision）问题。CDMA 中所提供的语音编码技术，其通话品质比目前的 GSM 好，且可把用户对话时的周围环境噪声降低，使通话更清晰。就安全性能而言，CDMA 不但有良好的认证体制，更因其传输特性，用码来区分用户，使得防止被人盗听的能力大大增强。

CDMA 系统是基于码分技术（扩频技术）和多址技术的通信系统，它为每个用户分配各自特定的地址码。地址码之间具有相互准正交性，从而在时间、空间和频率上都可以重叠；将需要传送的具有一定信号带宽的信息数据，用一个带宽远大于信号带宽的伪随机码进行调制，使原有的数据信号的带宽被扩展，接收端进行相反的过程，进行解扩，增强了通信系统的抗干扰能力。

学一学：CDMA 系统的组成

（1）BSC：基站控制器，是对一个或多个 BTS 进行控制及相应呼叫控制的功能实体。
（2）BTS：基站收发信机，是为一个小区服务的无线收发设备。
（3）MSC：移动交换中心，是对位于它管辖区域中的移动台进行控制、交换的功能实体。
（4）OMC：操作维护中心，是操作、维护系统中的各种功能实体。
（5）AUC：鉴权中心，是为认证移动用户的身份和产生相应的鉴定参数的功能实体。
（6）EIR：设备识别寄存器，是存储有关移动台设备参数的数据库。
（7）HLR：归属位置寄存器，是管理部门用于移动用户管理的数据库。
（8）VLR：访问位置寄存器，是所管辖区域中 MS 的呼叫、所需检索信息的数据库。
（9）MS：移动台。
（10）SC：短消息中心。
（11）ISDN：综合业务数字网。
（12）PSTN：公用电话交换网。
（13）PSPDN：公用数据交换网。
（14）PLMN：共用陆地移动网。
（15）IWF：互连功能单元，用来实现网间的互联。

议一议：CDMA 系统的优势

1. 大容量

根据理论计算及现场试验表明，CDMA 系统的信道容量是模拟系统的 10～20 倍，是 TDMA 系统的 4 倍。

CDMA 系统容量大的很大一部分原因是它的频率复用系数远远超过其他制式的蜂窝系统，同时 CDMA 系统还使用了语音激活和扇区化，快速功率控制等。

2. 软容量

在 FDMA、TDMA 系统中，当小区服务的用户数达到最大信道数时，已满载的系统再无法增添一个信号，此时若有新的呼叫，该用户只能听到忙音。而在 CDMA 系统中，用户数目和服务质量之间可以相互折中，灵活确定。例如，系统运营者可以在话务量高峰期对某些参数进行调整，如可以将目标误帧率稍稍提高，从而增加可用信道数；而当相邻小区的负荷较轻时，本小区受到的干扰较小，容量就可以适当增加。

体现软容量的另外一种形式是小区呼吸功能。

3. 软切换

所谓软切换是指移动台需要切换时，先与新的基站连通再与原基站切断联系，而不是先切断与原基站的联系再与新的基站连通。

软切换只能在同一频率的信道间进行，因此，模拟系统、TDMA 系统不具有这种功能。软切换可以有效地提高切换的可靠性，大大减少切换造成的掉话（据统计，模拟系统、TDMA 系统无线信道上的掉话 90%发生在切换中）。同时，软切换还提供分集。

4. 采用多种分集技术

分集技术是指 CDMA 系统能同时接收并有效利用两个或更多个输入信号，这些输入信号的衰落互不相关。CDMA 系统先分别解调这些信号，然后将它们相加，这样可以接收到更多的有用信号，克服衰落。

5. 语音激活

在典型的全双工双向通话中，每次通话的占空比小于 35%，这样在 FDMA 和 TDMA 系统中，由于通话停顿等重新分配信道存在一定的时延，所以难以利用语音激活因素。

CDMA 系统因为使用了可变速率声码器，在不讲话时的传输速率低，所以减轻了对其他用户的干扰，这即为 CDMA 系统的语音激活技术。

6. 保密

CDMA 系统的信号扰码方式提供了高度的保密性，使得这种数字蜂窝系统在防止串话、盗用等方面具有其他系统不可比拟的优点。

7. 低发射功率

众所周知，由于 CDMA（IS—95）系统中采用快速的反向功率控制、软切换、语音激活等技术，以及 IS—95 规范对手机最大发射功率的限制，使得 CDMA 手机因在通信过程中的辐射功率很小而享有“绿色手机”的美誉，这是 CDMA 的重要优点之一（与 GSM 相比）。

8. 大覆盖范围

CDMA 的链路预算所得出的允许的最大路径损耗要比 GSM 大（一般是 5～10dB）。这意味着，在相同的发射功率和天线高度条件下，CDMA 有更大的覆盖半径，因此需要的基站也更少（对于覆盖受限的区域而言这一点意义重大）。

实训操作：参观校内外移动通信系统

看一看：移动通信系统

1. 1G 通信系统

模拟制式的移动通信系统，得益于 20 世纪 70 年代的两项关键突破：微处理器的发明和交换及控制链路的数字化。AMPS 是美国推出的世界上第一个 1G 移动通信系统，它充分利用了 FDMA 技术来实现国内范围的语音通信。

如图 1-91 所示为早期的“大哥大”，2001 年它便退出了我国的历史舞台。

2. 2G 通信系统

风靡全球十几年的数字蜂窝通信网 GSM 于 20 世纪 80 年代末开发出来，如图 1-92 所示。

2G 是包括语音在内的全数字化系统，新技术体现在通话质量和系统容量的提升方面。GSM（Global System for Mobile communication）是第一个商业运营的 2G 系统，它采用的是 TDMA 技术。

图 1-91　早期的“大哥大”

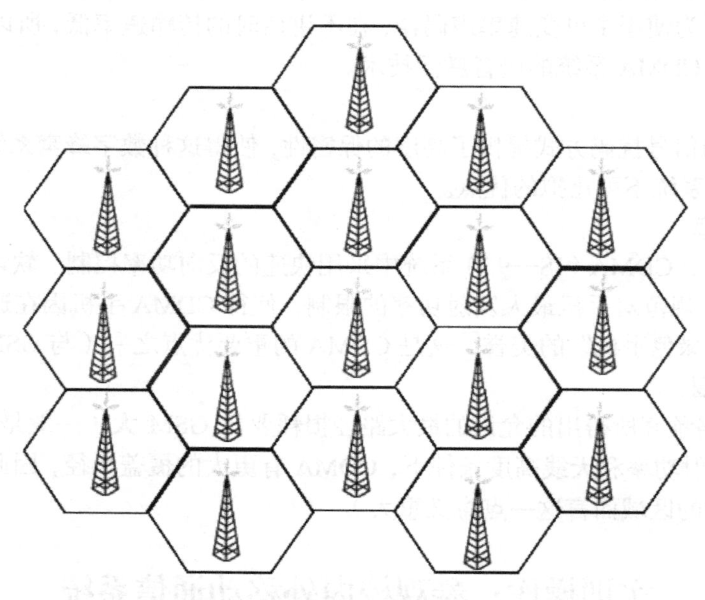

图 1-92　数字蜂窝通信网 GSM

3. 2.5G 通信系统

2.5G 在 2G 基础上提供增强业务，如 WAP。

无线应用通信协议（Wireless Application Protocol，WAP）：是移动通信与互联网结合的第一阶段性产物，这项技术让使用者可以用手机之类的无线装置上网，透过小型屏幕遨游在各个网站之间，而这些网站必须用 WML（无线标记语言）编写，相当于国际互联网上的 HTML（超文件标记语言）。

高速电路交换数据服务（High Speed Circuit Switched Data，HSCCD）：如图 1-93 所示，它是 GSM 网络的升级版本，它能够透过多重时分同时进行传输，而不是只有单一时分而已，因此能够将传输速度大幅提升到平常的二至三倍，其传输速度能够达到 57.6Kbps。

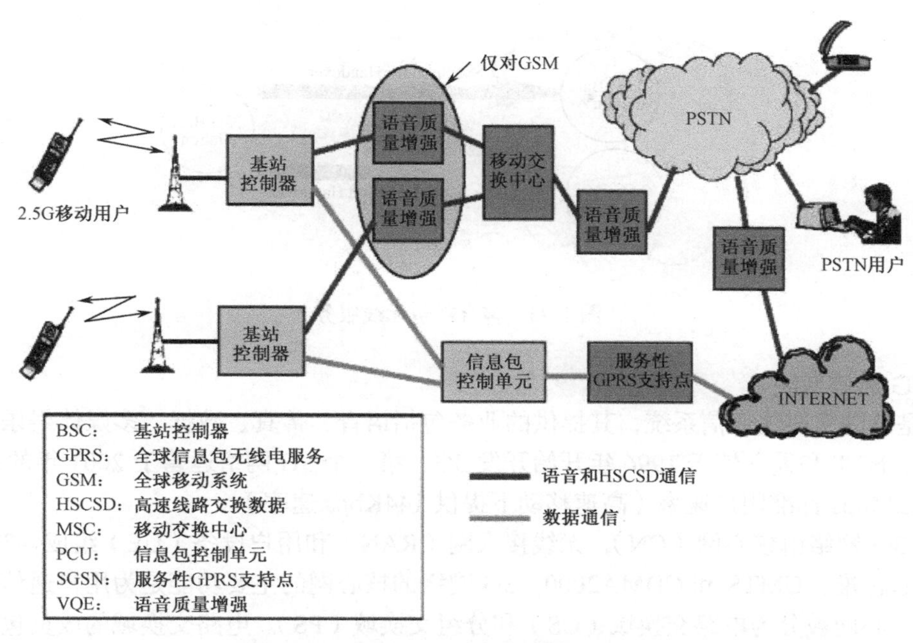

图 1-93　高速电路交换数据服务

蓝牙（如图 1-94 所示）：蓝牙是一种短距的无线通信技术，电子装置彼此可以通过蓝牙连接起来，传统的电线在这里就毫无用武之地了。通过芯片里的无线接收器，配有蓝牙技术的电子产品能够在 10m 的距离内彼此相通，传输速度可以达到每秒钟 1 兆字节。以往利用红外线接口的传输装置，由于采用红外线传输，所以需要电子装置在视线距离之内，而现在有了蓝牙技术，这样的麻烦也可以免除了。

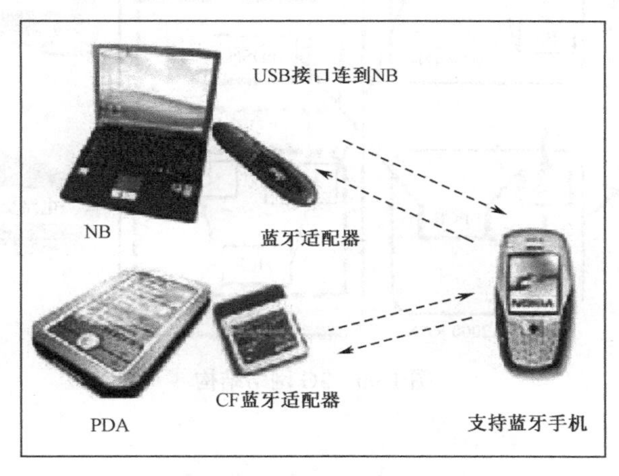

图 1-94　蓝牙技术

整合封包无线服务（如图 1-95 所示）：它是封包交换数据的标准技术。由于它具备立即联机的特性，所以使用者可以随时处于上线的状态。它也让服务业者能够依据数据传输量来收费，而不是单纯的以联机时间计费。这项技术与 GSM 网络配合，传输速度可以达到 115Kbps。

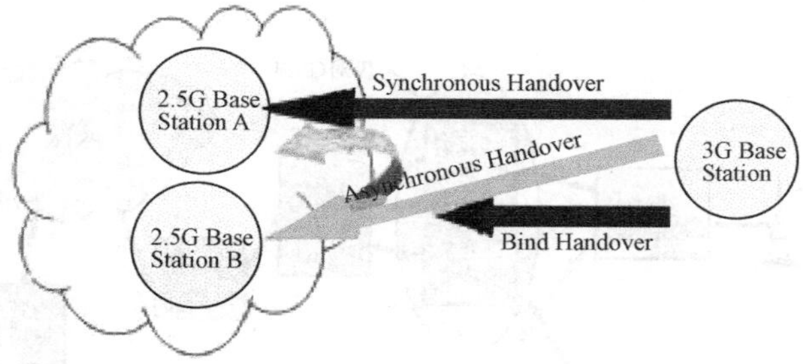

图 1-95　整合封包无线服务

4. 3G 通信系统

3G 是移动多媒体通信系统，其提供的业务包括语音、传真、数据、多媒体娱乐和全球无缝漫游等。NTT 和爱立信于 1996 年开始开发 3G，第一个 3G 网络运营于 2001 年的日本。3G 技术提供 2Mbps 标准用户速率（高速移动下提供 144Kbps 速率）。

一个 3G 网络由核心网（CN），无线接入网（RAN）和用户设备（UE）组成。3G 业务可以使用两套标准：UMTS 和 CDMA2000。3G 网络的核心网的主要功能是为用户通信进行转交和寻址，核心网被分为电路交换域（CS）和分组交换域（PS）。电路交换域的成员包括移动服务中心（MSC）、归属位置寄存器（HLR），以及网关 MSC，它们在 UMTS 和 CDMA2000 标准中是相同的。而分组交换域的成员在这两种标准中有所不同。3G 网络结构如图 1-96 所示。3G 网络的应用如图 1-97 所示。

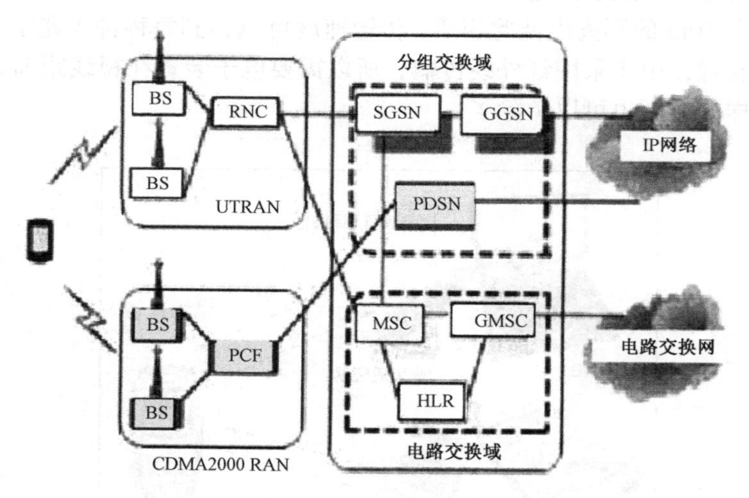

图 1-96　3G 网络结构

5. 4G 通信系统

4G 是真正意义的高速移动通信系统，用户速率为 20Mbps。4G 支持交互多媒体业务，高质量影像，3D 动画和宽带互联网接入，是宽带大容量的高速蜂窝系统。2005 年年初，NTTDOCOMO 演示的 4G 移动通信系统在 20km 范围内实现了 1Gbps 的实时传输速率，该系统采用 4mm×4mm 天线 MIMO 技术和 VSF-OFDM 接入技术。

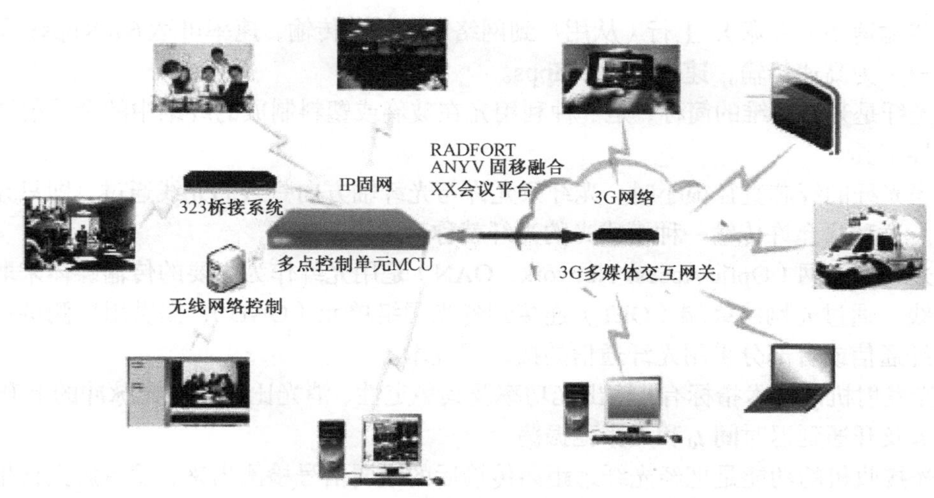

图 1-97　3G 网络的应用

4G 通信具有以下特征：

（1）通信速度更快；

（2）网络频谱更宽；

（3）通信更加灵活；

（4）智能性能更高；

（5）兼容性能更平滑；

（6）提供各种增值服务；

（7）实现更高质量的多媒体通信；

（8）频率使用效率更高；

（9）通信费用更加便宜。

做一做：参观、学习、实训

结合学习内容，在教师的带领下，深入通信行业的实际运行现场，由技术人员安排、指导学生参观学习。若条件具备，可以进行日常维护管理实训，一些指标参数的测试、常见故障的排除。

实训报告要求：

（1）记录参观学习设备的名称、型号；

（2）大致绘出设备结构框图和网络结构；

（3）提出发现的问题和解决的方法；

（4）通过网络查询移动通信网的结构及其应用；

（5）撰写 300 字的实训总结体会。

项目小结

（1）有线接入技术主要包括双绞铜线接入、光纤接入和混合光纤/同轴电缆接入技术等形式。所谓双绞铜线接入技术是指在非加感的用户线上，通过采用先进的数字信号处理技术来提高双绞铜线对的传输容量，向用户提供各种业务的接入手段。

（2）ADSL 技术是非对称数字用户环路技术，利用一对电话铜线，为用户提供上、下行的非对称的传输速率（带宽），上行（从用户到网络）为低速传输，速率可达 640Kbps；下行（从网络到用户）为高速传输，速率可达 8Mbps。

（3）光纤是光导纤维的简称，是一种利用光在玻璃或塑料制成的纤维中的全反射原理而达成的光传导工具。

（4）当光纤的纤芯直径很小时，光纤只允许与光纤轴方向一致的光线通过，即只允许通过一个基模。这种只允许传输一种模式光的光纤就称为单模光纤。

（5）光纤接入网（Optic Access Network，OAN）是用光纤作为主要的传输媒体来取代传统的双绞铜线，通过光网络终端（OLT）连接到各光网络单元（ONU），提供用户侧接口，也就是采用光纤通信或者部分采用光纤通信的接入网技术。

（6）光发射机的技术指标有：输出光功率及其稳定性、消光比 EXT、光脉冲的上升时间 t_r、下降时间 t_f 及开通延迟时间 t_d 和无张弛振荡。

（7）光接收机的功能是把经光纤远距离传输后的微弱信号检测出来，然后放大再生成原来的电信号，完成通信任务。

（8）接入网（Access Network，AN）由业务节点接口（SNI）和相关用户网络接口（UNI）之间的一系列传送实体（如线路设施和传输设施）组成。

（9）接入网可分为有线接入网和无线接入网（见表 1-6），有线接入网包括铜线接入网、光纤接入网和混合光纤/同轴电缆接入网；无线接入网包括固定无线接入网和移动接入网。

（10）移动通信系统一般由移动台（MS）、基站（BS）及移动交换中心（MSC）三大部分组成。

（11）CDMA 系统是基于码分技术（扩频技术）和多址技术的通信系统，它为每个用户分配各自特定的地址码。

思考题

1.1 简述话带 MODEM 的主要功能和特点。

1.2 简述 ISDN 拨号接入的特点。

1.3 什么是双绞铜线接入技术？

1.4 画出 DPG 系统结构，并指出它的主要构成。

1.5 ADSL 有哪些基本特征？

1.6 光纤有哪些分类？

1.7 单模光纤有哪些特点？

1.8 画出光纤与同轴电缆混合接入网络结构，并指出与传统的光纤与同轴电缆混合有线电视网相比，它做了哪些改进？

1.9 光纤接入网的形式有哪些？

1.10 光纤接入有哪些优点？

1.11 画出数字光发射机的基本组成框图，并指出它的主要构成。

1.12 光发射机有哪些主要技术指标？

1.13 光接收机的功能是什么？

1.14 画出数字光接收机的基本组成方框图，并指出它的主要构成。

1.15 光接收机的主要技术指标有哪些？

1.16 画出 ADSL 系统的典型结构，并指出它的主要构成。

1.17　画出接入网的物理参考模型，并做相应说明。
1.18　公用电信网有哪些分类？画出电信网的组成框图。
1.19　接入网有哪些主要特点？
1.20　综合业务接入网所能支持的业务种类有哪些？
1.21　简要说明传统系统与 V5 接口系统的区别。
1.22　接入网中的 V5 接口的功能有哪些？
1.23　指出移动通信系统的组成和 GSM 系统的结构。
1.24　给出 GPRS 的定义，它有哪些特点？
1.25　给出 CDMA 的定义、CDMA 系统的组成和 CDMA 系统的优势。

项目 2
通信网构成及网络监控、管理的知识

知识目标：

- 掌握电话通信网、数据通信网、综合业务数字网的组成、特点和应用。

技能目标：

- 学会连接电话通信网、组成小型局域网。

项目介绍：

- 将多台计算机连接构成一个小型局域网，了解常见综合业务数字网。

任务一 电话通信网的组成

工作任务单

序　号	工 作 内 容
1	电话通信网的定义、分类、特点和基本组成
2	电话通信网的组网要求、分层结构

看一看：电话通信网的体系结构

电话通信网是建立最早、发展规模最大的通信网。它是通信网的主体，是各电信网络运营商的基础网络。

传统电话通信网的一般体系结构如图 2-1 所示。

议一议：电话通信网由哪些部分组成

电话通信网的组成部分有汇接交换机、端局交换机、No.7 信令网、用户环路、信令链路、语音/数据链路、终端设备等。

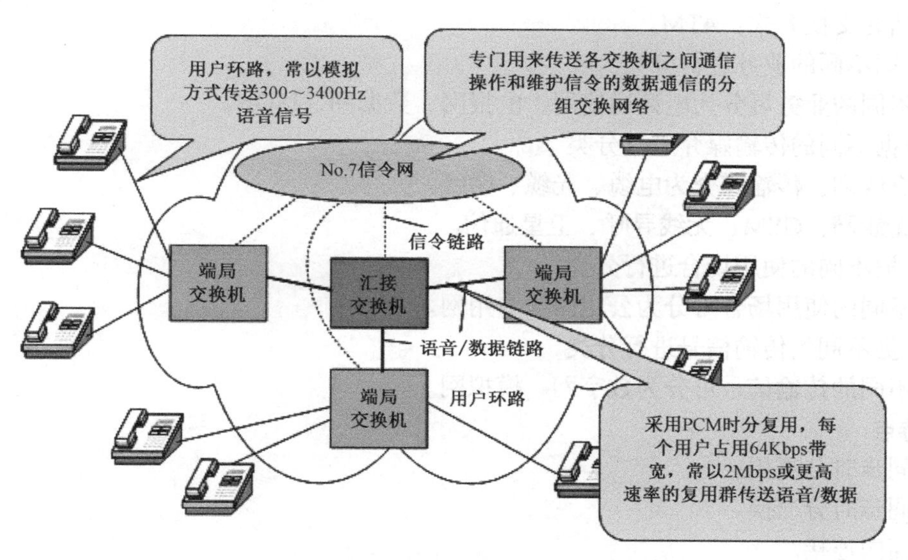

图 2-1　传统电话通信网的一般体系结构图

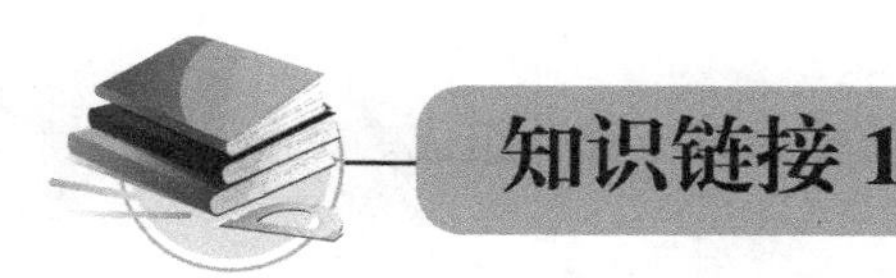

电话通信网的定义、分类、特点和基本组成

看一看：电话通信网的组成结构

电话通信网的组成结构图如图 2-2 所示。

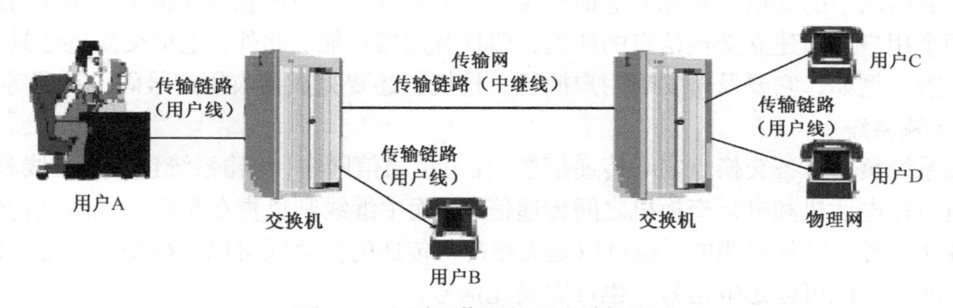

图 2-2　电话通信网的组成结构图

记一记：电话通信网的定义、分类、特点

1. 定义

电话通信网又称固定电话通信网，是指在本地网和长途网上组成电话网络的一种业务网络。通过该网络在两个固定用户之间可实现语音通信。

2. 分类

1）根据对信息的不同处理方法进行分类

（1）电路交换方式：PSTN、ISDN。

（2）存储转发方式：分组交换网、帧中继网。

（3）信元交换方式：ATM。

2）根据不同的业务进行分类

根据不同的业务可分为电话通信网、电报网、数据网、ISDN。

3）根据不同的传输媒介进行分类

（1）有线网：传输媒介为电缆、光缆、明线。

（2）无线网：GSM、无线寻呼、卫星通信。

4）根据不同的使用场合进行分类

根据不同的使用场合可分为公用网、专用网。

5）根据不同的传输信号进行分类

根据不同的传输信号可分为数字网、模拟网。

3. 特点

（1）同步时分复用。

（2）同步时分交换。

（3）面向连接。

（4）对用户数据透明传输。

学一学：电话通信网的基本组成

电话通信网由用户终端设备（电话机）、交换设备和传输系统三部分组成。

1. 用户终端设备

电话通信网中的用户终端设备即为电话机，它用于将用户的声音信号转换成电信号或将电信号还原成声音信号。同时，电话机还具有发送和接收电话呼叫的能力，用户通过电话机拨号来发起呼叫，通过振铃知道有电话呼入。

2. 交换设备

电话通信网中的交换设备称为电话交换机，主要负责用户信息的交换。它要按用户的呼叫要求在两个用户之间建立交换信息的通道，即具有连接功能。此外，电话交换机还具有控制和监视的功能。例如，它要及时发现用户摘机、挂机，还要完成接收用户号码、计费等功能。

3. 传输系统

传输系统负责在各交换点之间传递信息。在电话通信网中，传输系统包括用户线和中继线。用户线负责在电话机和电话交换机之间传递信息，而中继线则负责在交换机之间进行信息的传递。传输介质既可以是有线的，也可以是无线的；传送的信息既可以是模拟的，也可以是数字的；传送的形式既可以是电信号，也可以是光信号。

电话通信网的组网要求、分级结构

看一看：电话通信网的几种网状结构

电话通信网常见的几种网状结构如图 2-3 所示。

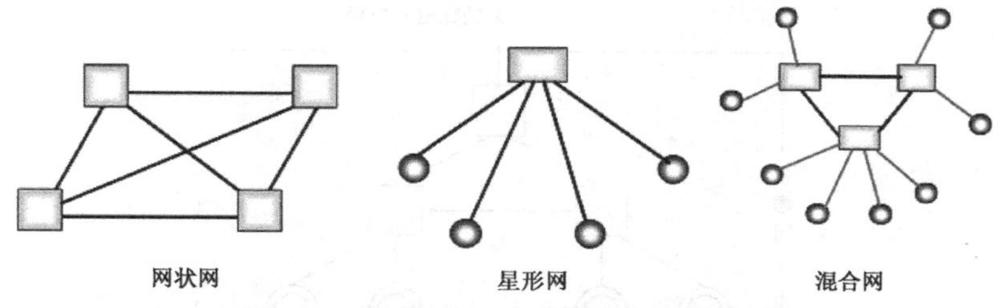

图 2-3　电话通信网常见的几种网状结构

记一记：电话通信网的组网要求

对组建电话通信网的要求如下：

（1）保证网内每个用户都能任意呼叫网内的其他用户；

（2）保证满意的服务质量；

（3）能不断适应通信新业务和通信新技术的发展；

（4）投资和维护费用尽可能低。

看一看：电话通信网的分级结构

就全国范围内的电话通信网而言，很多国家采用等级结构。在等级网中，每个交换中心分配一个等级；除了最高等级的交换中心以外，每个交换中心必须接到等级比它高的交换中心。本地交换中心位于较低等级，而转接交换中心和长途交换中心位于较高等级。低等级的交换中心与管辖它的高等级的交换中心相连，形成多级汇接辐射网（即星形网）；而最高等级的交换中心间则直接相连，形成网状网。因此，等级结构的电话通信网一般是复合型网。

五级电话通信网的分级结构如图 2-4 所示。

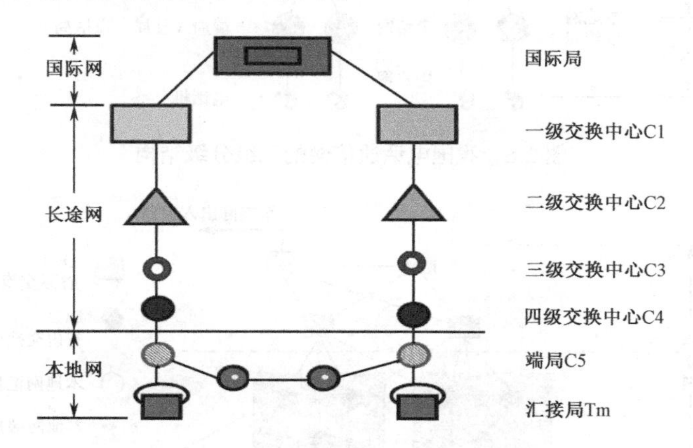

图 2-4　五级电话通信网的分级结构

三级电话通信网的分级结构如图 2-5 所示。

学一学：我国电话通信网的等级结构

我国电话通信网目前采用等级制，并将逐步向无级网发展。早在 1973 年的电话通信网建设初期，鉴于当时长途话务流量的流向与行政管理的从属关系互相一致，大部分的话务流量是在同区的上下级之间，即话务流量呈现出纵向的特点，因此原邮电部规定我国电话通信网的网络等级分为五级，包括长途网和本地网两部分。长途网由大区中心 C1、省中心 C2、地区中心 C3、县中心 C4 四级长途交换中心组成，本地网由第五级交换中心（即端局 C5）和汇接局 Tm 组成。

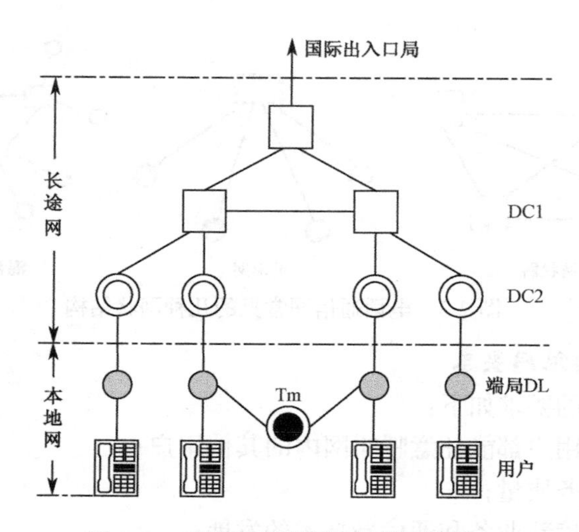

图 2-5　三级电话通信网的分级结构

我国电话通信网的三级分级结构和分级结构示例图分别如图 2-6、图 2-7 所示。

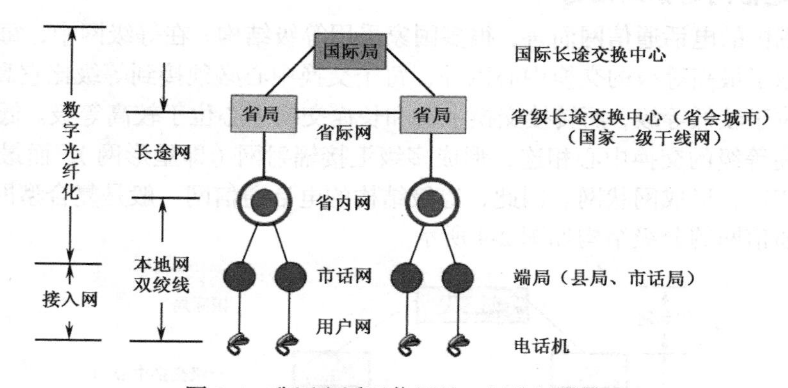

图 2-6　我国电话通信网的三级分级结构

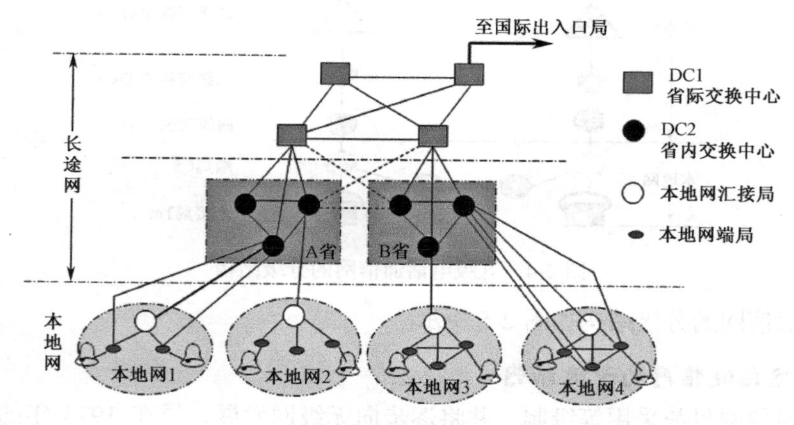

图 2-7　我国电话通信网的分级结构示例图

1. 本地网

1）定义

本地电话通信网简称本地网，指在同一长途编号区范围内，由终端设备、传输设备和交换设备等组成的网络。它用于疏通该长途编号区范围内任何两个用户间的电话呼叫和长途发话、来话业务，如图 2-8 所示。

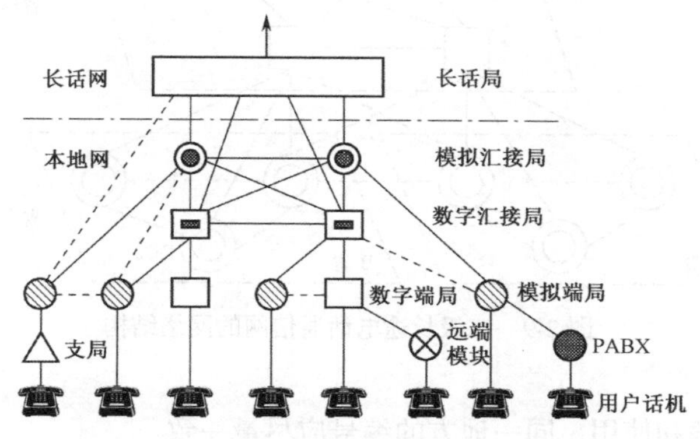

图 2-8　本地网的结构图

我国早期的电话通信网由长途网、市话网、农话网组成。在农话实现自动化及在行政上实行市管县后，农话网、市话网合并为本地网。本地网中统一号码长度，并采用同一个长途区号。

2）特点

（1）在同一个编号区范围内。

（2）由若干个端局，或由若干个端局、汇接局、局间中继线、用户线和话机终端等组成。

（3）服务范围：一个长途编号区的范围就是一个本地电话通信网的服务范围。

（4）网路结构：网状网（端局间网状连接）和汇接网（由汇接局和端局组成）。

2. 长途电话通信网

1）定义

长途电话通信网简称长途网或长话网，其任务是完成国内、国际任何两个用户之间的长距离通话。它由长途交换中心、长市中继长途电路组成，用来疏通各个不同本地网之间的长途话务，其中一个或几个一级交换中心直接与国际出入口局连接，完成国际来去话业务的接续。

本地网、长话网的物理构成：本地网、长话网都是由一个个的物理端局组成的。

单局制：一个城市只装一台交换机称为单局制。

分局：大城市需要建立多个电话机分局，分局间使用局间中继线互联。与用户线不同，中继线是由各用户共用的。

汇接局：当分局数量太多时，就需要建立汇接局。汇接局与所属分局以星形连接，汇接局间是全互联的，分局间的通话需经汇接局转接。

长话局：为了使不同城市用户能互相通话，城市内还需要建立长话局。长话局与市话分局（或市话汇接局）间以长市中继线相连。不同城市的长话局、长话汇接局间以长途中继线相连。

二级长途电话通信网的网络结构如图 2-9 所示。

3. 电话通信网的编号计划

一个电信网，无论是电话通信网，还是电报网或数据网等，要能实现网中任意两个用户或终端之间的呼叫连接，就必须对网中每一用户或终端分配一个唯一的号码。通过拨打用户号码可以很方便地呼叫网中的其他用户或终端。

1）号码的作用

号码是用户标识、选择路由、计算费率的依据。

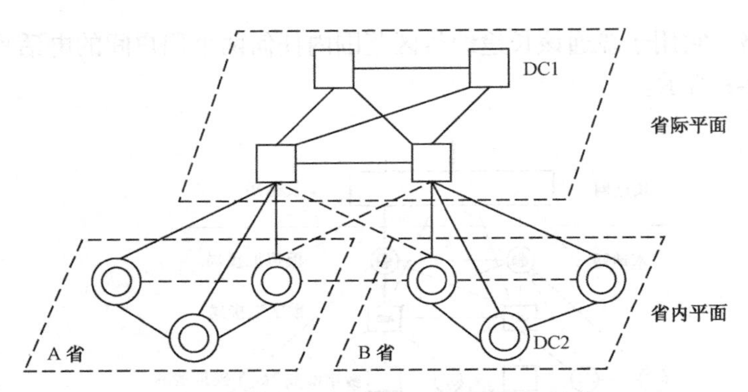

图 2-9　二级长途电话通信网的网络结构

2）编号原则

（1）便于用户了解和使用，同一地方的编号应尽量一致。

（2）能与现有交换机相适应，使交换机设计不会过于复杂。

（3）符合国际通信编号要求，国际电联规定号长不大于 12 位。

（4）便于确定呼叫路由，以使选择路由简单。

（5）具有一定的冗余度和稳定性，以符合将来的发展。

3）本地网的编号方法

根据本地网定义，凡属同一个长途编号区范围的用户均属同一个本地网。当用户呼叫同一个本地网中的任一其他用户时所拨的号码称为本地号码，其编排方法为

本地号码 = 局号 + 用户号码

本地号码可根据本地网的规划容量采用适当的编号位长。目前，北京、上海、天津、广州、重庆、武汉和沈阳等特大城市的号长为 8 位，其中局号为 3 位，用户号码为 5 位；其他大城市为 7 位，中小城市及县城为 6 位。

4）长途网的编号方法

国际电联（ITU）规定国际电话号码总长度不大于 12 位，而我国的国家号码为 86，因此我国国内号码总长度不大于 10 位，其编排方法为

国内号码 = 国内长途字冠（0）+ 长途区号 + 本地号码

国际号码 =（00）+ 国家号码 + 长途区号 + 本地号码

长途区号：直辖市及省会城市为 2 位号码，其中北京为 10，其他城市（地级市）为 2X；其他大、中、小城市为 3 位号码。

数据通信网的组成

工作任务单

序　号	工 作 内 容
1	数据通信网的组成及特点、业务功能
2	数据通信网的网间互联、分级结构
3	小型局域网的组建

看一看：某学校教学楼的数据通信网的网络拓扑结构

某学校教学楼的数据通信网的网络拓扑结构如图 2-10 所示。

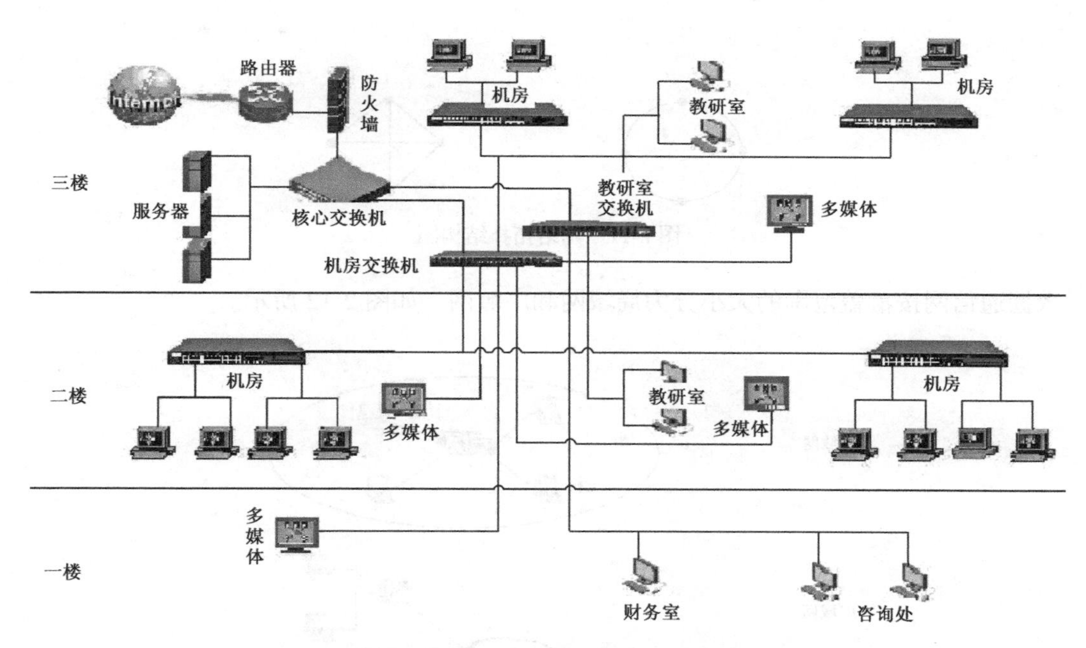

图 2-10　某学校教学楼的数据通信网的网络拓扑结构图

议一议：认识数据通信

数据通信是指信源产生的数据，按一定通信协议，通过模拟传输信道或者数字传输信道，形成数据流传送到信宿的过程。

数据通信是为了实现计算机与计算机之间或者终端与计算机之间的信息交互而产生的一种通信技术。

从某种意义上说，数据通信是计算机通信的组成部分，但数据通信着重于数据的传输，而不涉及数据所表示的原始信息；计算机通信则着重于信息的交互。

知识链接 1

数据通信网的组成及特点、业务功能

看一看：数据通信网

数据通信网按网络拓扑结构可分为：总线网、星形网、树形网、环形网和网状网，请同学们自己搜集信息来确认图 2-11 中的各种结构。

数据通信网按传输技术分为交换网和广播网。

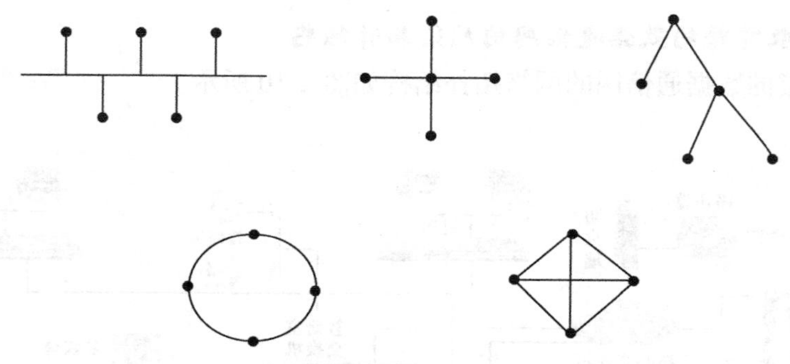

图 2-11　网络拓扑结构图

数据通信网按覆盖范围的大小分为局域网和广域网，如图 2-12 所示。

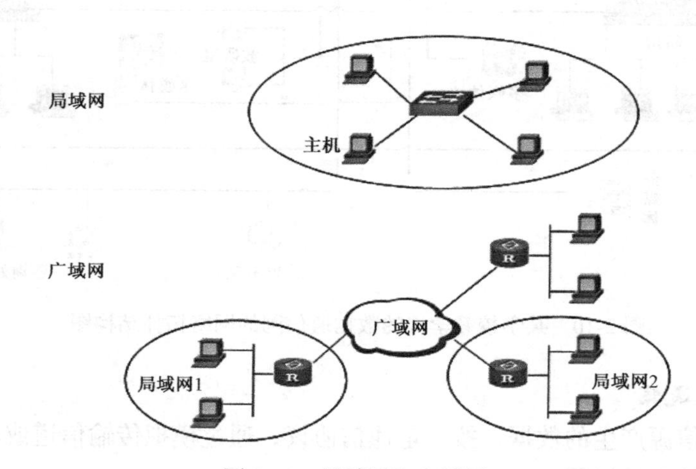

图 2-12　局域网和广域网

学一学：数据通信网的定义、组成和特点

1. 定义

数据通信网是一个由分布在各地的数据终端设备、数据交换设备和数据传输链路所构成的网络，在网络协议（软件）的支持下实现数据终端间的数据传输和交换。

2. 组成

数据通信网的硬件构成如下。

（1）末端设备（又称用户设备）：用户与通信网之间的接口设备，可对用户的消息与收/发的电信号进行相互转换。

（2）传输系统：传输电信号的信道，包括有线、无线、光缆等线路。

（3）交换设备：在终端之间和局间进行路由选择、接续控制的设备。为使数据通信网能合理协调工作，还要有各种规定，如质量标准、网络结构、编号方案、信令（也称信号）方案、路由方案、资费制度等。

局域网（Local Area Network，LAN）定义：通常指几公里以内的，可以通过某种介质互联的计算机、打印机、MODEM 或其他设备的集合。其特点为距离短、延迟小、数据速率高、传输可靠。

LAN 的设计目标：

（1）运行在有限的地理区域内；

（2）允许同时访问高带宽的介质；

（3）通过局部管理控制网络的私有权利；

（4）提供全时的局部服务；

（5）连接物理上相邻的设备。

广域网（Wide Area Network，WAN）定义：在大范围区域内提供数据通信服务，主要用于互联局域网。

WAN 的设计目标：

（1）运行在广阔的地理区域内；

（2）通过低速串行链路进行访问；

（3）提供全时的或部分时间的连接性；

（4）连接物理上分离的、遥远的、甚至全球的设备。

记一记：数据通信网的业务功能

数据通信网的业务功能有三种，如图 2-13 所示。

1. 单播业务

（1）目的地址：ABC 类地址。

（2）特点：点对点传送。

（3）适合场合：某一个业务只有一个接收者。

2. 组播业务

（1）目的地址：D 类地址。

（2）特点：点对多点传送。

（3）适合场合：某一个业务有多个接收者。

3. 广播业务

（1）目的地址：全网广播地址（255.255.255.255）或子网广播地址。

（2）特点：点对多点传送。

（3）适合场合：某一个业务需要通知给所有的其他设备。

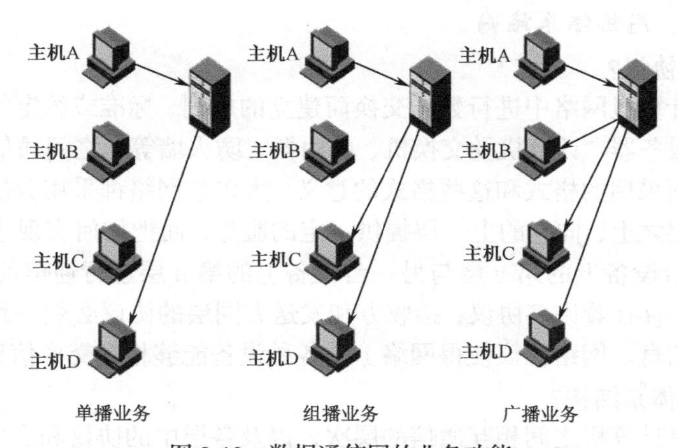

图 2-13　数据通信网的业务功能

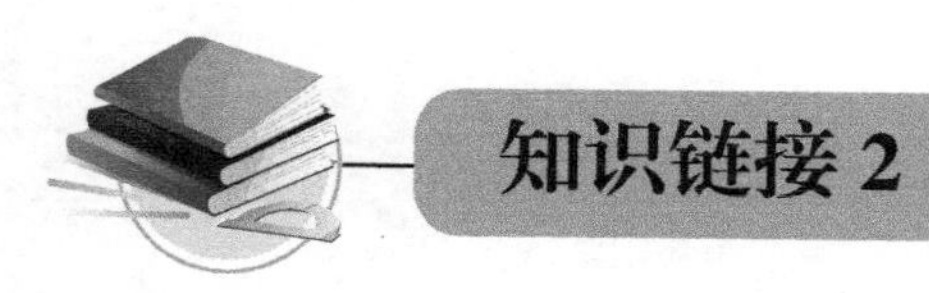

数据通信网的网间互联、分级结构

看一看：数据通信网的连接拓扑结构

数据通信网的连接拓扑结构如图 2-14 所示。

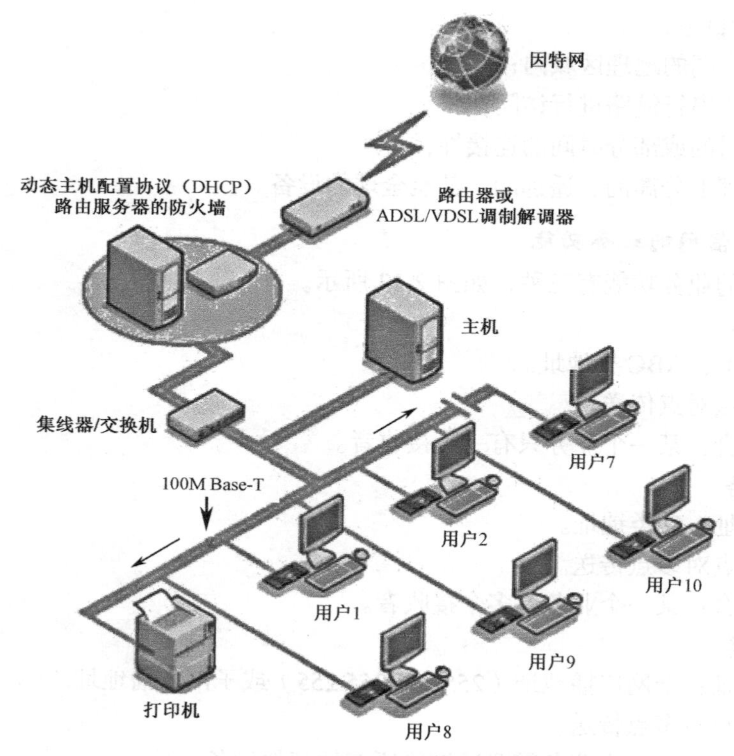

图 2-14　数据通信网的连接拓扑结构图

记一记：网络协议、网络体系结构

1. 什么是网络协议？

网络协议是为计算机网络中进行数据交换而建立的规则、标准或约定的集合。它也是网络上所有设备（网络服务器、计算机及交换机、路由器、防火墙等）之间通信规则的集合，它规定了通信时信息必须采用的格式和这些格式的意义。大多数网络都采用分层的体系结构，每一层都建立在它的下层之上，向它的上一层提供一定的服务，而把如何实现这一服务的细节对上一层加以屏蔽。一台设备上的第 *n* 层与另一台设备上的第 *n* 层进行通信的规则就是第 *n* 层协议。在网络的各层中存在着许多协议，接收方和发送方同层的协议必须一致，否则一方将无法识别另一方发出的信息。网络协议使得网络上的各种设备能够相互交换信息。

2. 什么是网络体系结构？

网络体系结构是计算机之间相互通信的层次，以及各层中的协议和层次之间接口的集合。

学一学：OSI 参考模型

国际标准化组织（ISO）在 1978 年提出了“开放系统互联参考模型”，即著名的 OSI/RM 模型（Open System Interconnection/Reference Model），它将计算机网络体系结构的通信协议划分为七层，分别是物理层、数据链路层、网络层、传输层、会话层、表示层和应用层。其中下面四层完成数据传送服务，上面三层面向用户。对于每一层，至少制定两项标准：服务定义和协议规范。前者给出了该层所提供的服务的准确定义，后者详细描述了该协议的动作和各种有关规程，以保证服务的提供。OSI 参考模型的分层结构如图 2-15 所示。

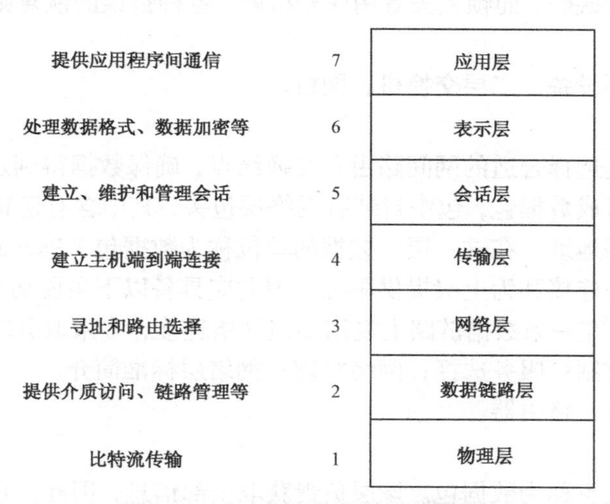

图 2-15　OSI 参考模型的分层结构图

第一层：物理层

物理层规定通信设备的机械的、电气的、功能的和过程的特性，用以建立、维护和拆除物理链路连接。在这一层，数据的单位称为比特（bit）。

物理层的主要功能有以下两个。

（1）为数据端设备提供传送数据的通路。数据通路既可以是一个物理媒体，也可以由多个物理媒体连接而成。一次完整的数据传输，包括激活物理连接、传送数据、终止物理连接。所谓激活，就是不管有多少物理媒体参与，都要将通信的两个数据终端设备连接起来，形成一条通路。

（2）传输数据：物理层要形成适合数据传输需要的实体，为数据传送服务，一是要保证数据能在其上正确通过，二是要提供足够的带宽（带宽是指每秒内能通过的比特（bit）数，以减少信道上的拥塞。传输数据的方式应能满足点到点、一点到多点、串行或并行、半双工或全双工、同步或异步传输的需要。

物理层的主要设备：中继器、集线器。

第二层：数据链路层

在物理层提供比特流服务的基础上，数据链路层建立相邻结点之间的数据链路，通过差错控制提供数据帧（Frame）在信道上无差错的传输，并进行各电路上的相应系列动作。

数据链路层在不可靠的物理介质上提供可靠的传输。该层的作用包括：物理地址寻址、数据的成帧、流量控制、数据的检错、重发等。在这一层，数据的单位称为帧（Frame）。

数据链路层的主要功能有以下几个。

（1）为网络层提供数据传送服务。

（2）链路连接的建立、拆除、分离。

（3）帧定界和帧同步。数据链路层的数据传输单元是帧，协议不同，帧的长短和界面也有差别，但无论如何都必须对帧进行定界。

（4）顺序控制，指对帧的收/发顺序的控制。

（5）差错检测和恢复，以及链路标识、流量控制等。差错检测多用方阵码校验和循环码校验来检测信道上数据的误码，而帧丢失等用序号检测。各种错误的恢复则常靠反馈重发技术来完成。

数据链路层的主要设备：二层交换机、网桥。

第三层：网络层

网络层的任务就是选择合适的网间路由和交换结点，确保数据得到及时的传送。网络层将数据链路层提供的帧组成数据包，包中封装有网络层包头，其中含有逻辑地址信息——源站点和目的站点地址的网络地址。在这一层，数据的单位称为数据包（Packet）。

网络层为建立网络连接和为上层提供服务，因此应具备以下主要功能：路由选择和中继；激活、终止网络连接；在一条数据链路上复用多条网络连接，多采取分时复用技术；差错检测与恢复；排序、流量控制；服务选择；网络管理；网络层标准简介。

网络层的主要设备：路由器。

第四层：传输层

这一层的数据单元也称为数据包。该层负责获取全部信息，因此，它必须跟踪数据单元碎片、乱序到达的数据包和其他在传输过程中可能发生的危险。传输层为第五层提供端到端（最终用户到最终用户）的透明的、可靠的数据传输服务。

第五层：会话层

这一层也称为会晤层或对话层。在会话层及以上的高层次中，数据传送的单位不再另外命名，统称为报文。会话层不参与具体的传输，它提供包括访问验证和会话管理在内的建立和维护应用之间通信的机制。例如，服务器验证用户登录便是由会话层完成的。

会话层的主要功能为在会话实体间建立连接。为给两个对等会话服务用户建立一个会话连接，应该做如下几项工作：将会话地址映射为运输地址；选择需要的运输服务质量参数（QOS）；对会话参数进行协商；识别各个会话连接；传送有限的透明用户数据；数据传输阶段。

建立一个会话连接过程，是指在两个会话用户之间实现有组织的，同步的数据传输。用户数据单元为 SSDU，而协议数据单元为 SPDU。会话用户之间的数据传送过程是通过将 SSDU 转变成 SPDU 进行的。

第六层：表示层

这一层主要解决用户信息的语法表示问题。它将欲交换的数据从适合于某一用户的抽象语法，转换为适合于 OSI 系统内部使用的传送语法，即提供格式化的表示和转换数据服务。数据的压缩和解压缩、加密和解密等工作都由表示层负责。

第七层：应用层

应用层为操作系统或网络应用程序提供访问网络服务的接口。

实训操作：小型局域网的组建

看一看：小型局域网的拓扑结构图

目前国内中小企业的计算机主要还是单机应用，各计算机间没有联系，这为企业的办公带来诸多不便，如企业 OA 设备（打印机、绘图仪）等无法得到充分利用。单机间的信息不共享，更谈不上整合企业信息资源，实现企业管理网络化了。建设企业内部的局域网，是广大中小企业的迫切需求。

某企业的小型局域网的拓扑结构如图 2-16 所示。

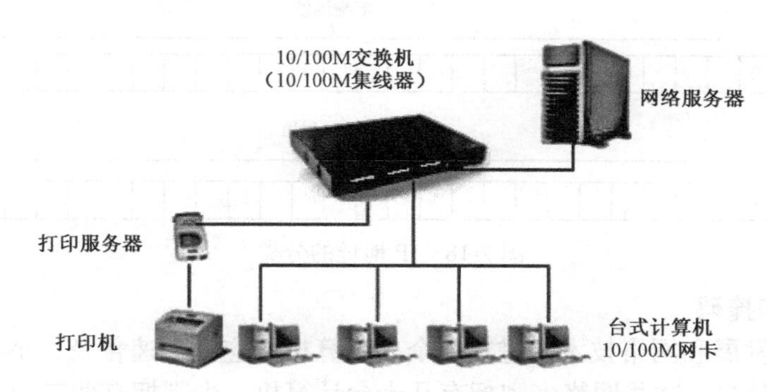

图 2-16　某企业的小型局域网的拓扑结构图

该局域网的中心部分采用 1～2 台 10/100Mbps 自适应非网管以太网交换机或集线器。网络服务器和所有连网计算机连接在快速的 10/100Mbps 端口上，既保证了网络服务器具有较高的速度为所有连网计算机服务，也使连网计算机能够以 10/100Mbps 的速度在网络上通信。

学一学：小型局域网组建的基础知识

1. 什么是 IP 地址？

IP 地址是一个 32 位整数，用于在网络中标识一个主机。通常将 IP 地址写成 4 个整数的形式，如 202.116.84.92。IP 地址示例如图 2-17 所示。

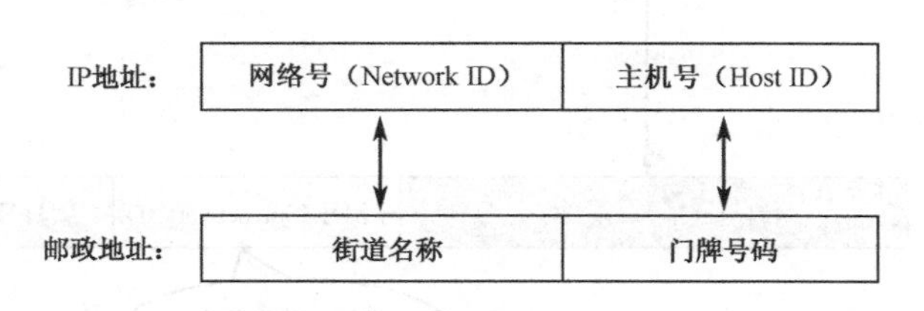

图 2-17　IP 地址示例

2. 为什么 IP 地址要划分为网络地址和主机地址呢？

（1）方便寻址，提高寻址效率。

（2）使得网络更加容易管理：可以对具有相同网络地址的主机进行统一管理，提高网络的安全性。

3. IP 地址的分类

IP 地址的分类如图 2-18 所示。

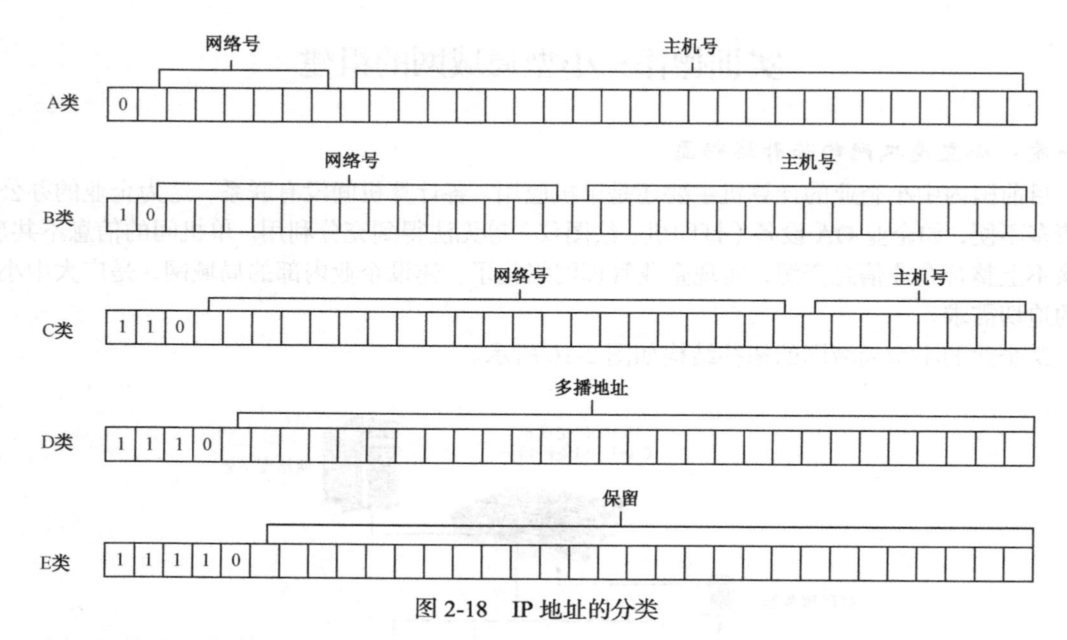

图 2-18　IP 地址的分类

4. 子网地址和掩码

随着计算机的发展和网络技术的进步，个人计算机的应用迅速普及，小型网络（特别是小型局域网络）越来越多，这些网络多则拥有几十台计算机，少则拥有两三台计算机。对于这样一些小规模网络而言，即使使用一个可以容纳 254 台主机的 C 类网络号仍然是一种浪费，因此在实际应用中，需要对 IP 地址中的主机号部分进行再次划分，将其划分成子网号和主机号两部分，如图 2-19 所示。

再次划分后的 IP 地址的网络号部分和主机号部分用子网掩码来区分，子网掩码也为 32 位二进制数值，分别对应 IP 地址的 32 位二进制数值。IP 地址中的网络号部分在子网掩码中用“1”表示，IP 地址中的主机号部分在子网掩码中用“0”表示。

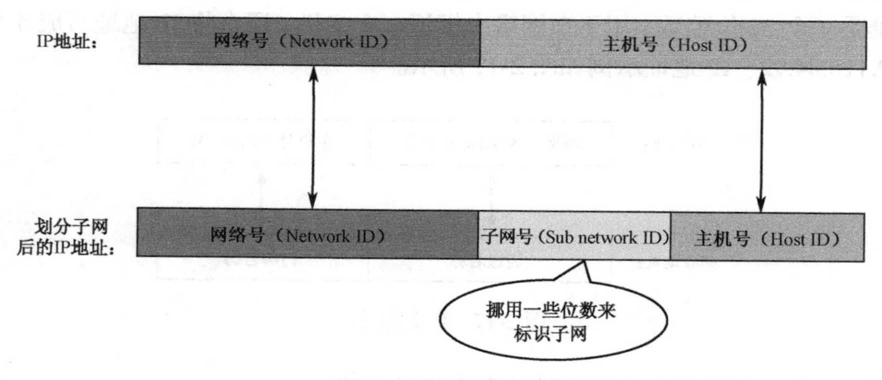

图 2-19　子网地址和掩码

5. 如何划分子网？

减少 IP 地址中主机地址所占用的二进制位数，同时将减少的二进制位和原来的网络地址所占用的二进制位合并为新的网络地址，如图 2-20 所示，即可划分子网。

被挪用的二进制位数（N）越多，划分的子网数目就越多，但是每个子网的主机数目就越少。同时，划分出的子网数量为 2^N。

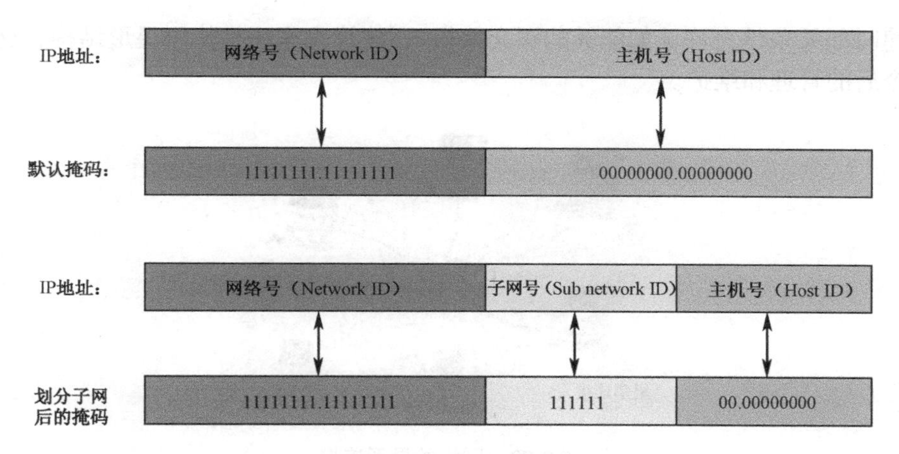

图 2-20 划分子网

做一做：组建一个由两台计算机和两台交换机构成的局域网，并实现两台计算机的数据通信

一、设备的选购

组建小型局域网需要的主要设备包括网卡、网线和 RJ-45 插头（水晶头）、交换机等。

1. 网卡

网卡一般分为 10M 和 10M/100M 自适应两种。建议普通用户使用 D-Link、TP-Link 等 10M/100M 自适应的网卡。

2. 网线和 RJ-45 插头

市场上的五类四芯网线和 RJ-45 插头品牌繁多，建议大家选择国内正规厂家的产品。在选择时还要特别注意辨清真伪，不要因图便宜而导致以后网络频频出现故障。

3. 交换机

考虑到局域网中的计算机数量和需要到达的网络速度，建议大家选择 10M 或者 100M 的 8 口或 8 口以上的交换机，如图 2-21 所示。

图 2-21 交换机

二、选择网络结构

一般小型局域网接入的计算机数量不多，布线长度较短，因此目前主要选择的是星形网络拓扑结构，而总线结构现在已经应用得很少了。

（1）总线结构使用一条线缆作为主干线缆，网上的所有设备都是与主干线缆相连接的。

（2）星形结构是通过一个中心结点连接的，如图 2-22 所示。这个中心结点为控制结点，任意两个结点的通信都必须通过它。这种结构通常使用交换机作为中心连接设备，连接多台计算机。组建时如果条件允许（如能够购买交换机），建议大家还是使用星形结构，这是因为它比较易于今后的管理和维护。

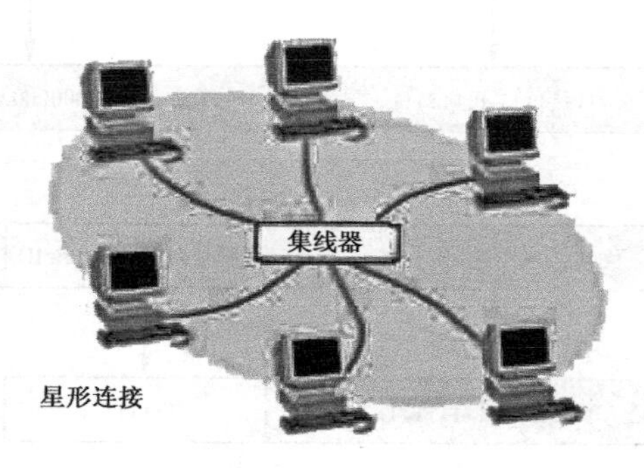

图 2-22 网络的星形连接

三、线缆的选用

（1）一般总线结构的局域网多使用同轴电缆，由于这里主要介绍星形结构的局域网，所以这里对同轴电缆不进行详细介绍。

（2）星形结构的局域网所用的线缆大多是双绞线。双绞线可分为两类：无屏蔽双绞线（UTP）和屏蔽双绞线（STP）。

屏蔽双绞线与无屏蔽双绞线主要的不同是增加了一层金属屏蔽护套。这层金属屏蔽护套的主要作用是为了增强其抗干扰性，同时可以在一定程度上改善其带宽。但是由于屏蔽、双绞线的价格比无屏蔽双绞线贵，安装也比较困难，加上小型局域网结构简单、设备少，所以没有必要使用它。

美国电子工业协会（EIA）将无屏蔽双绞线划分为五类（有两类已被淘汰，所以下面只介绍三类）：

（1）三类线：这类材料的性能定义最高 16MHz。

（2）四类线：这类材料的性能定义最高 20MHz。

（3）五类线：这类材料的性能定义到 100MHz。

五类线采用的导线材料是 100Ω 24 AWG（AWG 指美国线规，24 AWG 是指直径为 0.5mm 的铜导线）实心导线。铜导线外要有绝缘层，最常用的绝缘层是 PVC。

随着千兆以太网的发展，又出现了超五类、六类线缆，六类线缆在小型局城网络环境中没有使用的必要，因此不做介绍。在小型局域网中，目前最佳的选择是采用五类线缆和超五类线缆。

四、组建过程

下面以星形结构的小型局域网为例介绍组建过程。

第一步：两台计算机和两台交换机全部到位后，应合理摆放它们的位置（原则是尽量考虑每台连网计算机的距离不能离交换机太远），如图 2-23 所示。

第二步：根据场地实施合理布线，并细心制作双绞线的接头（这是小型局域网布线的关键）。

第三步：利用网络测试仪检查已做好接头的网线，如果已做好接头的网线全部合格，即可按图 2-24 进行计算机和交换机的连接工作。相同类型的设备应用交叉线连接，不同类型的设备应用直通线连接。还要注意交换机和网卡连接指示灯的情况。

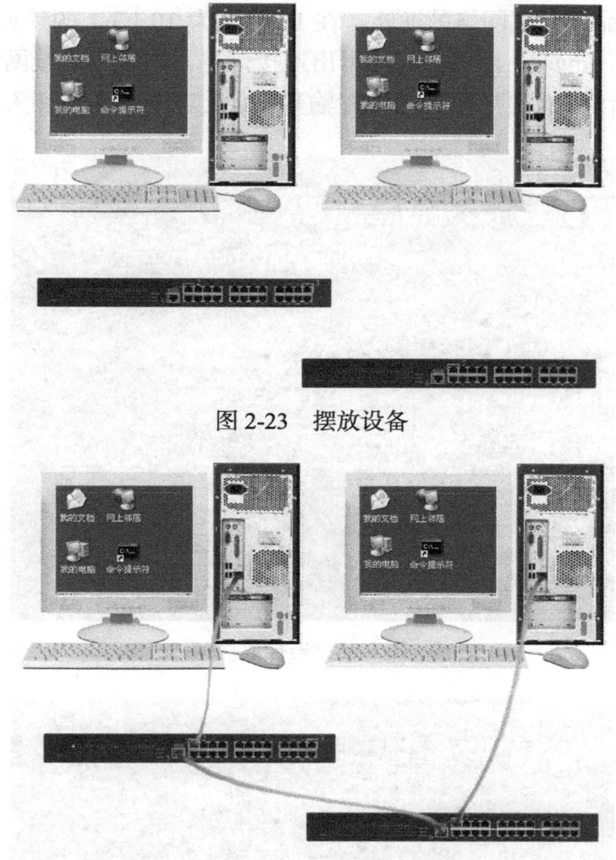

图 2-23　摆放设备

图 2-24　网线连接图

第四步：配置计算机操作系统的网络选项，添加如 TIC/IP、子网掩码等协议，并定义用户名、工作组、工作域名，再重新启动计算机，即可在“网上邻居”中找到局域网中的其他计算机了。

如图 2-25 所示，两台计算机的 IP 地址分别设置为 10.1.1.1 和 10.1.1.2（图中未显示，设置类似），两台交换机的 IP 地址分别设置为 10.1.1.3 和 10.1.1.4（只要遵循 IP 地址设置原则，IP 地址设置不是绝对的），子网掩码设置为 255.255.255.0。

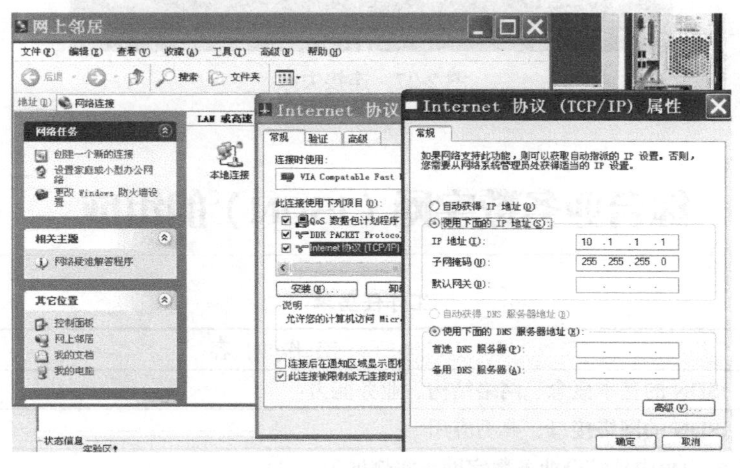

图 2-25　IP 地址设置示意图

第五步：用 ping 命令测试网络的通断。在 IP 地址为 10.1.1.1 的计算机的“命令提示符”窗口中输入测试命令：ping 10.1.1.2，若显示出连接信息，则表示局域网连接成功（如图 2-26 所示），可以实现两台计算机的互相通信并传输数据，反之则视为连接失败（如图 2-27 所示）。

```
命令提示符
Microsoft Windows XP [版本 5.1.2600]
(C) 版权所有 1985-2001 Microsoft Corp.

C:\Documents and Settings\Administrator>ping 10.1.1.2

Pinging 10.1.1.2     with 32 bytes of data:

Reply from 10.1.1.2    : bytes=32 time<1ms TTL=64
Reply from 10.1.1.2    : bytes=32 time<1ms TTL=64
Reply from 10.1.1.2    : bytes=32 time<1ms TTL=64
Reply from 10.1.1.2    : bytes=32 time<1ms TTL=64

Ping statistics for 10.1.1.2    :
    Packets: Sent = 4, Received = 4, Lost = 0 (0% loss),
Approximate round trip times in milli-seconds:
    Minimum = 0ms, Maximum = 0ms, Average = 0ms
```

图 2-26　连接成功

```
命令提示符
Microsoft Windows XP [版本 5.1.2600]
(C) 版权所有 1985-2001 Microsoft Corp.

C:\Documents and Settings\Administrator>ping 10.1.1.2

Pinging 10.1.1.2     with 32 bytes of data:

Destination host unreachable.
Destination host unreachable.
Destination host unreachable.
Destination host unreachable.

Ping statistics for 10.1.1.2    :
    Packets: Sent = 4, Received = 0, Lost = 4 (100% loss),
```

图 2-27　连接失败

任务三　综合业务数字网（ISDN）的组成

工作任务单

序　　号	工 作 内 容
1	ISDN 的基本概念、网络结构、业务能力
2	ISDN 的网络接口、典型应用
3	参观校内外综合业务数字网、实例展示

看一看：综合业务数字网（ISDN）的应用

ISDN 提供的开放系统如图 2-28 所示。

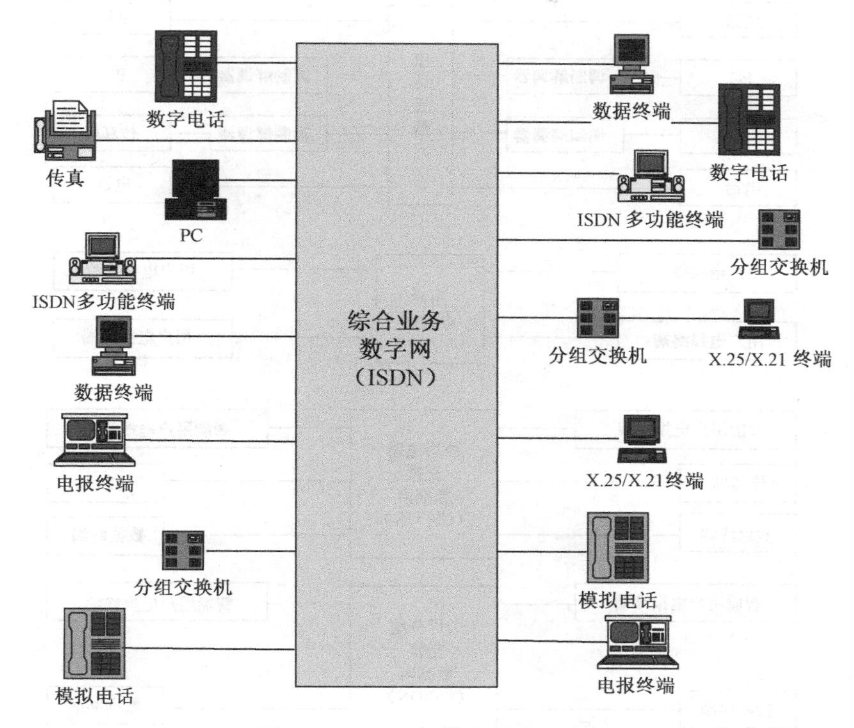

图 2-28　ISDN 提供的开放系统

议一议：综合业务数字网（ISDN）能够连接哪些设备？

综合业务数字网能够连接数字电话机、数据终端、传真机、PC、ISDN 多功能终端、分组交换机、X.25/X.21 终端、电报终端、模拟电话机等。

知识链接 1

IDSN 的基本概念、网络结构、业务能力

看一看：IDSN 的基本概念

IDSN 从字面上译为综合业务数字网。现代社会需要一种社会的、经济的、快速存取信息的手段，IDSN 正是在这种社会需要的背景下，以及计算机技术、通信技术飞速发展的前提下产生的。IDSN 的目标是提供经济的、有效的端到端数字连接以支持广泛的服务，包括声音的和非声音的服务，用户只需通过有关的网络连接及接口标准，就可在很大的区域范围，甚至全球范围内存取网络的信息。目前的通信网络模型如图 2-29 所示。

图中的电话通信网提供语音业务，用户电报网提供文字通信业务，公用电路交换数据网和公用分组交换数据网用来传送数据等。除此之外，目前还存在单独的有线电视网，用于提供广播电视和广播式可视图文业务。由图可见，目前某些数据通信业务在几个不同的网络中同时存在，但不同网络中的数据终端是互不兼容的，它们之间的互通只有通过网络特殊网关（gateway）才能实现。

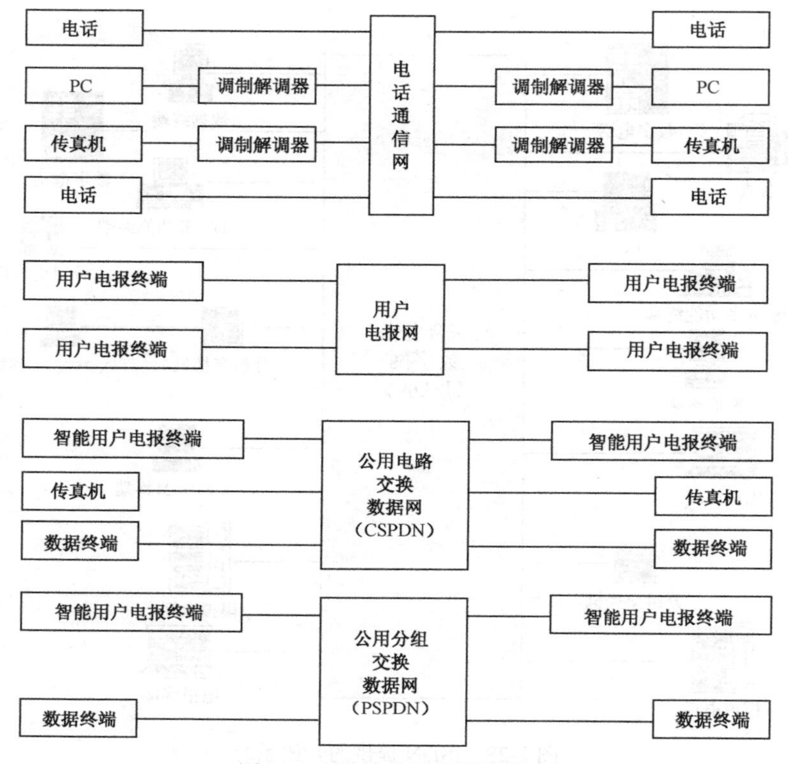

图 2-29 目前的通信网络模型

议一议：存在的问题

用许多专门的网络来提供不同电信业务的方式，无论对于用户还是对于运行管理部门来说，都存在很多缺点：

（1）经济性差；

（2）效率低；

（3）使用不便；

（4）与管理部门的关系复杂。

想一想：问题的解决

为了克服上述缺点，必须从根本上改变网络之间的隔离状况，即用一个单一的网络提供各种不同类型的业务，来实现完全的开放系统互联和通信。也就是说，希望各种终端不论其传输特性多么不同（如速率不同，信号的格式不同，采用的通信协议不同等），也不管它们是模拟设备还是数字设备，只要它们处理的信息是兼容的，就可以通过这个单一的网络进行通信。IDSN 提供的概念模型如图 2-30 所示。

ISDN 定义：综合业务数字网（ISDN）就是将语音、数据和图像等业务综合在一个网内，并用同一种数字形式处理各种不同通信业务的网络。只要设置了能够与各种通信网接续的 ISDN 终端交换机，并提供标准的用户–网络接口，用户就可通过一条用户线，利用各种通信媒质进行通信。

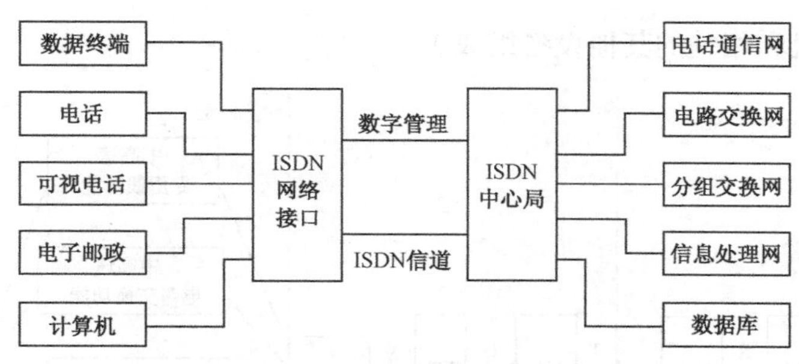

图 2-30　IDSN 提供的概念模型

ISDN 有很多优点：

（1）通信费用便宜；

（2）使用灵活方便；

（3）高速数据传输；

（4）提高传输质量；

（5）便于功能的扩展。

学一学：ISDN 的网络结构

1. 初期的 ISDN 结构

最初出现的关于语音及数据的 ISDN 网络结构（初期的 ISDN 结构）如图 2-31 所示。

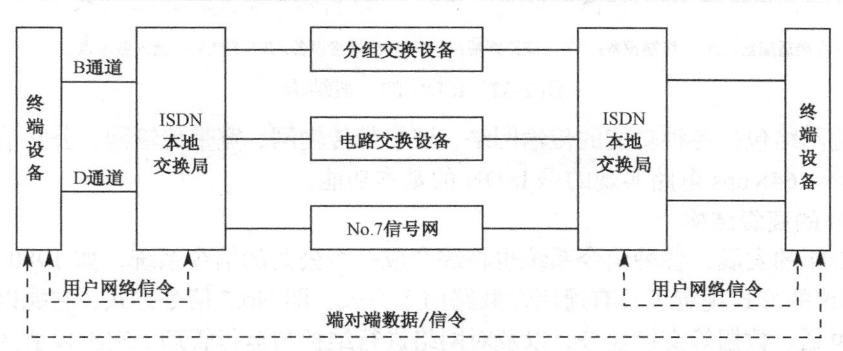

图 2-31　初期的 ISDN 结构

由图可知，这是一种由电路交换和分组交换构成的混合交换系统，它综合了平常的语音和数据载波网络。大容量的数据和语音信号由 64Kbps 电路交换来处理，而突发的数据用分组交换来完成传输。终端设备的输出通过 B 信道和 D 信道进入 ISDN 本地交换局，其中 B 信道为信息通道，是传输速率为 64Kbps 的透明数字通道，用于传送语音和高速数据（如 PCM 语音编码、数据信息、宽带数据语音等）；D 信道是信令信息通道，是速率为 16Kbps 或 64Kbps 的非透明数字信道，既可用做一个或多个 B 信道的公用信令，也可用于遥测或用低速分组交换数据。

2. ISDN 的一般结构

ISDN 的一般结构如图 2-32 所示，它由用户网络、局域网络和传输网络三部分组成。

（1）用户网络主要指用户所在地的设备及接口，如终端设备 TE、终端适配器 TA、网络终端设备 NT 等。

（2）局域网络包括一个本地交换机（即用户环路）内放置的一组设备（其中有网络终端 NT 和线路终端 LT 的传输系统，远端复用和分接器（集中器）及交换单元），一个 ISDN 业务局（它由本地交换机和相关的其他设备组成）。

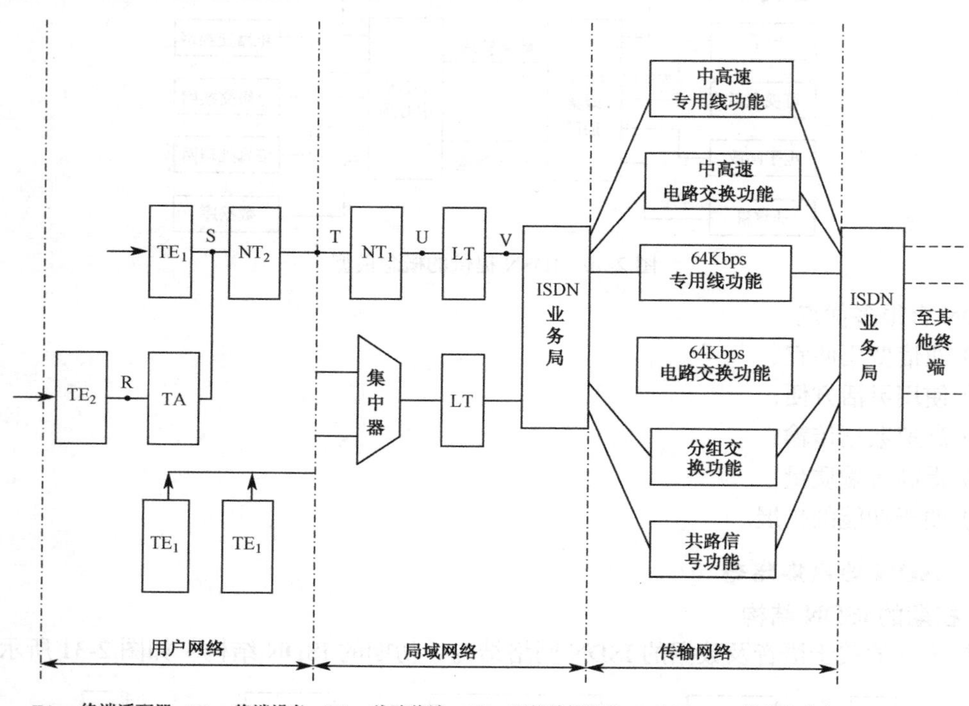

图 2-32　ISDN 的一般结构

（3）传输网络包括各种功能的传输网络，即窄带传输网、宽带传输网、公共信令传输网和分组交换网等。64Kbps 电路实现的是 ISDN 的基本功能。

3. ISDN 的高级结构

随着 ISDN 的发展，各种信令系统也将综合成一个公共的信令系统，如 1980 年 ITU-T 以 Q700 系列建议的形式规定了具有通用性共路信令方式，即 No.7 信令方式，它能以共同的设备及方式处理电话、数据等交换业务，以及对网络进行维护与运行管理。它不仅适用于交换机之间，也适用于交换机与带有数据库的智能结点的信息交换，具有这种共路信令网的 ISDN 能够形成一个动态工作的基础结构，它能够对业务量的变化直接给予响应。ISDN 的高级结构如图 2-33 所示。

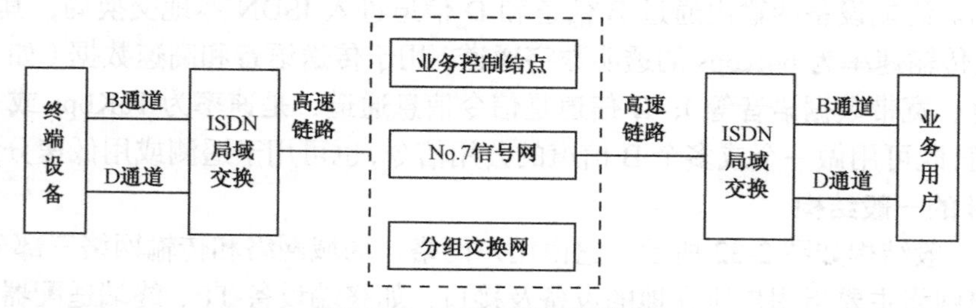

图 2-33　ISDN 的高级结构

ISDN 交换机是在现有数字程控交换机上开发的，开发的主要内容有以下几方面。

（1）用户电路把 2B＋D 的信号分解成两个 64Kbps 的信号（B 通道信号）和一个 16Kbps 信号（D 通道信号），再交由处理机 CPU 加以处理，控制 ISDN 交换机的交换。

（2）D 信道处理功能，即实现 D 信道协议。

（3）No.7 信令系统的 ISUP（ISUP 用户部分）。

（4）根据分组业务的综合，国际电联电信标准化部门 ITU-T 建议有两种综合方式，即所谓最小综合和最大综合。最小综合是指 ISDN 本身并不具有分组交换功能，只是在分组交换机和接在 ISDN 用户网络接口上的分组终端之间提供一条 64Kbps 的物理通路，分组交换的业务由分组网的交换机处理。最大综合时，ISDN 应支持分组交换。

记一记：ISDN 的业务能力

ISDN 的根本任务就是向用户提供业务，有时又称服务。ISDN 中的业务（或电信业务）包括通信建立、信息处理和信令交换等内容。它又可分成承载业务、用户终端业务和附加业务三大类。

1. 承载业务

承载业务是搬运信息的业务。对于用户来说，承载业务意味着一定的服务质量（如信息传送速度、时延、网络资源的可用性等）和一定的操作收费原则。用户并不知道（也不关心）网络究竟是怎样搬运信息的，但是对于网络设计者来说，承载业务特性直接关系到网络的结构和功能，因此每项承载业务必须有精确的定义，这些定义可以翻译成网络的技术参数，对应于一定的网络资源。

承载业务是 ISDN 提供的信息传送业务，传送的信息包括语音、数据、图像等，而并不改变信息的内容。承载业务对应于 OSI 模型的低三层功能，它的定义关系到信息传送特性、接入特征，以及商业和运行特征。

信息的传送既可以在两个 ISDN 入口点之间进行，也可以在一个 ISDN 入口点和另一个端点之间进行，这另一个端点既可能是一个专用网的入口点，也可能是接到 ISDN 内部的高层功能 HLF 的入口点。当信息在两个 ISDN 入口点之间进行传送时，两个入口点的某些参数可能不同，这时网络必须提供必要的适配。承载业务的不同方式如图 2-34 所示。图中的符号 S/T 表示 ISDN 用户网络接口的标准接口，这个接口又称 S/T 参考点。

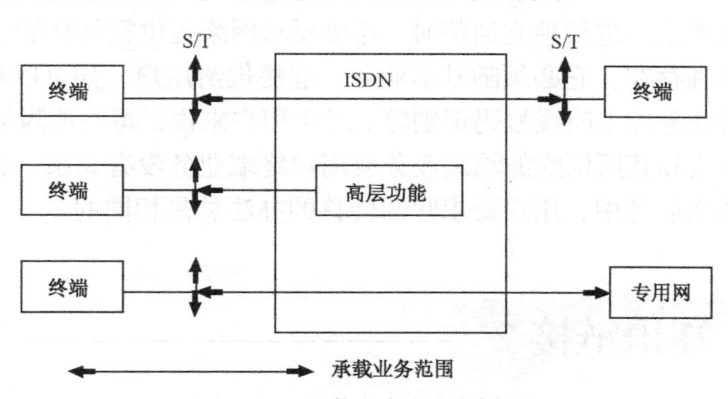

图 2-34　承载业务的不同方式

2. 用户终端业务

用户终端业务是面向用户的通信或信息处理业务。它包含网络提供的通信能力和终端本身所具有的通信能力。例如，利用电话业务通话或利用传真业务传送字符都是用户终端业务。用户终端业务包含了 OSI 模型第一～七层的功能。由此可见，用户终端业务包含了承载业务的内容，或者说，用户终端业务由网络和终端设备共同提供。以下介绍四种提供 ISDN 用户终端业务的方式，如图 2-35 所示。

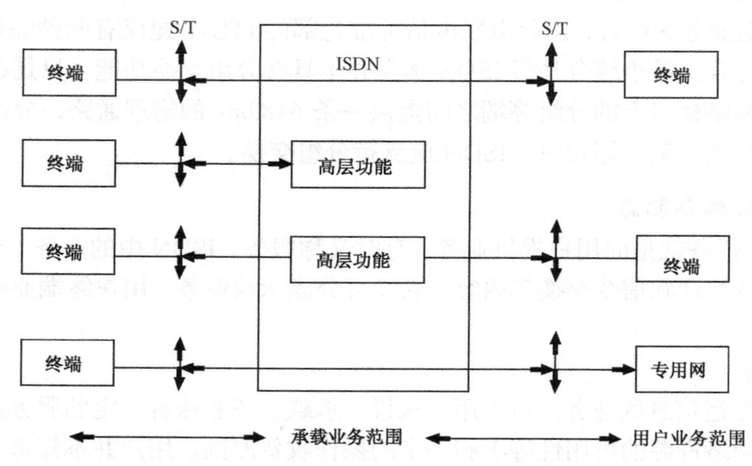

图 2-35　提供 ISDN 用户终端业务的方式

第一种方式是直接连接两个具有高层功能的 ISDN 终端。

第二种方式是连接一个 ISDN 终端和 ISDN 的一个高层功能。

第三种方式是通过 ISDN 内部的高层功能连接两个具有不同技术特性的 ISDN 终端，这时 ISDN 内的高层功能执行规程转换。

第四种方式是连接一个 ISDN 终端和专用网中的高层功能。

从 OSI 模型的观点来看，用户终端业务是在承载业务所提供的一至三层功能之上，选择各种不同的四至七层服务，来满足用户不同的应用要求的。传统的电话、用户电报、可视图文、智能用户电报等都可以看成用户终端业务的前身。

想一想：有哪些附加业务（可以通过上网查找等方式解决）

利用上述两种业务之一进行独立通信时，还可要求网络提供额外功能，称为补充业务或附加业务。但它不能单独存在，它必须随基本业务一起提供给用户，如可以是 64Kbps 承载业务加用户信令，或电话业务加主叫线号码识别等。对于用户来说，每一项附加业务都有一种统一的使用方式，这种方式和其所依附的承载业务或用户终端业务没有关系。例如，不论在电话业务中，还是在可视图文业务中，用户要求呼叫转移的办法总是相同的。

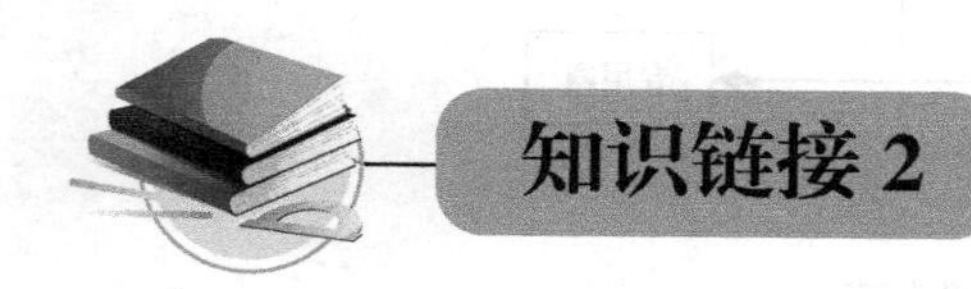

ISDN 的网络接口、典型应用

看一看：ISDN 的用户-网络接口

ISDN 的用户-网络接口的作用在于使用户和 ISDN 之间相互交换信息，要求其接口的业务综合化，能接续多个终端，并能适应终端的移动性。因此，用户-网络接口必须是标准化的。ISDN 的用户-网络接口的参考配置如图 2-36 所示。

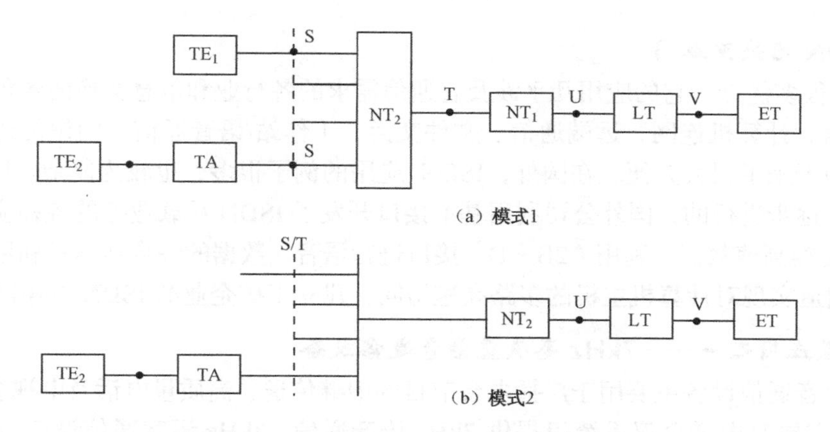

TE_1，TE_2—终端设备；TA—终端适配器；ET—交换终端；
NT_1，NT_2—网络终端设备；LT—线路终端；R，S，T，U，V—接口参考点

图 2-36 ISDN 的用户–网络接口的参考配置

图中给出了 ISDN 用户–网络接口的参考配置。所谓参考配置是指用参考点和功能群的概念规定了 ISDN 用户系统的标准结构，它是制定 ISDN 用户出入口的根据。功能群是在用户出入接口上应具有的某些功能的组合。它是一个抽象概念，不一定与实际的装置一致。图中的 NT_1、NT_2 等都是用户系统装置的功能群，实际上 NT_1、NT_2 可以包含在一个装置内。

记一记：各功能群的具体含义

（1）终端设备 TE 是 ISDN 中的语音、数据或其他业务的输入或输出。ISDN 允许两类终端接入网络，其中终端设备 TE_1 是 ISDN 的标准终端，主要包括维护和接口功能、处理协议及实现与其他装置的连接，如数字电话机、数据终端等；终端设备 TE_2 是 ISDN 的非标准终端，具有 TE_1 的各种功能，但其接口应符合其他接口的要求，如 X.25、X.21 等 ITU-T 标准接口。

（2）NT_1 实现开放系统互联 OSI 参考模型第一层的各种功能，即实现线路传输、线路维护和性能监控功能，以及定时、供电、多路复用和连接终端等功能。NT_2 完成用户与网络的连接，具有连接与交换功能，如 LAN（局域网）、PABE（专用自动小交换机）及终端控制器等，是执行第二、三层的全部功能或一部分功能的终端。

（3）终端适配器 TA 具有接口变换功能，使任何非 ISDN 终端转接到 ISDN 中。它具有 OSI 第一层及高层的功能，能对 TE_2 进行协议变换及速率变换后将它接到用户–网络接口。

（4）线路终端设备 LT 是用户环路和交换局的端接接口设备。它可与 NT_1 配合完成对用户线的均衡与连接。

（5）交换终端 ET 实现用户信息交换的功能。

接口参考点是指用户访问网络的连接点，其作用是为了区分功能群。ITU-T 给出的参考配置规定了如下几个参考点。

（1）R：非 ISDN 终端与终端适配器之间的参考点，即 RE_2 与 TA 之间的连接点。

（2）S：终端与网络之间的参考点，即 TE_1 与 NT_2 之间的连接点。

（3）T：网络用户端与传输端之间的参考点，即 NT_2 与 NT_1 之间的连接点。

（4）U：网络终端接入传输线路的参考点，即本地用户环路 NT_1 与线路终端 LT 之间的连接点。

（5）V：用户环路传输端与交换设备之间的参考点，即 LT 与 ET 之间的连接点。

议一议：ISDN的典型应用

ISDN有很多优点，它的应用几乎涉及有通信需求的各行业和信息交换的各种方式，为用户在语音通信、计算机连网、远端通信、文件交换、工作站/语音通信、图像传送、多媒体信息存取等方面带来了很大方便。在国外，ISDN应用的例子很多，也较为复杂。国外对ISDN的开发应用是逐步进行的，国外公司利用基本接口开发了ISDN承载业务的各种应用，如利用一个B通道传输高速数据；利用（2B+D）接口进行语音、数据的综合通信；利用一次群速率（30B+D）通道实现对计算机主机的多路高速访问；建立工矿企业的ISDN专用网。

学一学：典型应用之一——7kHz高质量语音通信设备

高质量语音通信设备主要用于广播电台节目的中继传送、高质量电话及电视会议等场合。因此，ISDN需要对电话会议系统组提供7kHz语音通信。7kHz语音通信设备应用示意图如图2-37所示。

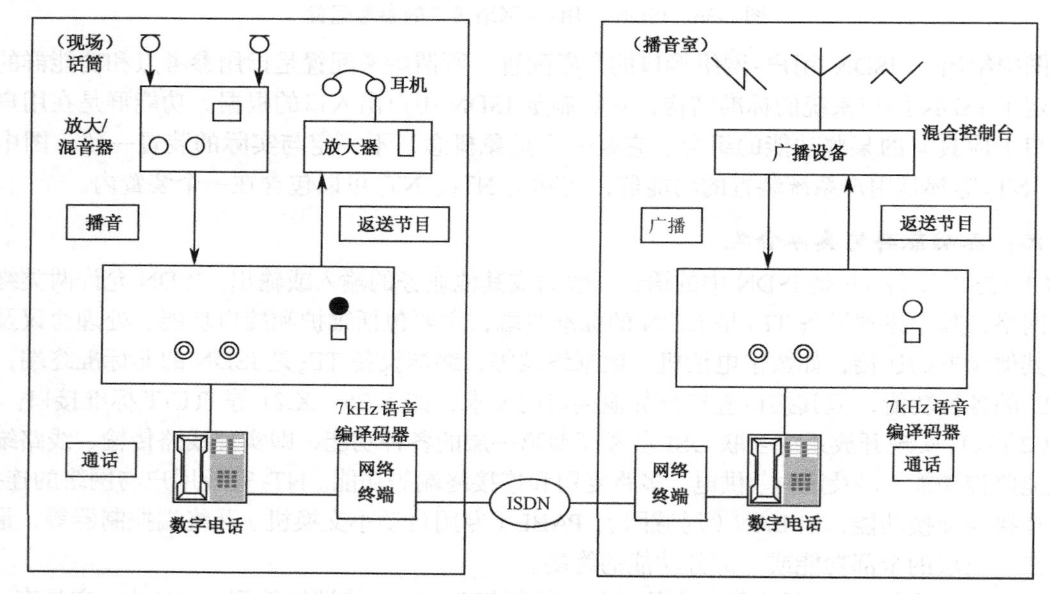

图2-37　7kHz语音通信设备应用示意图

学一学：典型应用之二——多媒体通信

把ISDN的基本接口（2B+D）作为一个整体使用，可同时传送语音信息和文字信息或图像文书信息，即实现多媒体通信。

多媒体通信应用示意图如图2-38所示，两个使用者可一边使用相互连接的文书终端，一边通过电话机交换意见来修改文书的内容。如果使用终端适配器，则可用现有的电话机和微机设备实现这样的多媒体通信。

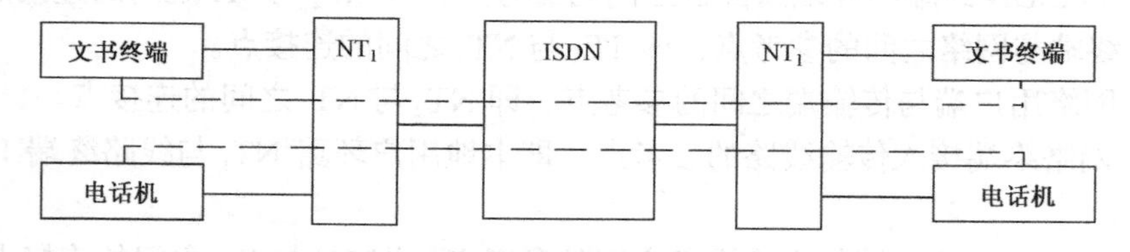

图2-38　多媒体通信应用示意图

学一学：典型应用之三——经通信线路高速访问计算机

数据终端或作为终端使用的计算机经连接的交换网络，通过拨号来访问接在交换网络上的计算机主机设备的情况是较多的，如果交换网络是电路交换网，则一般需在交换机和主机之间使用多条单独的线路。对计算机主机进行多路访问的示意图如图2-39所示。

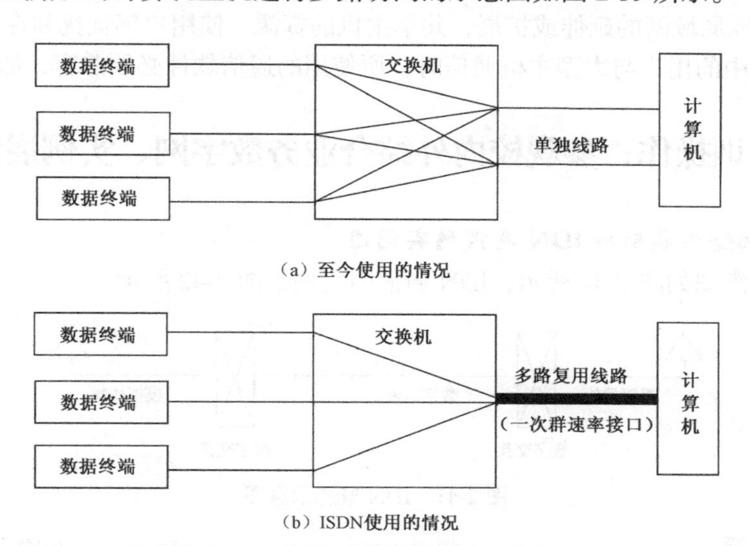

图2-39 对计算机主机进行多路访问的示意图

学一学：典型应用之四——ISDN用于局域网的扩展和互联

局域网是一种在小区域内提供各类数据通信设备互联的通信网络，其在技术上的典型特征是数据传输速率高、性能好。目前越来越多的用户希望局域网有与公用网相连的出口，使通信不仅局限在局域网的内部。但是使用现有电话通信网和 X.25 分组网进行远端局域网通信时，其速率和性能均达不到满意的效果，而由 ISDN 根据用户的业务需求，提供给用户端到端的数字连接，可以获得很高的速率和较好的性能。局域网的扩展与互联如图2-40所示。

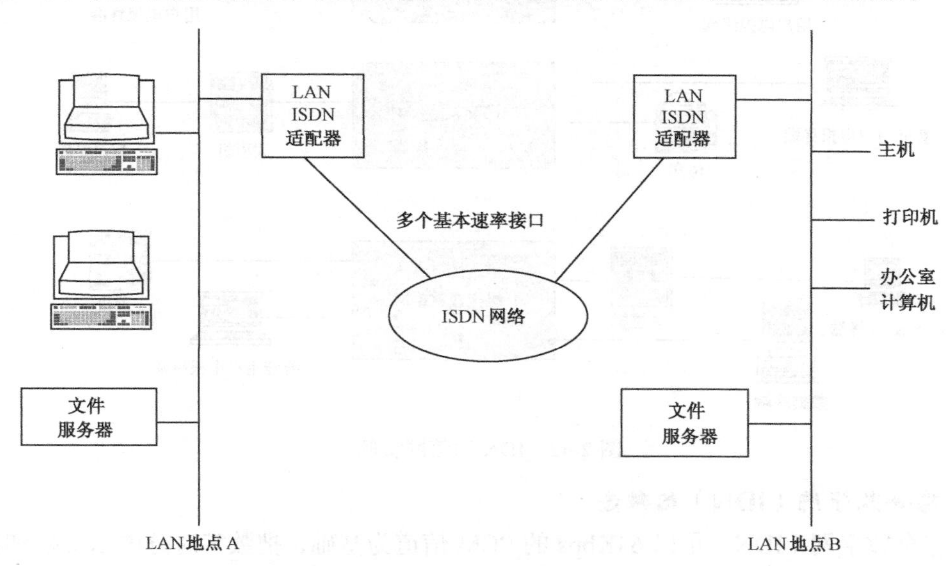

图2-40 局域网的扩展与互联

ISDN 可以用于多个局域网的互联而取代局域网间的租用线路，在这种应用中，局域网仅是 ISDN 的一个用户。ISDN 可以在用户需要通信时，建立高速、可靠的数字连接，而且还能使主机或网络端口分享多个远端设备的接入，这种特性也比专线租用灵活和经济。

另外，本地的局域网还应与广域网的大型主机相连，远端局域网中的终端或工作站可以通过 ISDN 成为本地局域网的延伸或扩展，共享主机的资源，使用户感觉犹如在同一个网中操作一样。当局域网中的用户与大型主机通信时，所使用的通信软件必须兼容，如使用 TCP/IP。

实训操作：参观校内外综合业务数字网、实例展示

看一看：IDN 概念示意图和 IDN 通信网实例图

IDN 概念示意图如图 2-41 所示，IDN 通信网实例如图 2-42 所示。

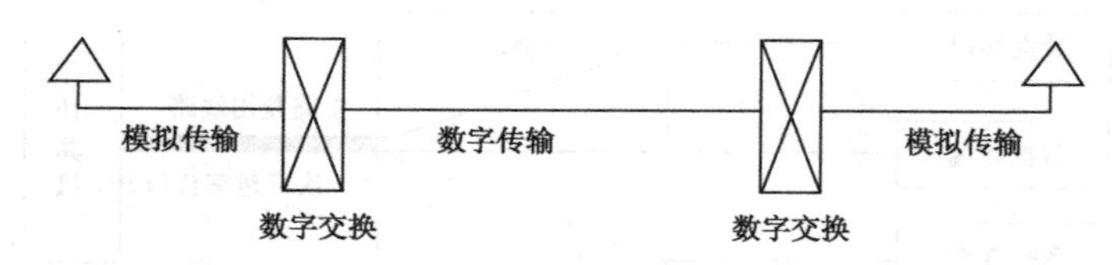

图 2-41　IDN 概念示意图

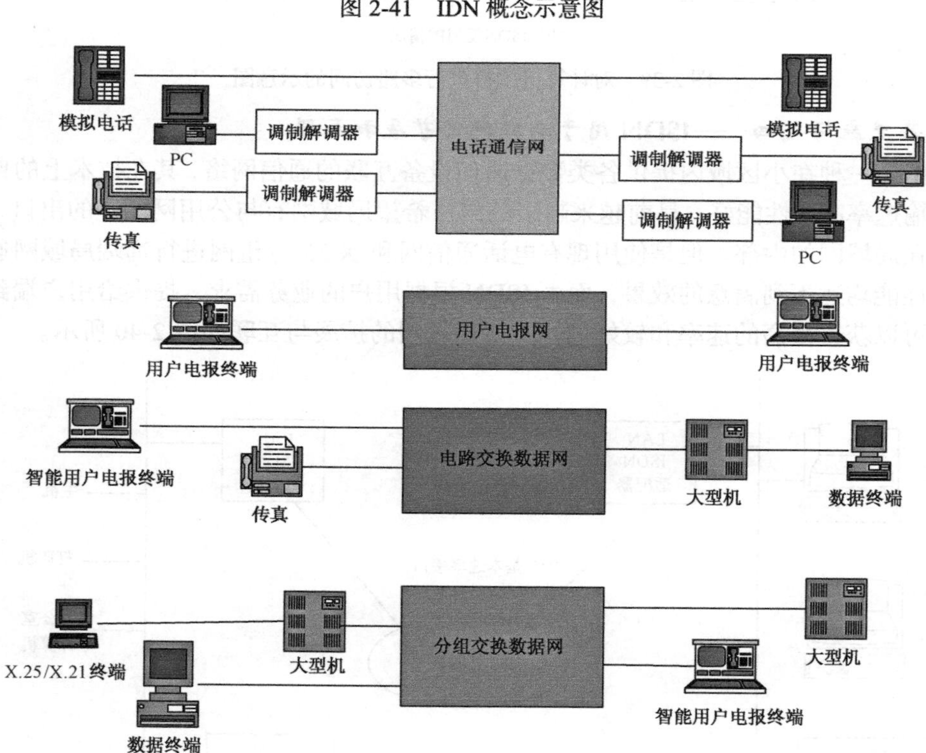

图 2-42　IDN 通信网实例

记一记：综合数字网（IDN）的概念

（1）综合数字网（IDN）是以 64Kbps 的 PCM 信道为基础，把数字时分电话交换和数字时分复用传输综合起来的数字电话通信网。

（2）IDN 实现从本地交换结点至另一端本地交换结点间的数字连接，但并不涉及用户接续到网络的方式。

议一议：综合数字网（IDN）的缺点

（1）经济性差：各种网络互不兼容，终端和接入设备专用，增加了用户投资。

（2）效率低：专网专用，难以互通，资源利用率低。

（3）用户使用不方便：各种网络标准不同、号码不同、接入过程不同。

（4）管理复杂：不同网络由不同的网络管理部门管理，增加了业务困难。

为了克服 IDN 的上述缺点，必须从根本上改变网络的分立状况，用一个单一的网络来提供各种不同类型的业务，由此发展了综合业务数字网（ISDN）。

看一看：ISDN 示意图和 ISDN 提供的开放系统

ISDN 示意图如图 2-43 所示，ISDN 提供的开放系统如图 2-44 所示。

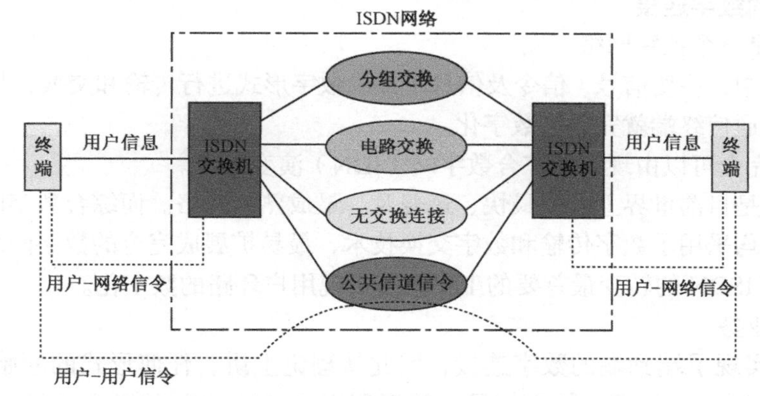

图 2-43　ISDN 示意图

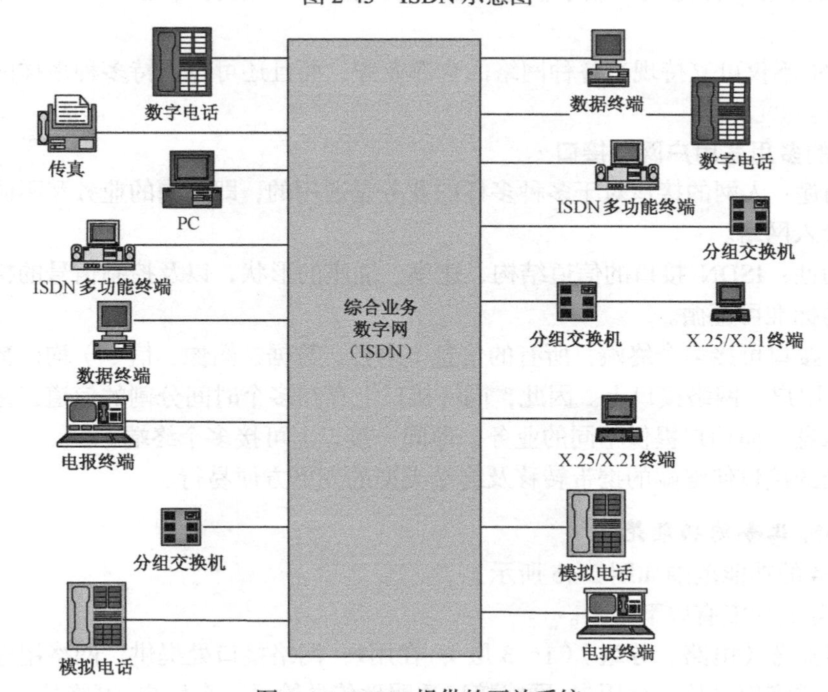

图 2-44　ISDN 提供的开放系统

记一记：ISDN 的定义

1984 年，CCITT 通过了一系列建议书，将综合业务数字网 ISDN 定义为："ISDN 是由电话 IDN 发展起来的一个网络，它提供端到端的数字连接以支持广泛的服务，包括声音和非声音的，用户的接入是通过有限的多用途用户网络接口标准实现的。"

ISDN 定义强调的要点是：

（1）ISDN 是以电话 IDN 为基础发展起来的通信网；

（2）ISDN 支持各种电话和非电话业务，包括语音、数据传输、可视图文、智能用户电报、遥测和告警等业务；

（3）提供开放的标准接口；

（4）用户通过端到端的共路信令，实现灵活的智能控制。

议一议：ISDN 的基本特性

1. 端到端的数字连接

（1）ISDN 是一个数字网络。

在这种网络中，一切信号（信令及信息）都以数字形式进行传输和交换；与现有 PSTN 不同，原始信号在通信终端就完成了数字化。

（2）ISDN 完全可以由现有的综合数字网（IDN）演变而来。

电话通信网是目前世界上发展最快、最普及、最成熟的网络。而综合数字网（IDN）除了用户环路以外，均采用了数字传输和数字交换技术，最易扩展成完全的数字网络。

（3）IDN 向 ISDN 的转变最首要的工作便是实现用户环路的数字化。

2. 综合的业务

（1）ISDN 实现了端到端的数字连接，因此从理论上讲，任何形式的原始信号，只要可转换成（且是由用户转化成）数字信号，就可利用 ISDN 进行传送和交换，完成用户间的通信。

（2）ISDN 不仅可支持现有各种网络的全部业务，而且还可以支持多种多样的新型业务和一些未知业务。

3. 标准的多用途用户网络接口

（1）多用途：入网的接口对于多种多样的业务是通用的，即不同的业务和不同的终端可通过同一接口接入网络。

（2）通用性：ISDN 接口的信道结构、速率、插座的形状，以及控制信号的格式和通信过程都有明确的标准可遵循。

（3）同一接口可接多个终端：所有的信息（语音、数据、图像、信令）均以数字复用形式出现在 ISDN 用户－网络接口上。因此，同一接口上存在多个时间分割的信道，每个信道均可独立地传送信息，向用户提供不同的业务，即同一接口上可接多个终端。

（4）标准的接口使终端的携带转移及终端类型的变更方便易行。

看一看：ISDN 业务的功能范围

ISDN 业务的功能范围如图 2-45 所示。

ISDN 业务的功能有以下两个。

（1）承载业务（电路、分组）（1～3 层）：在用户–网络接口处提供，网络用电路交换方式或分组交换方式将信息从一个用户–网络接口透明地传送给另一个用户–网络接口。

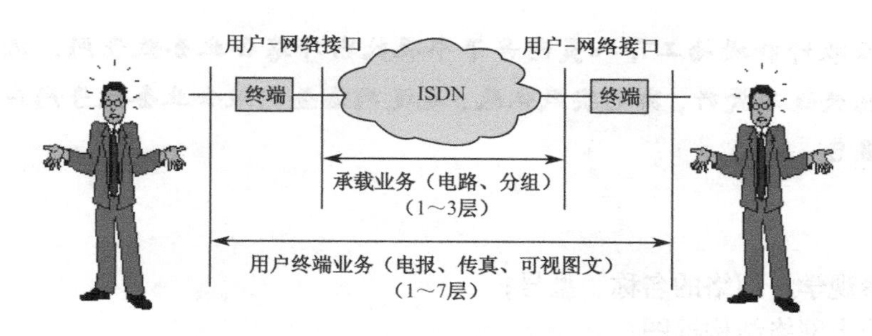

图 2-45 ISDN 业务的功能范围

（2）用户终端业务（电报、传真、可视图文）（1～7 层）：在终端设备的人机接口处提供，是面向用户的业务。

看一看：ISDN 应用举例之一——家庭用的 ISDN

家庭用的 ISDN 如图 2-46 所示。

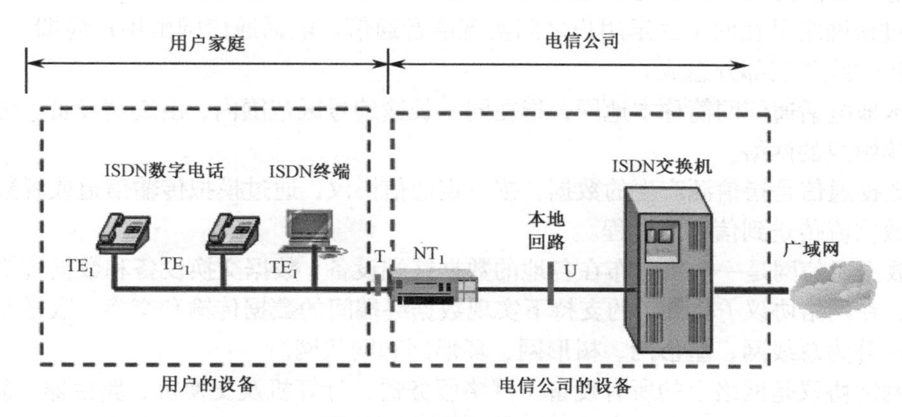

图 2-46 家庭用的 ISDN

看一看：ISDN 应用举例之二——大型商用的 ISDN

大型商用的 ISDN 如图 2-47 所示。

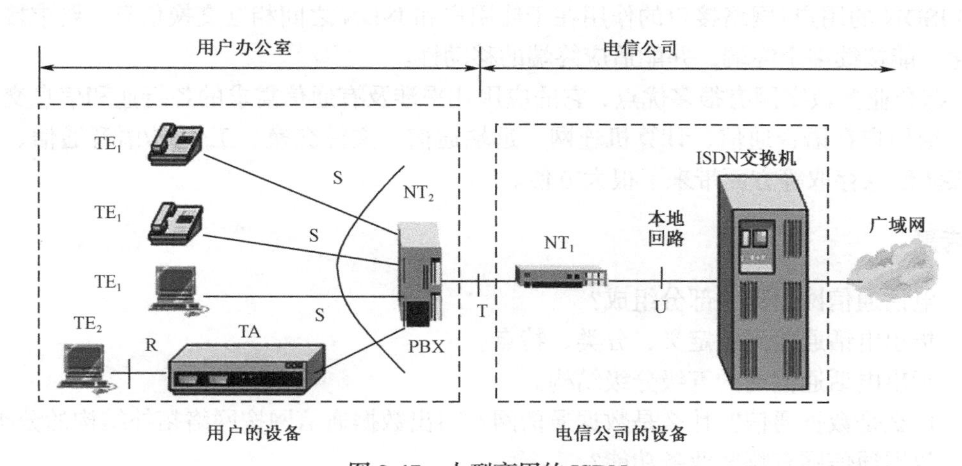

图 2-47 大型商用的 ISDN

做一做：学生在教师和现场工作人员指导下参观校内外综合业务数字网，记录相关数据，搜集相关技术资料，编写实践收获，通过网络查询综合业务数字网应用资料并提交实训报告

实训报告要求：

（1）记录参观学习网络的名称、型号；
（2）大致绘出网络结构框图；
（3）提出发现的问题和解决的方法；
（4）通过网络查询综合业务数字的结构及其应用；
（5）撰写300字的实训总结体会。

项目小结

（1）电话通信网又称固定电话通信网，是指在本地网和长途网上组成电话网络的一种业务网络。通过该网络可在两个固定用户之间实现语音通信。电话通信网由用户终端（电话机）、交换机和传输线路三部分组成。

（2）本地电话通信网简称本地网，指在同一长途编号区范围内，由终端设备、传输设备和交换设备等组成的网络。

（3）数据通信是指信源产生的数据，按一定通信协议，通过模拟传输信道或者数字传输信道，形成数据流传送到信宿的过程。

（4）数据通信网是一个由分布在各地的数据终端设备、数据交换设备和数据传输链路所构成的网络，在网络协议（软件）的支持下实现数据终端间的数据传输和交换。数据通信网按网络拓扑结构分为总线网、星形网、树形网、环形网和网状网。

（5）网络协议是网络上的所有设备（网络服务器、计算机及交换机、路由器、防火墙等）之间通信规则的集合，它规定了通信时信息必须采用的格式和这些格式的意义。

（6）综合业务数字网（ISDN）能够连接的设备有数字电话机、数据终端、传真机、PC、ISDN多功能终端、分组交换机、X.25/X.21终端、电报终端、模拟电话机等。

（7）ISDN的业务包括承载业务、用户终端业务和附加业务三大类。

（8）ISDN的用户–网络接口的作用在于使用户和ISDN之间相互交换信息，要求接口的业务综合化，能接续多个终端，并能适应终端的移动性。

（9）综合业务数字网有很多优点，它的应用几乎涉及有通信需求的各行业和信息交换的各种方式，给用户在语音通信、计算机连网、远端通信、文件交换、工作站/语音通信、图像传送、多媒体信息存取等方面带来了很大方便。

思考题

2.1　电话通信网由哪些部分组成？

2.2　指出电话通信网的定义、分类、特点。

2.3　画出电话通信网的五级分级结构。

2.4　什么是数据通信？什么是数据通信网？写出数据通信网按网络拓扑结构的分类。

2.5　数据通信网有哪些业务功能？

2.6　什么是网络协议？什么是网络体系结构？
2.7　综合业务数字网（ISDN）能够连接哪些设备？
2.8　指出目前的通信网络模型存在的问题及其问题的解决。
2.9　ISDN 的业务能力有哪些？
2.10　ISDN 定义强调的要点有哪些？
2.11　ISDN 的基本特性有哪些？

项目 3

通信网络设备的简单原理、维护管理

知识目标：

掌握数字程控交换机、电视机顶盒、调制解调器的基本概念、组成和典型应用。

技能目标：

学会使用交换机试验箱实现电话通信网络的连接，实现两台计算机同时上网，完成调制解调器的功能测试。

项目介绍：

通信设备的简单原理、测试、维护管理。

任务一 数字程控交换机的组成

工作任务单

序　　号	工 作 内 容
1	数字程控交换机的基本概念、基本组成
2	电话机通过数字程控交换机接入通信方案
3	电话机通过数字程控交换机实现通信网络连接

看一看：数字程控交换系统的基本组成

数字程控交换系统的基本组成框图如图 3-1 所示。

记一记：主要组成部分

1. 硬件组成

硬件包括话路部分、控制部分和输入/输出部分。

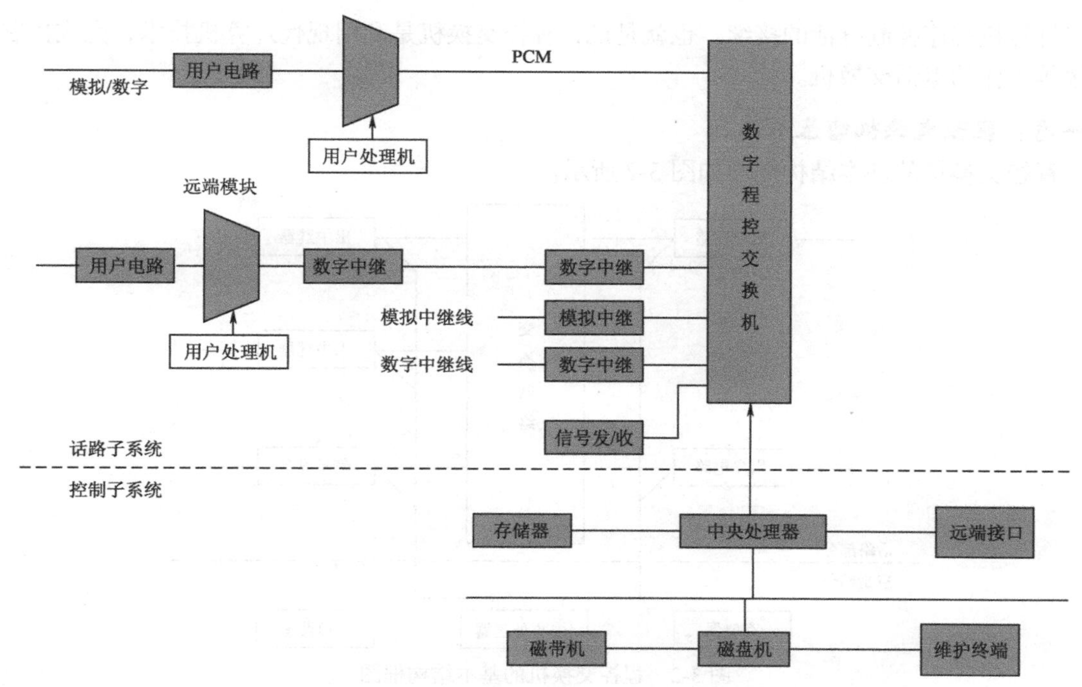

图 3-1 数字程控交换系统的基本组成框图

（1）话路部分用于收发电话信号、监视电路状态和完成电路连接，主要包括用户电路、中继电路、交换网络、服务电路（包含收号器、发号器、振铃器、回铃音器、连接器等）、扫描器和驱动器等部件。

（2）控制部分用于运行各种程序、处理数据和发出驱动命令，主要包括处理机和主存储器。

（3）输入/输出部分用于提供维护和管理所需的人机通信接口，主要包括外存储器、键盘、显示器、打印机等部件。

2. 软件组成

软件包括程序部分和数据部分。

（1）程序部分包括操作系统程序和应用程序。前者用于任务调度、输入/输出控制、障碍检测和恢复处理、障碍诊断、命令执行控制等；后者用于实施各种电话交换事件与状态处理、硬件资源管理、用户服务类别管理、话务量统计、服务观察、软件维护和自动测试等。

（2）数据部分包括系统数据、交换框架数据、局数据、路由数据和用户数据，主要用于表征交换系统特点、本电话站及周围环境特点、各用户的服务类别等。

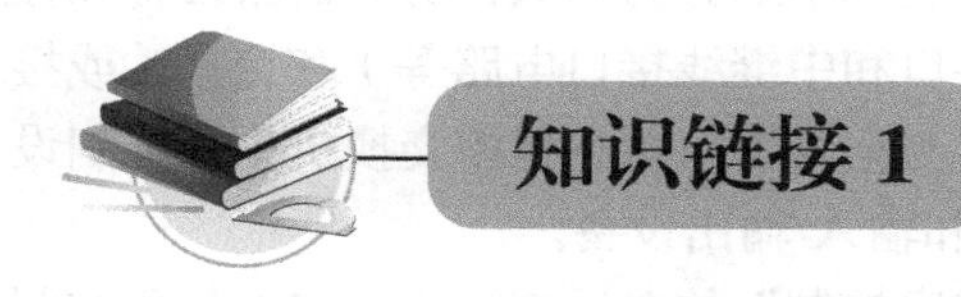

知识链接 1

数字程控交换机的基本概念、基本组成

记一记：程控交换机的基本概念

程控交换机，全称为存储程序控制交换机（与之对应的是布线逻辑控制交换机，简称布控交换机），也称为程控数字交换机或数字程控交换机。它通常专指用于电话交换网的交换设备，

它以计算机程序控制电话的接续。也就是说，程控交换机是利用现代计算机技术，完成控制、接续等工作的电话交换机。

看一看：程控交换机的基本结构

程控交换机的基本结构框图如图 3-2 所示。

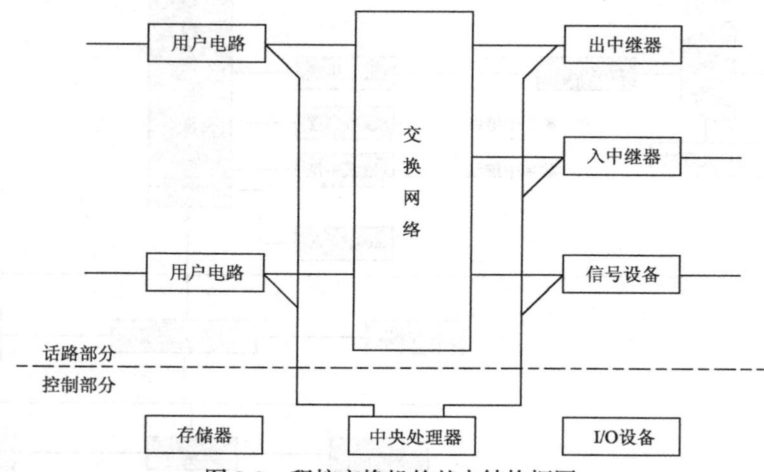

图 3-2 程控交换机的基本结构框图

议一议：数字程控交换机的基本组成

控制部分：包括中央处理器（CPU）、存储器和输入/输出设备。

话路部分：由交换网络、出/入中继器、用户电路等组成。

（1）交换网络：既可以是各种接线器（如纵横接线器、编码接线器、笛簧接线器等），也可以是电子形状矩阵（电子接线器）；既可以是模拟空分的，也可以是数字时分的，并由 CPU 发送控制命令驱动。

（2）出中继器和入中继器：是和中继线相连的接口电路（中继线用于互联交换机），用于传输交换机之间的各种通信信号，也可以监视局间通话话路的状态。

（3）用户电路：是每个用户独用的设备，包括用户状态的监视和与用户有关的功能。在电子交换机，尤其是数字交换机中，加强了用户电路的功能。

图 3-2 中所示的话路部分包括交换网络、出/入中继器、用户电路及信号设备，且都受控制部分的中央处理器控制。因此，可以说程控交换机实质上是数字电子计算机控制的电话交换机。

学一学：数字程控交换机的各部分作用

电话交换机的主要任务是实现用户间通话的接续。它基本划分为两大部分：话路设备和控制设备。话路设备主要包括各种接口电路（如用户线接口和中继线接口电路等）和交换（或接续）网络；控制设备在纵横制交换机中主要包括标志器与记发器。而在程控交换机中，控制设备则为电子计算机，包括中央处理器（CPU），存储器和输入/输出设备。

数字程控交换机实质上是采用计算机进行“存储程序控制”的电话交换机，它将各种控制功能、方法编成程序，存入存储器，利用对外部状态的扫描数据和存储程序来控制、管理整个交换系统的工作。

1. 交换网络

交换网络的基本功能是根据用户的呼叫要求，通过控制部分的接续命令，建立主叫与被叫用户间的连接通路。在纵横制交换机中，它采用各种机电式接线器（如纵横接线器、编码接线器、笛簧接线器等）；在程控交换机中，目前主要采用由电子开关阵列构成的空分交换网络，以及由存储器等电路构成的时分接续网络。

2. 用户电路

用户电路的作用是实现各种用户线与交换之间的连接，通常又称用户线接口电路（Subscriber Line Interface Circuit，SLIC）。根据交换机制式和应用环境的不同，用户电路也有多种类型。对于数字程控交换机来说，目前主要有与模拟话机连接的模拟用户线电路（ALC）及与数字话机、数据终端（或终端适配器）连接的数字用户线电路（DLC）。

模拟用户线电路是为适应模拟用户环境而配置的接口，其基本功能有以下几个。

（1）馈电（Battery feed）：交换机通过用户线向共电式话机直流馈电。

（2）过压保护（Overvoltage Protection）：防止用户线上的电压冲击或过压而损坏交换机。

（3）振铃（Ringing）：向被叫用户话机馈送铃流。

（4）监视（Supervision）：借助扫描点监视用户线通断状态，以检测话机的摘机、挂机、拨号脉冲等用户线信号，再转送给控制设备，以表示用户的忙/闲状态和接续要求。

（5）编解码（CODEC）：利用编码器和解码器（CODEC）、滤波器，完成语音信号的模数与数模交换，以与数字交换机的数字交换网络接口。

（6）混合（Hybrid）：进行用户线的 2/4 线转换，以满足编解码与数字交换对四线传输的要求。

（7）测试（Test）：提供测试端口，进行用户电路的测试。

这 7 种功能常用它们的第一个字母组成的缩写词（BORSCHT）代表。对于模拟程控交换机而言，它不需要编解码功能；而在数字程控交换机中，除某些特定应用的小型交换机利用增量调制方式外，其他大部分均采用 PCM 编解码方式。

数字用户线电路是为适应数字用户环境而设置的接口，它主要用来通过线路适配器（LAM）或数字话机（SOPHO-SET）与各种数据终端设备（DTE）相连，如计算机、打印机、VDU、电传。

3. 出/入中继器

出/入中继器是中继线与交换网络间的接口电路，用于交换机中继线的连接。它的功能和电路与所用的交换系统的制式及局间中继线信号方式有密切的关系。对于模拟中继接口单元（ATU）而言，作为实现模拟中继线与交换网络的接口，其基本功能一般有：

（1）发送与接收表示中继线状态（如示闲、占用、应答、释放等）的线路信号；

（2）转发与接收代表被叫号码的记发器信号；

（3）供给通话电源并实现信号传输；

（4）向控制设备提供所接收的线路信号。

对于最简单的情况，即某一交换机的中继器通过实线中继线与另一交换机连接，并采用用户环路信令，则该模拟中继器的功能与作用等效为一部“话机”。若采用其他更为复杂的信号方式，则中继器应实现相应的语音、信令的传输与控制功能。

数字中继线接口单元（DTU）是数字中继线与数字交换网络之间的接口，它通过 PCM 的有关时隙传送中继线信令，完成类似于模拟中继器所应承担的基本功能。但由于数字中继线传送的是 PCM 群路数字信号，因而它具有数字通信的一些特殊问题，如帧同步、时钟恢复、码型交换、信令插入与提取等，即要解决信号传送，同步与信令配合三方面的连接问题。

数字中继接口单元的基本功能包括帧与复帧同步码产生、帧调整、连零抑制、码型变换、告警处理、时钟恢复、帧同步搜索及局间信令插入与提取等。如同模拟用户电路的 BORSCHT，也可将数字中继接口单元的上述 8 种功能概括为 GAZPACHO。

4. 控制设备

控制设备是程控交换机的核心，其主要任务是根据外部用户与内部维护管理的要求，执行存储程序和各种命令，以控制相应硬件实现交换及管理功能。

程控交换机的控制设备的主体是微处理器，通常按其配置与控制工作方式的不同，分为集中控制和分散控制两类。为了更好地适应软、硬件模块化的要求，提高处理能力及增强系统的灵活性与可靠性，目前程控交换机的分散控制程度日趋提高，已广泛采用部分或完全分布式控制方式。

知识链接 2

电话机通过数字程控交换机接入通信方案

记一记：程控交换机的分类

1. 根据信息传递方式分类

（1）模拟交换机：对模拟信号进行交换的交换机。模拟交换机分为步进制、纵横制交换机。对于电子交换机来说，属于模拟交换机的有空分式电子交换机和脉幅调制（PAM）的时分式交换机。

（2）数字交换机：对数字信号进行交换的交换机。目前最常用的是对脉冲编码调制（PCM）数字信号进行交换的数字交换机。

2. 根据控制方式分类

（1）布线逻辑控制交换机：交换机的控制部分是将机电器件（如继电器）或电子元件焊接或插接在一定的印制板上，通过机架布线制成。这种交换机的控制部件做成后不好修改，灵活性小。

（2）存储程序控制交换机：交换机的控制部分类似计算机，采用的是计算机中常用的“存储程序控制”方式，即把各种控制功能、步骤、方法编成程序，利用存储器内所存储的程序来控制整个交换机的工作。当需要改变交换机功能或增加新业务时，只需要修改程序或数据就能实现。这种方式大幅度地提高了交换机的灵活性。

看一看：集团电话交换机方案组成图

某公司提供的几种组成方案图如图 3-3～图 3-6 所示。

1. 集团电话方案图一（如图 3-3 所示）

该集团电话方案的简要说明：本集团电话方案图为最简单的配套方案，也是最不规范的，主要应用于小型办公场合，节约经费。

该集团电话方案的系统组成如下。

（1）机房设备：由主机组成（安装所有的分机线及接入交换机的外线汇总在这里）。

（2）综合布线系统：由电话线或网线等组成（安装所有的分机线到主机位置）。

（3）终端设备：电话机。

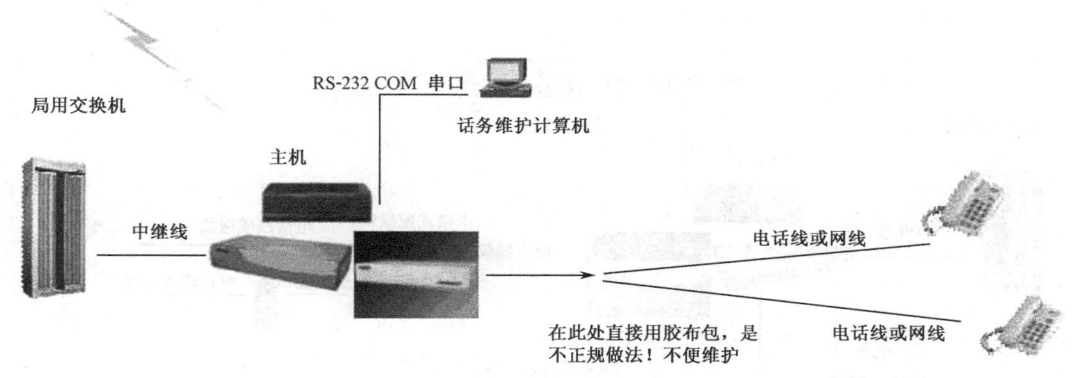

图 3-3　集团电话方案图一

2. 集团电话方案图二（如图 3-4 所示）

该集团电话方案的简要说明：本集团电话方案图为经济配套方案，主要应用于办公写字间或开间等。

该集团电话方案的系统组成如下。

（1）机房设备：由主机、电缆分线盒、后备电池（选配）及地线工程（选配或不要）等组成（安装所有的分机线及接入交换机的外线汇总在这里）。

（2）综合布线系统：由电话线或网线等组成（安装所有的分机线到主机位置）。

（3）终端设备：电话机。

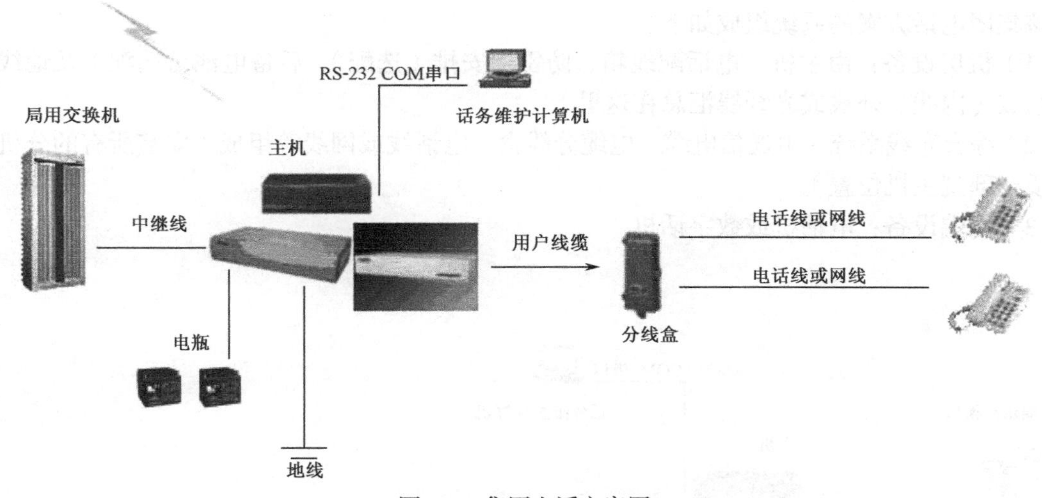

图 3-4　集团电话方案图二

3. 集团电话方案图三（如图 3-5 所示）

该集团电话方案的简要说明：本集团电话方案图为典型配套方案，主要应用于比较分散的楼与楼之间或楼层与楼层之间等，如厂矿、中小学校、医院、房地产及物业、办公楼等。

该集团电话方案的系统组成如下。

（1）机房设备：由主机、电话配线箱、防雷保安排（选配）、后备电池（选配）及地线工程等组成（内外线汇总在这里）。

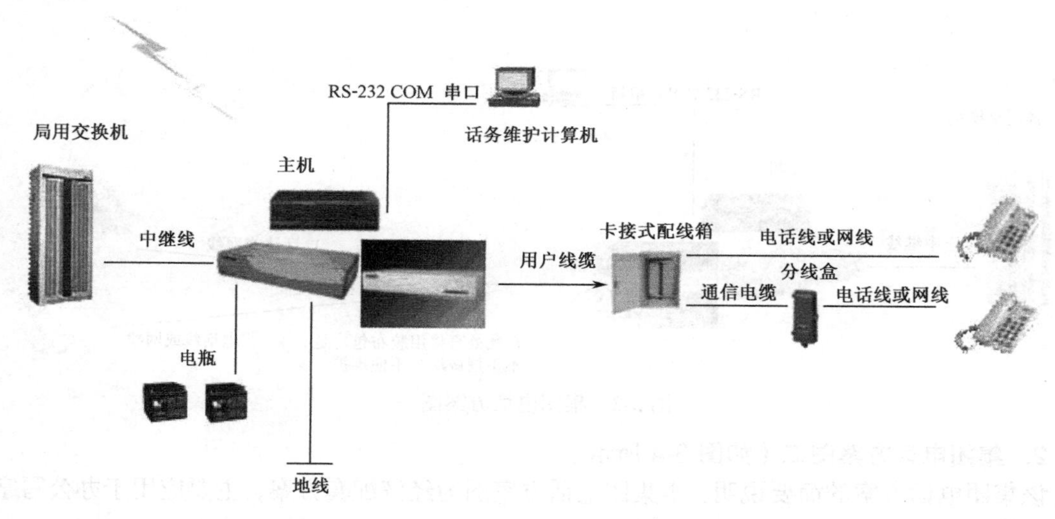

图 3-5　集团电话方案图三

（2）综合布线系统：由通信电缆、电缆分线盒、电话线或网线等组成（安装所有的分机线或电缆全部到主机位置）。

（3）终端设备：电话机。

4. 集团电话方案图四（如图 3-6 所示）

该集团电话方案的简要说明：本集团电话方案图为典型配套方案。

该集团电话方案的系统组成如下。

（1）机房设备：由主机、电话配线箱、防雷保安排（选配）、后备电池（选配）及地线工程等组成（内线、外线或光纤线汇总在这里）。

（2）综合布线系统：由通信电缆、电缆分线盒、电话线或网线等组成（安装所有的分机线或电缆全部到主机位置）。

（3）终端设备：电话机或数字话机。

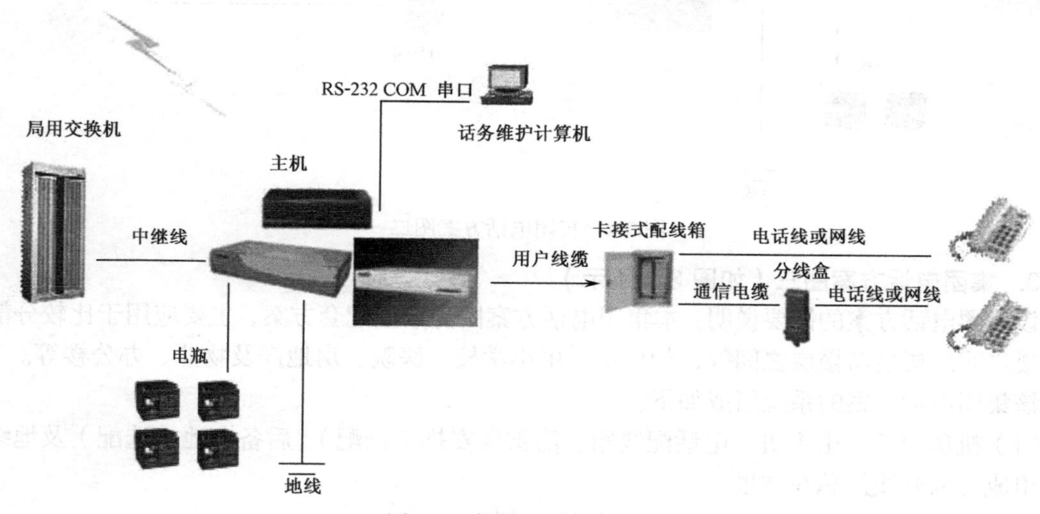

图 3-6　集团电话方案图四

学一学：两台数字程控交换机接入通信方案

1. 最常用的两台数字程控交换机之间的通信接入方案

此方案是把两台数字程控交换机（A、B）的分机线与中继线相互对接，即 A 的分机线接入 B 的中继线，B 的分机线接入 A 的中继线，相互交叉接入。

此方案必须具备的条件为：两台数字程控交换机要有多余的分机端口和中继端口线（一般是 2～4 条线），两台数字程控交换机同时相互之间拨打取决于相互之间接了多少条分机线或中继线。

常用的两台数字程控交换机之间的通信接入方案如图 3-7 所示。例如，某台交换机 A 的“分机线”是 8014、8015，接到另一台交换机 B 的“中继板”端号是 03、04；而 B 的“分机号码”是 8622、8623，接到 A 的“中继板”端号是 03、04；A 拨打 B，出局设为“9”，B 拨打 A，出局设为“6”，两台交换机设为间接局。

A 拨打 B：先拨 9，再拨 B 的分机号码。

B 拨打 A：先拨 6，再拨 A 的分机号码。

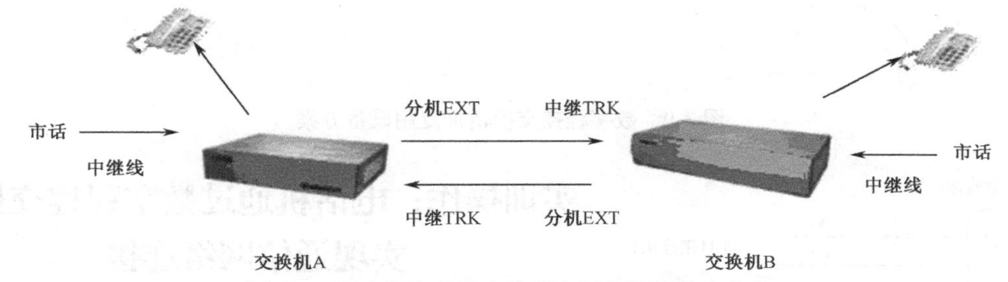

图 3-7　两台数字程控交换机之间的通信接入方案

2. 典型数字程控交换机的对接通信接入方案（两台交换机用 E1 数字中继接入，实现二合一）

数字程控交换机的对接通信接入方案如图 3-8 所示，该方案的条件是两台交换机必须是数字程控交换机，需配 E1 数字中继（PCM 2 信令），将在交换机 A 上的 E1 数字中继（PCM 2M 信令），通过 75Ω同轴电缆线连接方式（或远距离通过光端机由光纤连接方式）送到交换机 B 的 E1 数字中继上；这种方式是数字 E1 对接方式，两台数字程控交换机之间可以同时允许 30 路用户通话。

连接方式说明：一种方式是用同轴电缆直接连接，但只能在 100m 内完成；当两台数字程控交换机相隔距离远时，则可采用光纤连接的方式，通过光端机实现两台数字程控交换机的 E1 对接。

互相对接拨打方法：两台数字程控交换机可以直接拨号，用不同的数字来区分，如 A 为 8000～8100，B 为 7000～7888，则 A 拨 B 的方法是分机提机直接拨 7000。

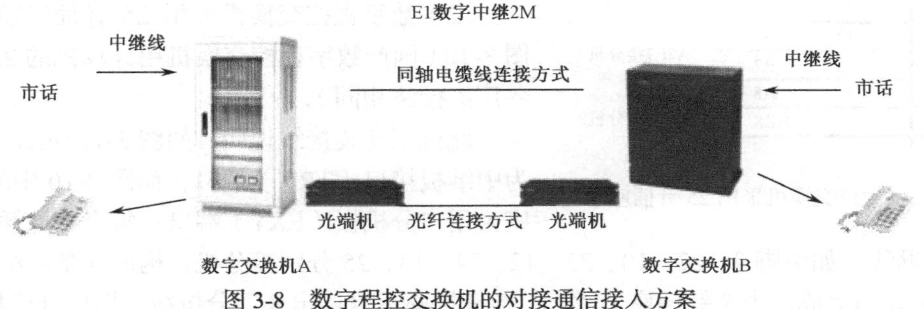

图 3-8　数字程控交换机的对接通信接入方案

3. 不采用两台数字程控交换机对接，改为一台数字程控交换机加光综合复用设备方式

数字程控交换机加复用设备方案如图 3-9 所示，由集团电话交换机或数字程控交换机＋光综合复用设备组成。利用光综合复用设备可以使一个集团公司或一个系统单位共用一台程控用户交换机，不仅便于管理和维护，而且还可以降低成本。

传输线路采用光缆而不需要通信电缆，其光综合复用设备也可利用 $n\times$64Kbit 的传输方式一部分传语音，一部分传以太网数据或其他业务，并且直接与具有中国一号信令、中国七号信令或 PRI 信令的 E1 接口相连接，实现 2Mbit 的远端接入。传输线路特别适用于有光缆铺设而无电缆铺设，或语音需要保密（如部队）的场合。

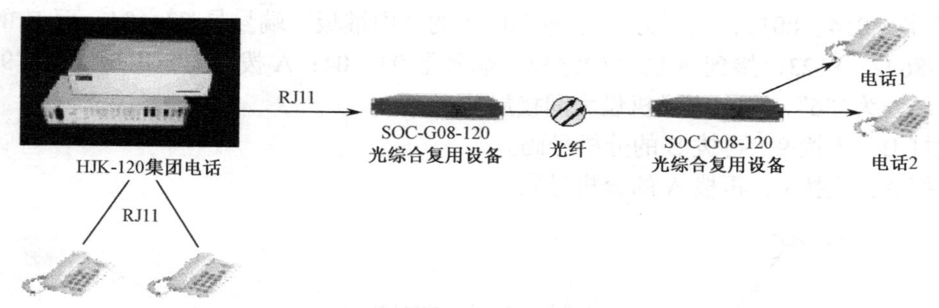

图 3-9　数字程控交换机加复用设备方案

A 用户接线图：

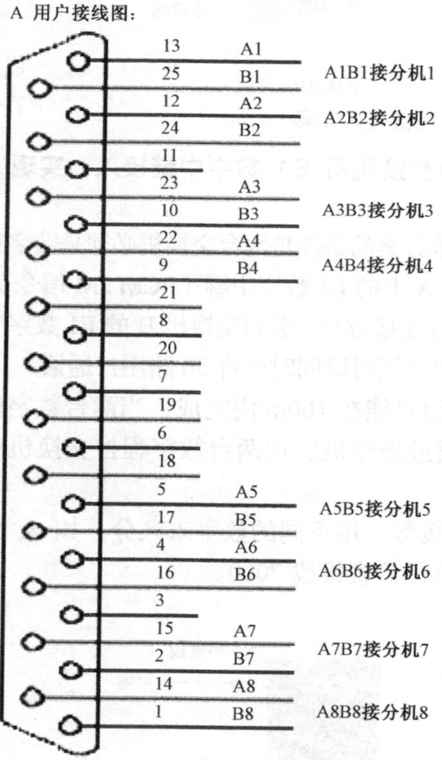

图 3-10　数字程控交换机采用 25 针插座输出

实训操作：电话机通过数字程控交换机实现通信网络连接

看一看：数字程控交换机接线图及安装接线示意图

目前，国内数字程控交换机用户接口有三种形式：一是分机板端口采用 RJ11（小型）电话口；二是采用 25 针插座，2002 年以前的老式接口均采用它，它的外形和打印机插座很相似；三是采用现在最流行的 RJ45 网络接口方式。

（1）小型数字程控交换机采用 RJ11 水晶头，这种接口最为简单，标明了 RJ11 分机及外线端口。在国内，如佛山产的数字程控交换机、广东产的数字程控交换机及 TCL 王牌都采用了此接口。RJ11 水晶头只有中间两芯（略）。

（2）数字程控交换机采用 25 针插座输出，详见图 3-10（国产数字程控交换机用计算机的 25 针插座，各厂家接法相同）。

此机型安装接线说明：如图 3-11 所示，9 针插座为中继板接口（TRK）端口，而图 3-10 中的 25 针插座为用户分机板（EXT）端口；每个 9 针插座可以接入 4 条中继线（如引脚 9、22，10、23，12、24，13、25 分别接分机，构成 4 条中继线，再与空引脚 11 共同组成一个 9 针插座），每个 25 针插座可以接出 8 门分机线；用户分机板（EXT）

端口排序是从交换机背面数，从“右”往“左”数第一块是第1号用户分机板（总机在此板的第一对线为8000总机）。从“右”往“左”数第二块是第2号用户分机板，以此类推。

如图 3-12 所示为数字程控交换机的中继线接线图，用于交换机之间的中继线接法，交换机与中继线之间接线的“对号入座”。

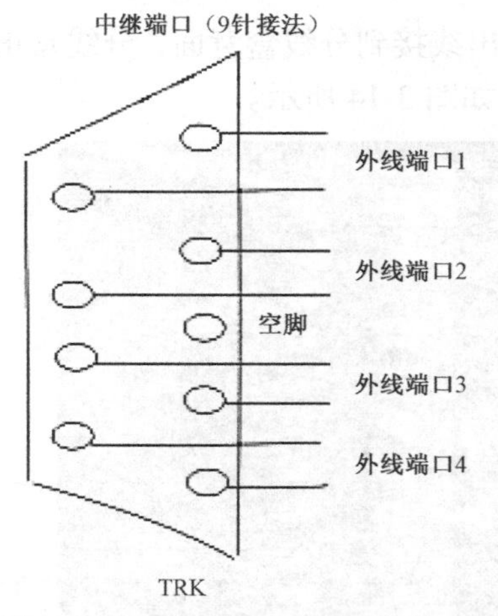

图 3-11　中继板接口（TRK）端口

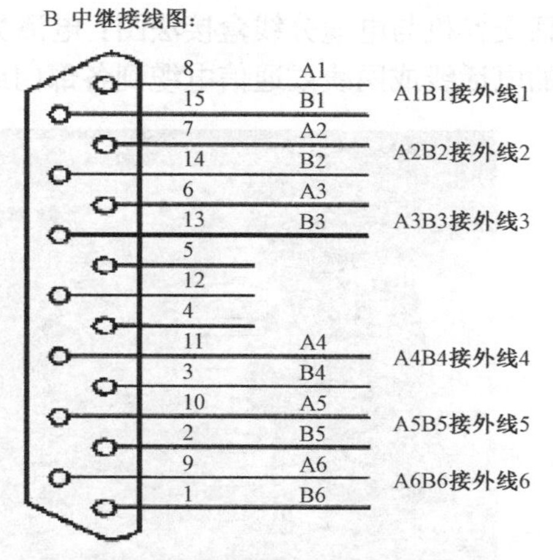

图 3-12　数字程控交换机的中继线接线图

（3）数字程控交换机采用 RJ-45 网络接口输出，为最新电话交换机接口方式，详见图 3-13（凡是国内数字程控交换机用 RJ-45，各厂家接法相同）。

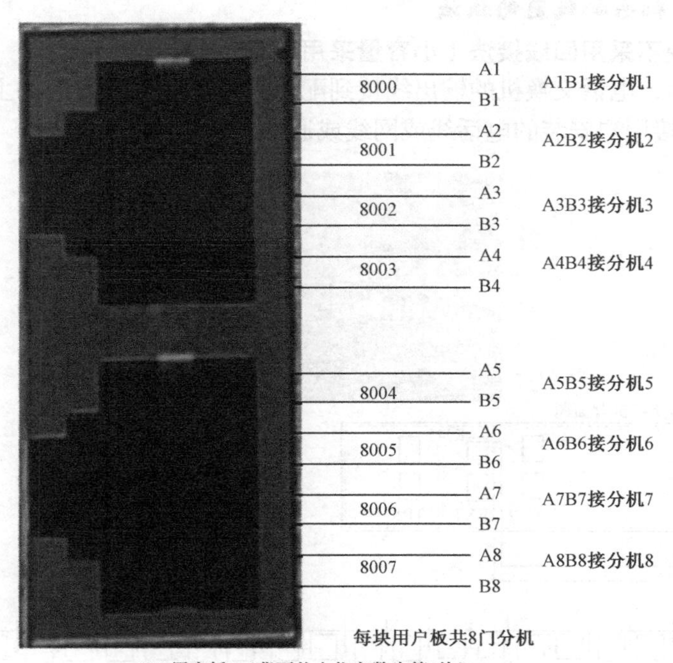

图 3-13　数字程控交换机采用 RJ-45 网络接口输出

此接口安装接线说明：每个 RJ-45 插座可以接入 4 门分机线（如 A1B1 接分机 1，构成第 1 门分机线；A2B2 接分机 2，构成第 2 门分机线……）；一块用户板有两个 RJ-45 插座，共 8 门分机线；用户中继板（标有 TRK）端口；用户分机板（标有 EXT）端口排序从交换机背面数，从“右”往“左”数，第一块上面为第 1 号用户分机端口（总机在此板的第一对线为 8000 总机），下面为第 2 号用户分机端口。从“右”往“左”数第二块是第 2 号用户分机板，上面为第 3 号用户分机端口，下面为第 4 号用户分机端口，以此类推。

做一做：数字程控电话交换机接线示意图

电话交换机与电缆分线盒接法图：电话交换机的输出线接到分线盒背面，分线盒正面接用户安装的电话线或网线或通信电缆到各部门或办公室，如图 3-14 所示。

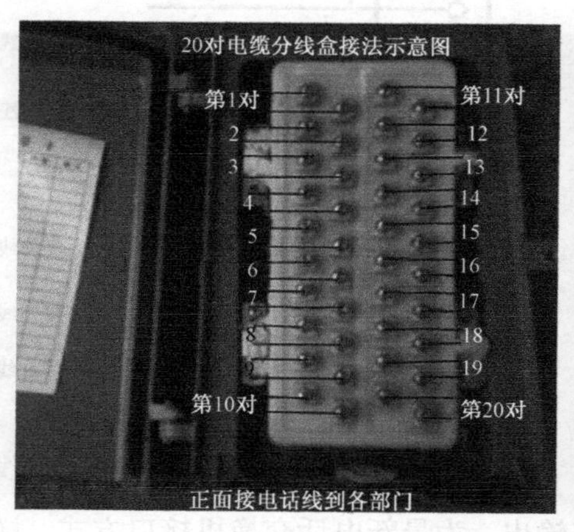

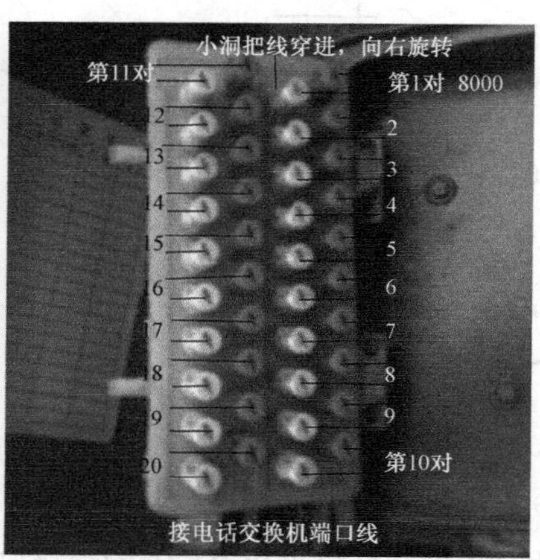

图 3-14 电话交换机与电缆分线盒接法图

做一做：电话交换机与配线箱的接法

1. 配线箱模块不采用回线接法（小容量采用）

如图 3-15 所示，电话交换机的输出线接到配线箱模块上方，如 1 的上方的左边和右边；配线箱的模块下面接用户安装的电话线或网线或通信电缆。

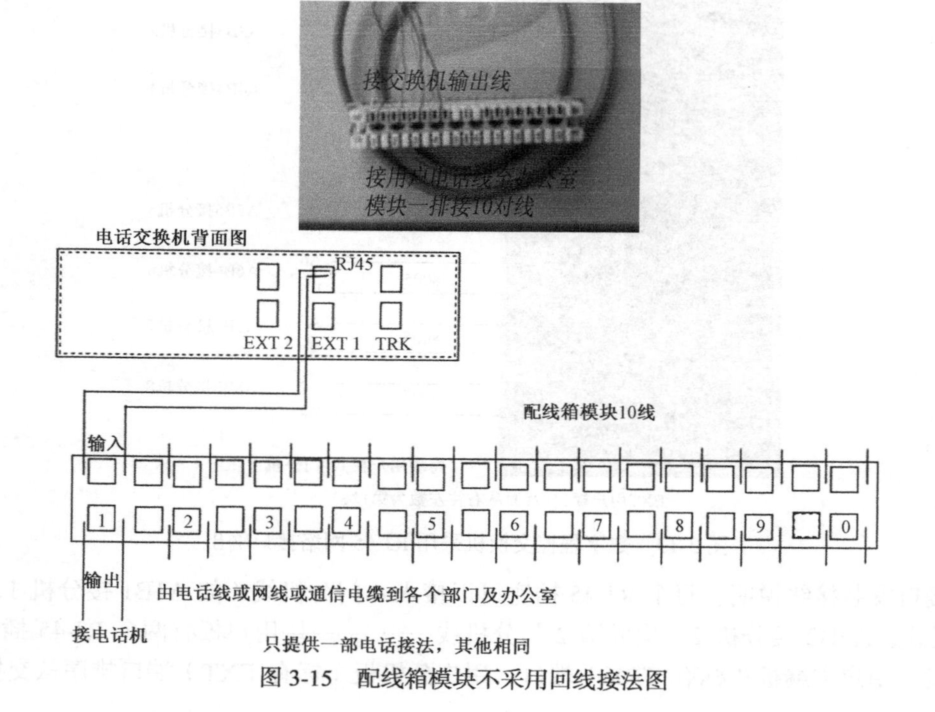

图 3-15 配线箱模块不采用回线接法图

2. 配线箱模块采用回线接法（50 门以上大容量采用）

如图 3-16 所示，电话交换机的输出线接到配线箱左面模块上方，如 1 的上方的左边和右边；配线箱的模块下面接跳线到右面配线模块，配线箱的右面模块上方为用户出线端，如接电话机；端口对应下面接回线跳线。

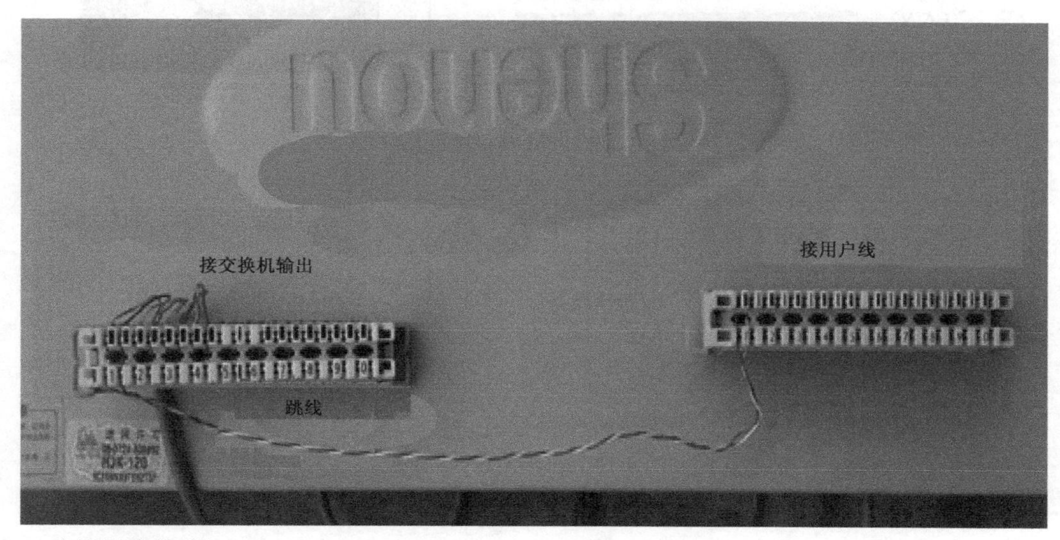

图 3-16 配线箱模块采用回线接法

任务二 电视机顶盒的组成

工作任务单

序 号	工 作 内 容
1	电视机顶盒的基本组成、信号流程
2	电视机顶盒的接口电路、外围设备

做一做：学生实际操作，观察电视机显示的频道画面

（1）如图 3-17 所示，断开电视机顶盒，打开电视，使用电视遥控器，调节 TV/AV 按钮，选定 TV 模式，查看电视的频道运行情况。

（2）如图 3-18 所示，连接电视机顶盒，打开电视，使用电视遥控器，调节 TV/AV 按钮，选定 AV 模式，查看电视的频道运行情况。

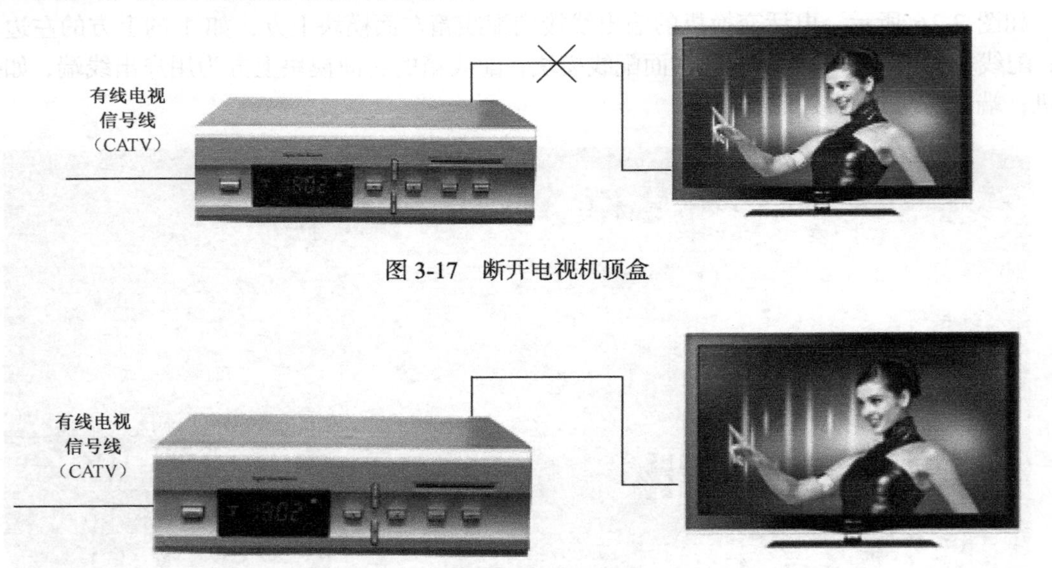

图 3-17　断开电视机顶盒

图 3-18　连接电视机顶盒

想一想：学生思考

为什么安装这样一台设备后，原来只能接收几个电视台的电视机能有既清晰又稳定的多频道画面呢？

电视机顶盒的基本组成、信号流程

看一看：电视机顶盒

机顶盒（Set Top Box，STB）是一种扩展电视机功能的新的家用电器，由于人们通常将它放在电视机上边，所以称为电视机顶盒。电视机顶盒又称为有线数字电视系统用户终端接收机，它可以把卫星直播数字电视信号、地面数字电视信号、有线电视网数字信号，甚至互联网的数字信号转换成模拟电视机可以接收的信号，使现有的模拟电视机用户也能分享数字化革命带来的科技成果。如图 3-19 所示就是一款普遍的电视机顶盒。

图 3-19　一款普通的电视机顶盒

学一学：电视机顶盒的基本组成及工作流程

数字有线电视机顶盒的基本结构主要分为两大模块：前端和后端。如图 3-20 所示为数字有线电视机顶盒的基本结构及信号流程。

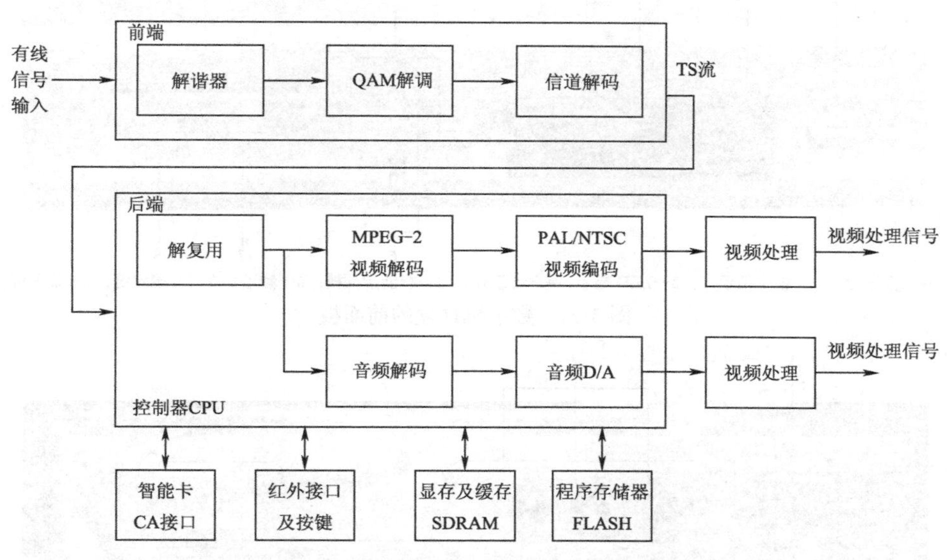

图 3-20　数字有线电视机顶盒的基本结构及信号流程

记一记：数字有线电视机顶盒的工作流程

由图 3-20 可知，数字有线电视机顶盒的工作流程如下。

（1）机顶盒的高频头接收来自广电有线网络的高频信号，然后通过 QAM 解调模块完成信道的解码，输出 TS 流，再从载波中分离出视频、音频信号。

（2）机顶盒里的解复用模块用来区分不同的数字电视节目，提取相应的视、音频流和数据流，送入 MPEG-2 解码模块和对应的不同制式（PAL 制式，Phase Alternating Line，逐行倒相；NTSC 制式，National Television Systems Committee，国家电视系统委员会）的解析软件，然后完成数字信息的还原过程。

（3）对于付费电视，控制器 CPU 对音、视频流实施解扰，并采用含有识别用户和进行记账功能的智能卡，保证合法用户正常收看数字电视节目。

（4）MPEG-2 解码模块完成音、视频信号的解压缩，经音频 D/A 和视频编码模块变换，还原出模拟音、视频信号，在常规彩色电视机上显示高质量图像，并提供多声道立体声节目。

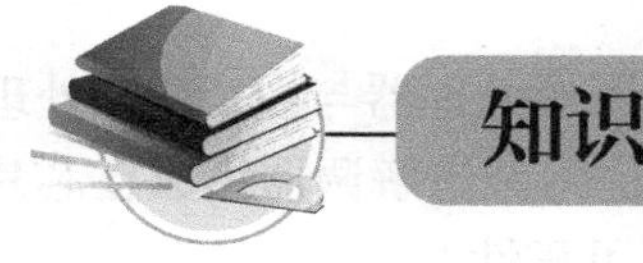

知识链接 2

电视机顶盒的接口电路、外围设备

看一看：熟悉数字机顶盒的前、后面板

如图 3-21 所示为数字电视机顶盒（也即电视机顶盒，以下简称机顶盒）的前面板，如图 3-22 所示为数字机顶盒的后面板。

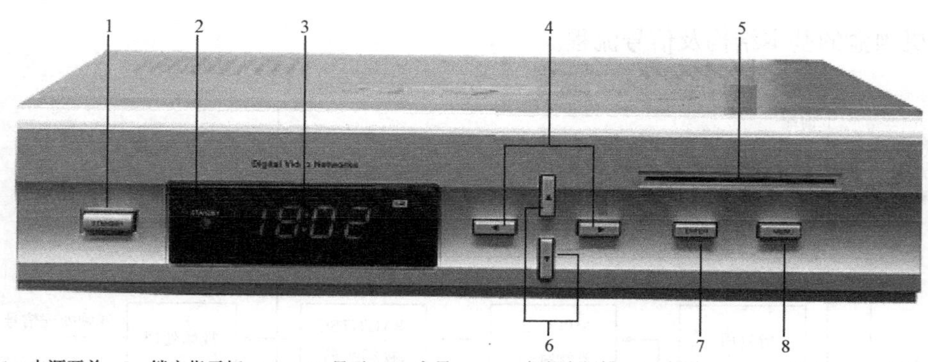

1—电源开关；2—锁定指示灯；3—LED 显示；4—音量+/–；5—智能卡插槽；6—频道+/–；7—确定键；8—菜单键

图 3-21　数字机顶盒的前面板

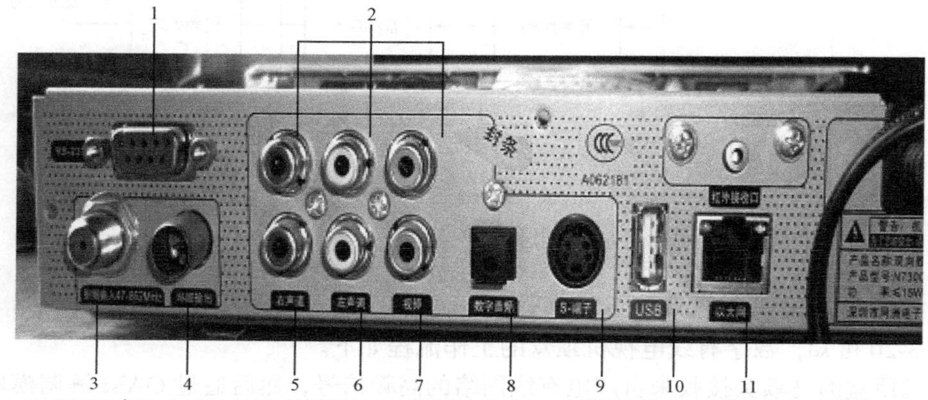

1—RS-232 串口；2—Y，P_r，P_b 视频输出；3—信号输入接口；4—环路输出接口；5—模拟音频右声道输出；6—模拟音频左声道输出；7—复合视频输出；8—数字音频输出；9—S 端子；10—USB 接口；11—以太网接口

图 3-22　数字机顶盒的后面板

学一学：机顶盒接口电路功能

1. 调谐解调器

调谐解调器的作用是将传输过来的调制数字信号解调还原成传输流。不同的调谐解调器构成了不同的机顶盒。

（1）QAM 解调：DVB-C。

（2）QPSK 解调：DVB-S。

（3）OFDM 解调：DVB-T。

2. 主芯片

大部分厂商现在生产的主芯片都将 CPU、解码器、解复用器、图形处理器与视、音频处理器集成在其中，目前市场主流的一些以 Philips 为代表的芯片厂商也将调谐解调器集成在芯片中，形成一体化的芯片解决方案，有效地降低了器件成本并提高了可靠性。

3. 内存

对机顶盒而言，内存主要分为 Flash 内存和 SDRAM 内存。机顶盒的许多功能都需要由内存来实现，如图形处理，视、音频解码和解复用等，不同的应用需求，内存的大小配置也各不相同。Flash 用来存储机顶盒的系统软件、驱动软件、应用程序及一些用户信息，在系统断电时其内容还可保留。同时，Flash 还可以在主芯片的控制下对其上所载的软件进行更新，达到机顶盒软件远程升级的目的。SDRAM 主要是用来配合主芯片运行应用程序和解码、解复用。

4. 外部存储设备

外部存储设备一般指外挂式硬盘，大容量的硬盘可以用于存储节目流以满足用户的个性化需求。一个机顶盒中能否外挂硬盘一般都是由主芯片所决定的，只有 CPU 的处理能力达到一定程度时才有可能支持硬盘的读/写，而硬盘的读/写也需要更多的内存空间。

5. 智能卡接口

通过读卡器读取 CA 智能卡中的数据可用于数字电视节目的解扰，特别是在付费电视发展的今天，这是大多数机顶盒必不可少的部件。除了标准的读卡器外，在有些机顶盒中也采用通用接口 CI（CommonInterface）来完成对 CA 智能卡的读取。

6. 回传通信接口

随着机顶盒应用的扩展，用户对机顶盒的需求已经不单单停留在简单地收看视音频节目上，交互式的需求使机顶盒中内嵌了回传设备，这些设备可以包括网络适配器、调制解调器等通信接口，用于满足用户将信息回传到前端的要求。

7. 其他设备接口

机顶盒的物理接口也在不断地增加，如 RS-232 接口、红外遥控器接口、USB 接口、无线键盘接口等，使机顶盒可以与摄像机、DVD、PDA 等众多设备进行连接。

记一记：机顶盒与电视机接口的连接方法

机顶盒与电视机接口的连接方法如图 3-23 所示。

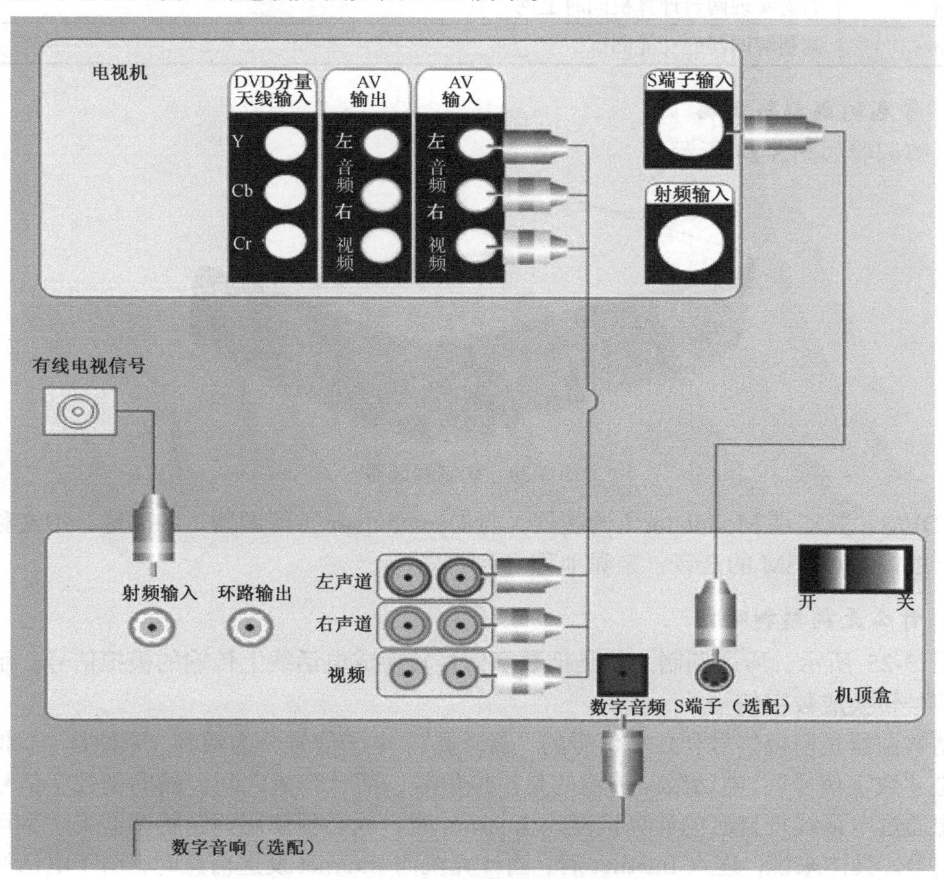

图 3-23　机顶盒与电视机接口的连接方法

（1）将机顶盒放置在适当位置，把 IC 卡图文面向上，沿箭头指示方向插入机顶盒右上方的插口。

（2）将有线电视电缆插头插入机顶盒右上端的“射频输入”插口；取出随机配置的一根同轴电缆线，其一端插入机顶盒右上端的“S 端子”插口，另一端插入电视机的“S 端子输入”插口。

（3）将随机配置的红（音频左声道）、白（音频右声道）、黄（视频）6 头 3 色莲花 AV 线的一端插入机顶盒的“红、白、黄”三色音、视频插口（一定要插入右面一排的输出口），另一端插入电视机的“红、白、黄”音、视频 AV 输入插口。电视机如有多排音、视频插口，可任选一排。

任务三 调制解调器的组成

工作任务单

序　号	工 作 内 容
1	调制解调器的基本组成、信号流程
2	调制解调器的典型应用
3	如何实现两台计算机同时上网
4	调制解调器的功能测试

看一看：常见的调制解调器

调制解调器如图 3-24 所示。

图 3-24　调制解调器

MODEM，其实是 Modulator（调制器）与 Demodulator（解调器）的简称，中文称为调制解调器。根据 MODEM 的谐音，亲昵地称之为“猫”。

想一想：什么是调制和解调

如图 3-25 所示，所谓调制，就是把数字信号转换成电话线上传输的模拟信号；解调，即把模拟信号转换成数字信号。

调制解调器是模拟信号和数字信号的“翻译员”。电子信号分为两种，一种是“模拟信号”，另一种是“数字信号”。电话线路传输的是模拟信号，而计算机之间传输的是数字信号，因此当用户想通过电话线把自己的计算机连入 Internet 时，就必须使用调制解调器来“翻译”两种不同的信号。具体来说，连入 Internet 后，当计算机向 Internet 发送信息时，由于电话线传输的是模拟信号，所以必须要用调制解调器来把数字信号“翻译”成模拟信号，才能传送到 Internet

上，这个过程叫做“调制”。当计算机从 Internet 获取信息时，由于通过电话线从 Internet 传来的信息都是模拟信号，所以计算机想要看懂它们，还必须借助调制解调器这个“翻译”，这个过程叫做“解调”。正是通过这样一个“调制”与“解调”的数模转换过程，从而实现了两台计算机之间的远程通信。

图 3-25　调制和解调示意图

知识链接 1

调制解调器的基本组成、信号流程

看一看：调制解调器的分类及工作方式

一般来说，根据 MODEM 的形态和安装方式，可以大致将其分为以下四类。

1. 外置式

外置式 MODEM 放置于机箱外，通过串行通信口与主机连接。这种 MODEM 方便灵巧、易于安装，其附带的闪烁的指示灯（图中的矩形框内）便于监视 MODEM 的工作状况，如图 3-26 所示。但外置式 MODEM 需要使用额外的电源与电缆。

2. 内置式

内置式 MODEM 在安装时需要拆开机箱，并且要对中断和 COM 口进行设置，其安装较为烦琐。这种 MODEM 需要占用主板上的扩展槽，如图 3-27 所示，但无须额外的电源与电缆，且其价格比外置式 MODEM 要便宜一些。

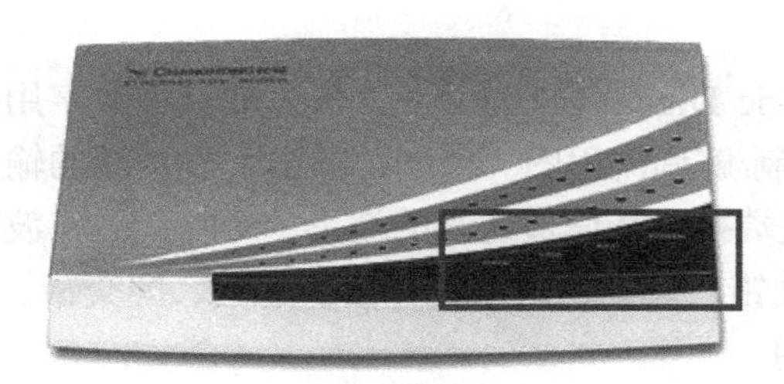

图 3-26　外置式 MODEM

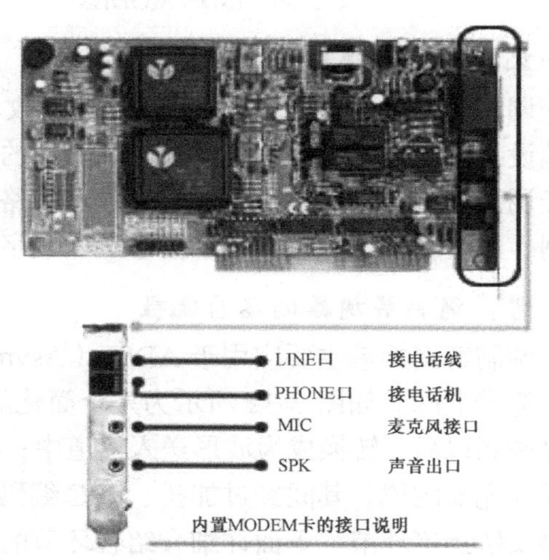

图 3-27　内置式 MODEM

3. PCMCIA 插卡式

如图 3-28 所示，PCMCIA 插卡式 MODEM 主要用于笔记本电脑，其体积纤巧，且配合移动电话，可方便地实现移动办公。

4. 机架式

如图 3-29 所示，机架式 MODEM 相当于把一组 MODEM 集中在一个箱体或外壳里，并由统一的电源进行供电。机架式 MODEM 主要用于 Internet/Intranet、电信局、校园网、金融机构等网络的中心机房。

图 3-28　PCMCIA 插卡式 MODEM

图 3-29　机架式 MODEM

5. 其他

除以上四种常见的 MODEM 外，现在还有 ISDN MODEM（如图 3-30 所示）和一种称为 Cable MODEM 的调制解调器（如图 3-31 所示），另外还有一种 ADSL 调制解调器。Cable MODEM 利用有线电视的电缆进行信号传送，不但具有调制解调功能，还集路由器、集线器、桥接器于一身，其理论传输速度更可达 10Mbps 以上。通过 Cable MODEM 上网，每个用户都有独立的 IP 地址，相当于拥有了一条个人专线。

图 3-30　ISDN MODEM

图 3-31　Cable MODEM

记一记：调制解调器的基本组成

调制解调器（MODEM）由发送、接收、控制、接口、操纵面板及电源等部分组成。数据终端设备以二进制串行信号形式提供发送的数据，经接口转换为内部逻辑电平送入发送部分，再经调制电路调制成线路要求的信号向线路发送。接收部分接收来自线路的信号，经滤波、反调制、电平转换后还原成数字信号送入数字终端设备。

学一学：调制解调器的信号流程

调制解调器最主要应用于 ADSL（Asymmetric Digital Subscriber Line，非对称数字用户专线）宽带上网。如图 3-32 所示为一个简化的调制/解调流程图。由图可看出，发送端的输入位经过调制以后，转换成为波形送入信道中；接收端接收从信道送来的波形，经解调后将波形还原成为先前的位。其间经过加扰、FEC 编码、交错、调制、定型、补偿、解调、解交错、FEC 译码及解扰等环节。下面详细介绍各环节的作用。

加扰及解扰：当传输过程中没有包或 ATM 信源传送时，发送器的输入端信号会维持在高位或是低位，这时会出现输入一连串的 1 或者 0，为了减少一连串的 0 或 1 进入调制流程，影响到整个系统的运作，应该进行加扰处理。加扰过程是将包或者信元的数据大小随机化以避免过长的数据造成超帧同步作用的错误。解扰的功能是将被加扰的位还原。发送端的加扰称为加扰器，接收端的解扰则称为解扰器。

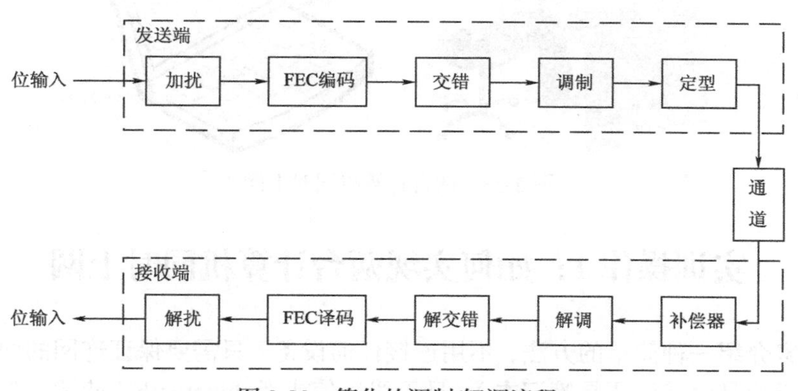

图 3-32 简化的调制/解调流程

FEC（前向纠错技术）编、译码：FEC 是一种极重要的错误控制技术，这种应用在调制解调器上的技术比 CRC 更重要也更复杂。CRC 只能用来进行数据的核对检查，FEC 则除了具备上述功能外，还拥有数据校正的能力，可以保护传输中的数据避免遭受噪声及干扰。FEC 技术一般是将大约传输数据的几个百分点的冗余，经过复杂的演算和精确的编码后，加进传输位中，接收端可以检测并将校正传输中的多位错误，而不必进行重传操作，这种技术在实时传输中的运用尤其重要，如视频会议等，这是因为实时传输是不可能重传的。FEC 还可以增加信道的带宽。

交错与解交错：交错作用介于 FEC 模块与调制模块之间。在数据传输过程常会发生一长串的错误，使用 FEC 对这种长串错误很难进行校正。发送端的交错作用是将一个 FEC 的代码字平均展开，同时也可将储存在数据中的长串错误展开，经过展开以后的错误才能由接收端的 FEC 来处理。解交错的作用则是将展开的数据还原。

整波（即定型）：整波常用于调制模块的输出端，整波的最主要作用是维持传输数据适当的输出波形，其困难之处在于必须对外频噪声进行恰当的衰减，但对于内频信号的衰减则必须达到最低的程度。

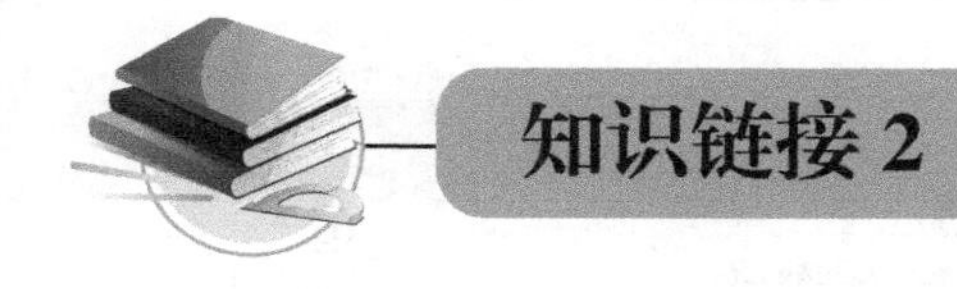

知识链接 2

调制解调器的典型应用

看一看：在 ADSL 宽带接入环节中，已经介绍了如何使用调制解调器进行宽带连接，那么你们有没有想过“如何在只有一台计算机上网的情况下实现两台计算机同时上网呢（如图 3-33 所示）？”

做一做：学生进行信息搜集

请同学们进行充分预习，利用各种途径（如网络资源、书籍等）查询“如何在只有一台计算机上网的情况下实现两台计算机同时上网？”

图 3-33　两台计算机同时上网

实训操作 1：如何实现两台计算机同时上网

下面给大家介绍一种简单的方法，不用连接任何设备，只需要保证连网的两台计算机都配置无线网卡（无论是台式机还是笔记本），且无线通信或者 bluetooth（蓝牙）都处于开启状态（笔记本可使用 Fn+F5 快捷键切换其开启或关闭状态）即可。

做一做：实现计算机的网络连接

首先将一台计算机设置为主机，并且一定要确保这台计算机通过“本地连接”或“拨号上网”的方式正常上网。

1. 主机的设置

在桌面双击“网上邻居”图标，打开左侧“网络任务”中的“查看网络连接”窗口→用鼠标右键单击“无线网络连接”，在右键菜单中选择“属性”→单击“无线网络配置”标签，单击右下角的“高级”按钮，打开“高级”选项界面。操作步骤如图 3-34 所示。

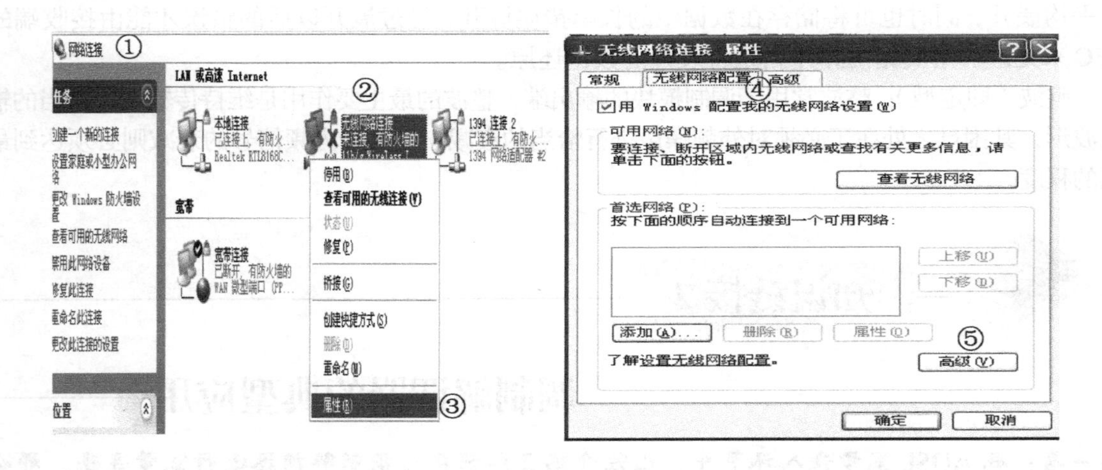

图 3-34　操作步骤

在“高级”选项界面的“要访问的网络”选项中选中“仅计算机到计算机（特定）”，如图 3-35 所示。最后单击“确定”按钮并关闭“无线网络连接 属性”对话框，这时上述设置便生效了。

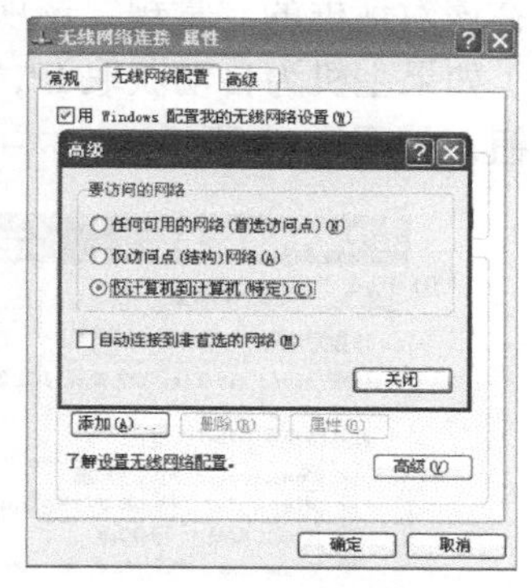

图 3-35　选中“仅计算机到计算机（特定）”

继续打开“无线网络连接 属性”对话框，在“无线网络配置”页面，单击“添加”按钮，弹出“无线网络属性”对话框，在“网络名（SSID）（N）”栏中输入一个标志文字（可以随意输入，但最好是英文或数字），如 wwy；在“网络身份验证”一栏选“开放式”；在“数据加密”一栏选“WEP”，并勾掉“自动为我提供此密钥”，然后填写网络密钥（网络密钥和确认网络密钥相同，为 10 或 26 位十六进制数，如此处输入“6E6E6E6E6E”），设置完成后单击“确定”按钮后退出，这样主机便设置成功了。操作步骤如图 3-36 所示。

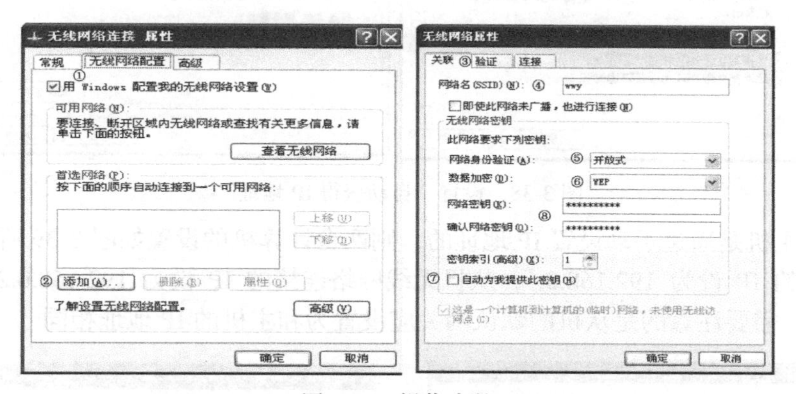

图 3-36　操作步骤

接下来设置共享连接：如图 3-37 所示，在主机的“网络连接”中右击“本地连接”图标，选择“属性”，在打开的“本地连接 属性”对话框中切换到“高级”选项，在此勾选“允许其他网络用户通过此计算机的 Internet 连接来连接”复选框，设置完成后单击“确定”按钮退出即可，这样就可以在客户端共享上网了。

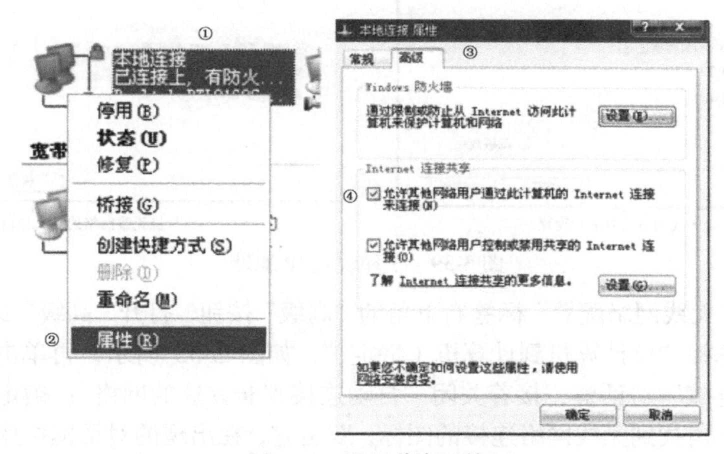

图 3-37　设置共享连接

2. 从机的设置

在“无线网络连接”图标上单击鼠标右键，选择“属性”，打开“无线网络连接 属性”对话框，在该对话框的“常规”选项中选“TCP/IP”，再单击“属性”按钮。

（1）如果主机为自动获取 IP，则在这台计算机上也选择“自动获得 IP 地址”，再单击“确定”按钮，如图 3-38 所示。

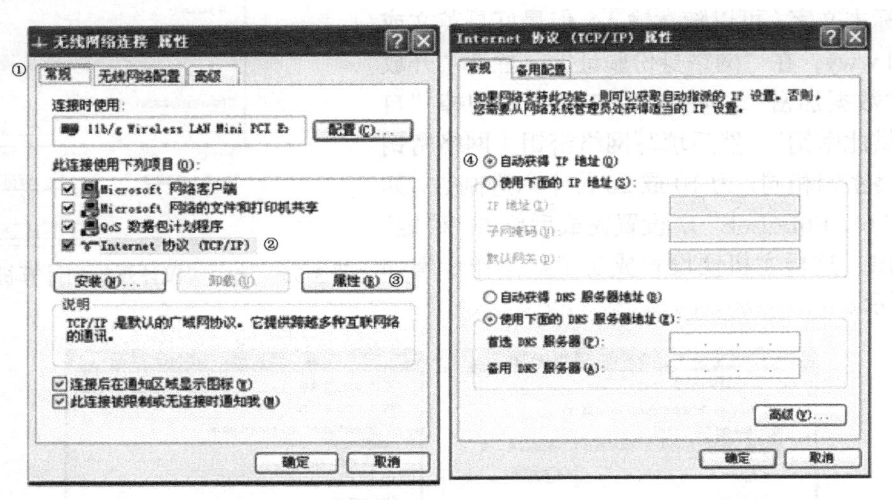

图 3-38　设置“自动获得 IP 地址”

（2）如果主机是通过手动设置 IP 地址的，则两台计算机的设置如图 3-39 所示，其中主机无线网络连接的 IP 设为 192.168.0.1，从机无线网络连接的 IP 设为 192.168.0.2，子网掩码为 255.255.255.0。需要注意的是从机的默认网关应设置为和主机的 IP 地址相同。

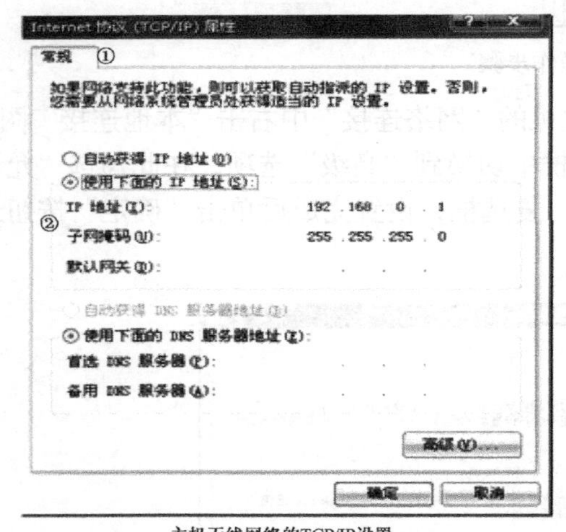

主机无线网络的TCP/IP设置

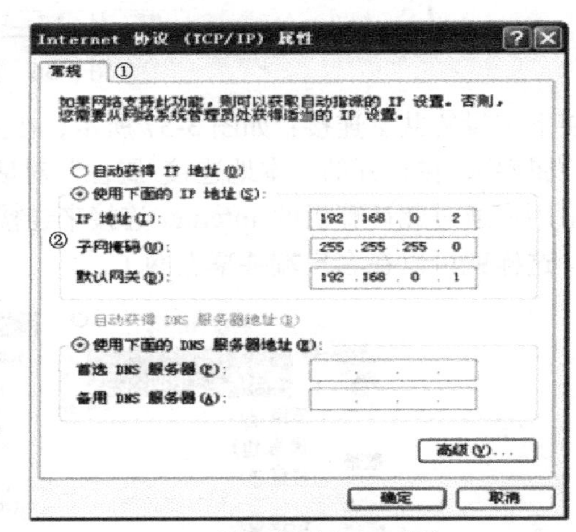

从机无线网络的TCP/IP设置

图 3-39　手动设置 IP 地址

接下来单击“无线网络配置”标签右下角的“高级”按钮，打开“高级”选项界面，在“要访问的网络”中选择“仅计算机到计算机（特定）”，如图 3-35 所示，再单击“确定”按钮并关闭“无线网络连接”对话框；接着关闭“自动连接到非首选的网络”；确定后退出。此时在计算机屏幕的右下角找到无线网络连接的图标，双击它，在出现的对话框中用鼠标左键单击预设的共享网络“wwy”，再单击“连接”，在弹出的“无线网络连接”对话框中输入网络密钥“6E6E6E6E6E”（首次连接需要输入），再单击“连接”按钮，如图 3-40 所示，这样从机在没有路由器的情况下也可以利用主机来上网了。

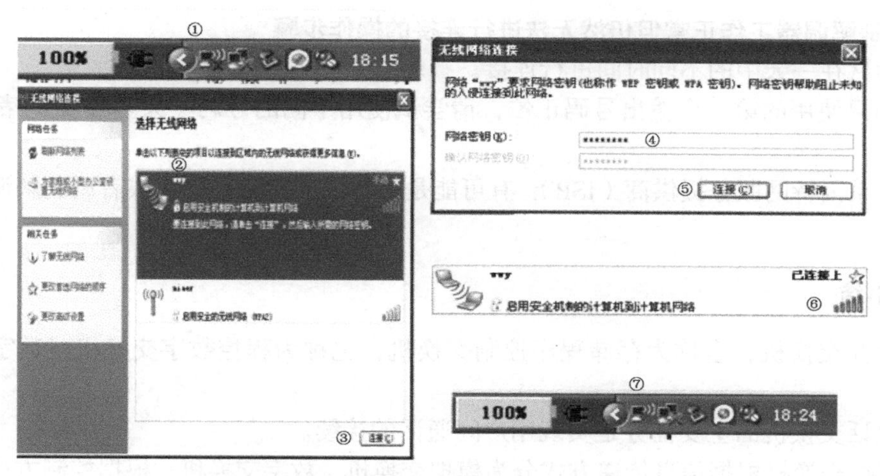

图 3-40　操作步骤

实训操作 2：调制解调器的功能测试

做一做：调制解调器的功能测试

当我们拿到一个调制解调器，安装它之前，总想测试一下它的好坏。目前现在没有好办法，一般是先安装它的驱动程序，然后按下列顺序进行操作。

1．测试连接之前的准备操作

（1）检查所有正在使用的电话是否处于挂机状态。

（2）对于标准的 V.90 调制解调器而言，调制解调器/电话电缆应该从计算机后面的“Line”插孔（标有“Line”或插孔标记）连接到墙壁上的电话插孔中。并请确保调制解调器/电话电缆没有被插入计算机后面的“Phone”插孔（标有“Phone”或电话标记）中。

2．具体的诊断步骤

（1）在任务栏上单击“开始”按钮，选择“设置”。

（2）单击“控制面板”。

（3）单击“网络与 Internet”连接。

（4）双击“电话与调制解调器”选项。

（5）单击“调制解调器”选项卡。

（6）双击“属性”按钮。

（7）单击“诊断”选项卡。

（8）单击连接调制解调器的端口。

（9）单击“查询调制解调器”按钮。

注意：您将看到简短显示的“正与调制解调器进行通信”的信息。如果调制解调器工作正常，计算机将会显示有关调制解调器的详细信息；如果存在问题，则会显示一条错误信息。如果调制解调器返回“不支持的命令”的命令，表明调制解调器制造商已选择不在此型号中支持这些命令所适用的功能。有关调制解调器可以响应的特定命令，请参阅调制解调器文档。

3. 调制解调器工作正常但仍然无法进行连接的操作步骤

（1）尝试在一天中的不同时间进行连接。

（2）如果使用的第一个拨出号码正忙，请尝试使用不同的号码（大多数 ISP 都提供多个连接号码）。

（3）联系因特网服务提供商（ISP）：有可能是 ISP 服务暂时不可用或者调制解调器的设置不正确。

项目小结

（1）程控交换机，全称为存储程序控制交换机，也称为程控数字交换机或数字程控交换机。

（2）电话交换机的主要任务是实现用户间通话的接续。

（3）程控交换机根据信息传递方式分为模拟交换机、数字交换机；根据控制方式分为布线逻辑控制交换机（简称布控交换机）、存储程序控制交换机。

（4）电视机顶盒又称有线数字电视系统用户终端接收机，它可以把卫星直播数字电视信号、地面数字电视信号、有线电视网数字信号，甚至互联网的数字信号转换成模拟电视机可以接收的信号，使现有的模拟电视机用户也能分享数字化革命带来的科技成果。

（5）所谓调制，就是把数字信号转换成电话线上传输的模拟信号；解调，即把模拟信号转换成数字信号。同时具有调制和解调功能的设备称为调制解调器。

（6）调制解调器（MODEM）由发送、接收、控制、接口、操纵面板及电源等部分组成。

思考题

一、填空题

1. 程控交换机是存储程序控制交换机的简称，它是利用电子计算机技术，以预编好的（　　）来控制交换机的动作。

2. 按交换网络接续方式来分类，程控交换机可以分为空分和（　　）两种方式。

3. 程控交换机按交换信息的不同，可分为模拟交换机和（　　）交换机。

4. 程控交换机硬件可以分成（　　）部分和控制部分。

5. 程控交换机用户接口电路中的编码器将用户线上送来的模拟信号转换为数字信号，译码器则完成相反的（　　）转换。

二、选择题

1. 调制解调器（MODEM）的功能是实现（　　）。

A. 数字信号的编码　　B. 数字信号的整形

C. 模拟信号的放大　　D. 模拟信号与数字信号的转换

2. 在数字交换中表示模拟用户接口电路的功能时，字母“H”表示的是（　　）。

A. 馈电　　B. 测试控制　　C. 混合电路　　D. 编译码和滤波

3. 在数字交换中表示模拟用户接口电路的功能时，字母“T”表示的是（　　）。

A. 馈电　　B. 测试控制　　C. 混合电路　　D. 编译码和滤波

4. 在数字交换中表示模拟用户接口电路的功能时，字母“B”表示的是（　　）。

A．馈电　　B．过压保护　　C．振铃控制　　D．监视

5．数字交换机在交换网络中传送的是（　　）。

A．模拟信号　　B．数字信号　　C．增量调制信号　　D．脉码调制信号

三、判断题

1．数字交换机在交换网络中传送的是数字信号。（　　）

2．模拟交换机在交换网络中传送的是模拟信号，所有的空分交换均属于数字交换机。（　　）

3．程控交换机话路部分中的用户模块的主要功能是向用户终端提供接口电路，完成用户话务的集中和扩散，以及对用户侧的话路进行必要控制。（　　）

四、简答题

1．数字程控交换机的主要组成部分包括什么？

2．数字程控交换机的基本组成包括什么？

3．指出程控交换机的分类。

4．画出数字电视机顶盒的结构及流程框图。

5．数字电视机顶盒接口有哪些？

6．什么是调制和解调？

7．调制解调器根据 MODEM 的形态和安装方式，可以大致分为哪四类？

8．画出简化的调制/解调流程。

项目 4 通信终端设备的安装与维护

知识目标：

掌握可视电话机、数字电话机、多媒体终端、数码录音电话机、计算机、传真机的基本组成、信号流程、典型应用。

技能目标：

学会普通电话机的组装、参数测试、常见故障排除，计算机的正确使用、维护、常见故障排除。

项目介绍：

典型通信终端设备（各种常见电话机）、常用通信终端设备（计算机）的基本组成、设备维护、常见故障排除。

任务一 典型通信终端设备的安装与维护

工作任务单

序　　号	工 作 内 容
1	普通电话机的基本组成、信号流程、典型应用
2	可视电话机的基本组成、各部分作用、典型应用
3	数字电话机的基本组成、功能、典型应用
4	多媒体终端的基本组成、特点及其典型应用
5	数码录音电话机的功能、基本组成及其应用
6	通信设备（电话机）的组装
7	通信设备（电话机）的性能指标及检测
8	通信设备（电话机）的常见故障排除

看一看：普通电话机的实物图

电话机的外形如图 4-1 所示。

电话机的内部电路结构如图 4-2 所示。

图 4-1　电话机的外形

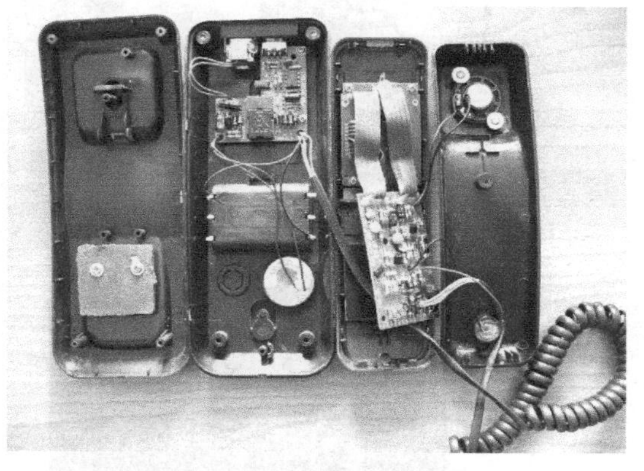

图 4-2　电话机的内部电路结构

做一做：学生实际拆卸电话机的外部结构，教师指导学生认识电路的各部分组成及其主要元器件，激发学生的学习兴趣

操作步骤：

（1）观察整机结构，找出需拆卸的螺钉，使用对应的螺丝刀拆卸；

（2）寻找卡扣，慢慢将手柄和座机拆开，不要损坏卡扣；

（3）查看座机的外线（即电话机与电话局之间的连线），应该是 2 根；而座机与手柄的连接线应该是 4 根，分别是送话 2 根线，受话 2 根线；

（4）查找座机上存在的蜂鸣片、振铃电路和极性定向转换电路；

（5）查找手柄上存在的送、受话器，按键盘、拨号电路、通话电路。

想一想：电话机由哪些部分组成（对应实物判断，使学生建立感性认识）

（1）振铃电路。

（2）极性定向转换电路。

（3）拨号电路。

（4）通话电路。

（5）送、受话电路。

知识链接 1

普通电话机的基本组成、信号流程、典型应用

看一看：认识不同年代的普通电话机

不同年代的普通电话机如图 4-3～图 4-8 所示。

图 4-3　手摇老式电话机

图 4-4　拨号盘老式电话机

图 4-5　防爆按键电话机

图 4-6　多多 F001 按键来电显示电话机

图 4-7　RD-83601 触摸屏电话机

图 4-8　步步高 HWCD007（33E）TSDL 无绳电话机

认一认：按键式电话机的整机结构框图

按键式电话机的整机结构框图如图 4-9 所示。

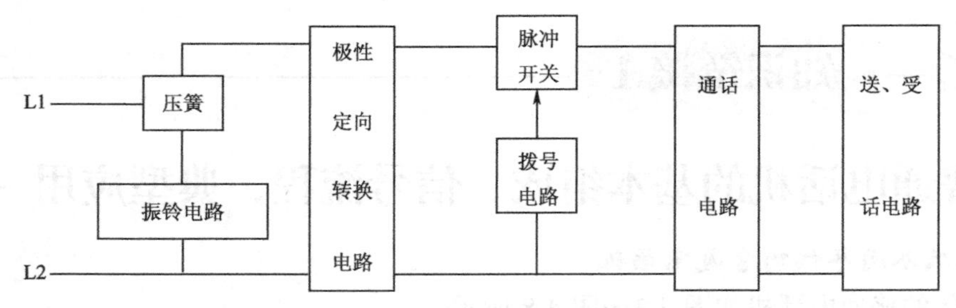

图 4-9　按键式电话机的整机结构框图

由图 4-9 可见，普通电话机的基本组成包括：压簧、振铃电路、极性定向转换电路、拨号电路、通话电路和送、受话电路。

学一学：电话机的基本组成

自 1876 年贝尔发明电话以来，历经 100 多年的发展，电话机经历了磁石式、机电式和电子式等几个阶段，现已普及使用按键式电话机。尽管电话机的品种繁多，功能各异，但其基本原理却都大同小异。

一部电话机的基本构成一般都有通话电路、发号电路、振铃电路、极性定向转换电路和叉簧开关等部分，如图 4-10 所示。各部分的作用介绍如下。

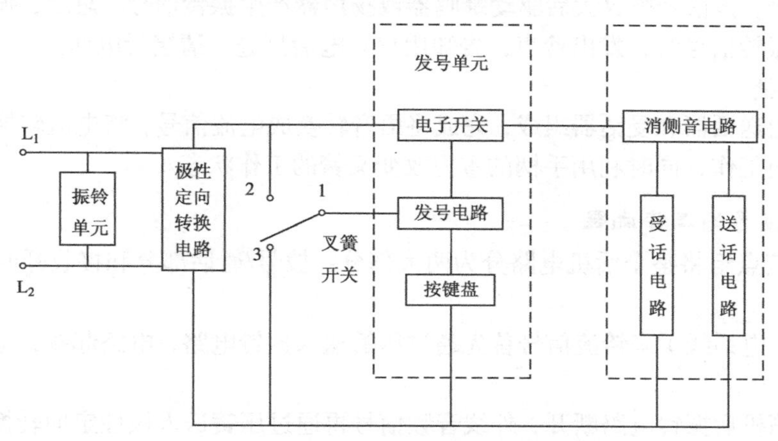

图 4-10 电话机基本组成方框图

1. 外线 L_1、L_2

外线是电话机和交换设备之间的连接导线，它的作用有以下几个方面：一是送给电话机直流电源，程控交换机是直流 48V，纵横交换机是直流 60V；二是送给电话机 90V、25Hz 的交流正弦振铃信号，用户来电时响铃；三是为电话机的发号电路和语音传输信号提供传输通路。

2. 极性定向转换电路

任何电子电路的工作，都要区分电源的正负极，电话机也不例外。无论外线怎样接入，极性定向转换电路都能够将外线送来的直流电源的正负极性转换成电话机所需要的正负极性。因此有了极性定向转换电路后，当电话机与外线连接时，就不必再区分两根外线的正负极了。

3. 叉簧开关

叉簧开关虽然是一个普通的机械开关，但在电话机中起着摘机和挂机的转换控制作用。它的刀 1 接通掷 2 时，由外线经极性定向转换电路送来的电信号便进入发号单元，使电子开关接通，电话机就可以拨号和通话了，即电话机处于摘机状态。当它的刀 1 接通掷 3 时，发号单元便失去这个电信号，电子开关断开，电话机就不能拨号和通话了，但此时振铃电路仍与外线相接，通话电路的某些单元仍处于工作状态，即电话机处于挂机等待状态。叉簧开关完成信号设备和通话设备的交替转接，使信号与通话设备分时交替工作。只有外线拆除，整个电话机才完全断电而停止工作。

4. 发号单元

发号单元由发号电路、电子开关和按键盘组成，其主要作用是：使用按键盘发出电话号码信号；通过电子开关接通或断开电话机电源和信号传输电路，在发号的同时将通话短路，以免在受话时产生发话噪声；使用各种功能键和开关，指挥电话机执行相应的功能。

5. 通话单元

通话单元由受话电路、送话电路和消侧音电路组成。受话电路把对方打来的电话放大后，通过电声元件转换成声音。送话电路把发话人的语言转换成电信号，经放大后送到外线上。消侧音电路把受话电路、送话电路和外线三者有机地连接在一起。

6. 振铃电路

振铃电路由放大器、信号变换器、压电陶瓷等电声转换器件组成。整流电路将交换机送来的 90V、25Hz 的交流正弦振铃信号（简称铃流）变为直流，使振铃电路得电后产生两种频率不同的交替信号，该信号被放大后驱动蜂鸣器或扬声器产生振铃信号。总之，振铃电路的作用是当外线送来振铃信号时，发出铃声，告知用户有电话打进，请接听电话。

7. 通话手柄

通话手柄由送话器和受话器组成，完成将语音转换成电流信号，将电流转换成语音信号的声电和电声转换工作，同时利用手柄的重力改变叉簧的工作状态。

记一记：电话信号的工作流程

（1）压簧接点组将整个话机电路分为两大部分：拨号/通话部分和接收呼叫信号部分（振铃器）。

（2）外线（电话线）来铃流信号首先通过压簧送入振铃电路，电路起振，电话铃响，提醒用户接听电话。

（3）用户摘机后振铃电路断开，外线音频信号再通过压簧送入极性定向转换电路，通过电子开关先进入通话电路，再进入受话放大电路后供用户接听。

（4）发话声音通过转换变为电信号，经送话放大电路进入通话电路，再经电子开关和极性定向转换电路、压簧，送至外线（电话线）。

（5）拨号时，由按键盘控制发号电路发出相应的双音频信号，经电子开关、外线送入电话局的交换机。

想一想：电话机的典型应用

1. 在日常生活中，哪些地方用到了电话机？

例如，家中的电话机是有连接电话线的固定电话机（现在部分地区还有无线市话），单位的办公电话是固定电话机，路边的 IC 卡电话（或公用电话）是固定电话机，地下矿井采用的防爆电话机也是固定电话机等。请同学们回去查找它们的相关图片和资料，作为课外作业。

2. 你用过哪些型号的电话机，它们各有什么特点？

电话机的常见型号有 HA868（3）P/TSDL 电话机、HCD868（17）-1TSDL 电话机、HW1819（2）P/TSDL 无绳电话机等。请同学们回去查找，作为课外作业。

知识链接 2

可视电话机的基本组成、各部分作用、典型应用

看一看：几种常见可视电话机

几种常见可视电话机如图 4-11～图 4-14 所示。

图 4-11　华为 ViewPoint 8220 宽带可视电话机

图 4-12　BVP8770　宽带可视电话机

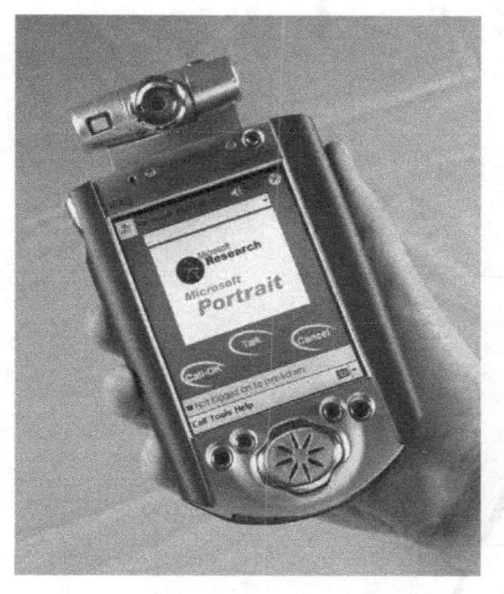

图 4-13　移动网络可视电话机

图 4-14　中国联通 3G 可视电话机

认一认：可视电话机的认识

可视电话机又称电视电话机，它是一种能实现远距离面对面谈话的电信设备，如图 4-15 所示。用户通过可视电话机通话时，不仅可以听到对方的声音，而且可以看到对方的相貌，还可以读取对方展示的文字图形资料，给人以声形并茂的感受。可视电话机由电话机、电视机、摄像机、控制器四部分组成。摄像机用来摄取打电话者的相貌，其输出的图像信号通过电话线路送出，在对方监视器中显示出来。电话机用于语言传输。控制器用于可视电话机的操作控制。可视电话机的传输线路可以是微波接力线路，也可以是卫星通信线路、光纤通信线路等宽带线路；当传输距离较近时，也可以采取数据压缩等技术措施，利用普通的市内电话线路传输。

学一学：可视电话机的分类、基本组成及其各部分作用

通常可视电话机分为活动（或准活动）图像可视电话机和静止图像可视电话机。活动（或准活动）图像可视电话机主要以数字网为对象。人们一般习惯将活动（或准活动）图像可视电话机简称为电视电话机，而将静止图像可视电话机简称为可视电话机。

1．普通型可视电话机

普通型可视电话机的结构框图如图 4-16 所示。一部普通型可视电话机通常采用 10 英寸 CRT，并配备显示器、电传打印机等。此外，它还可以与有线电视（CATV）调谐器、录像机及外部摄像机相连接。

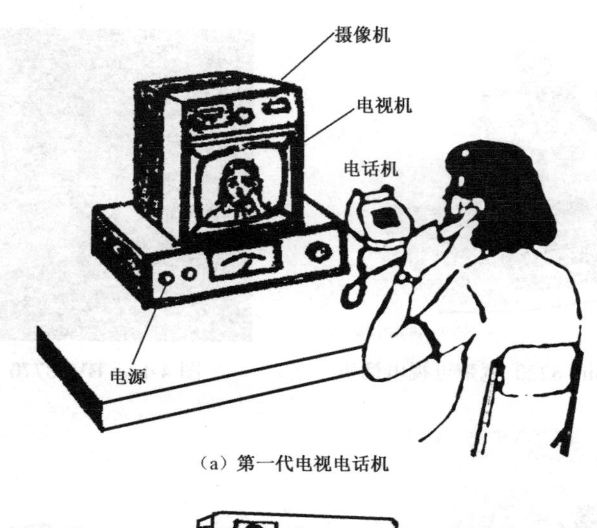

（a）第一代电视电话机

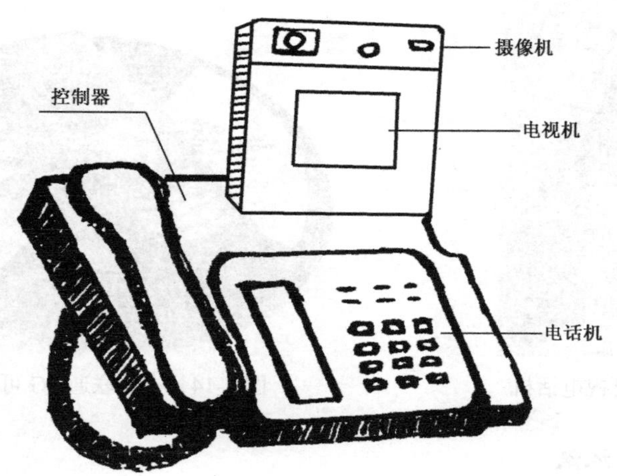

（b）第二代电视电话机

图 4-15　可视电话机

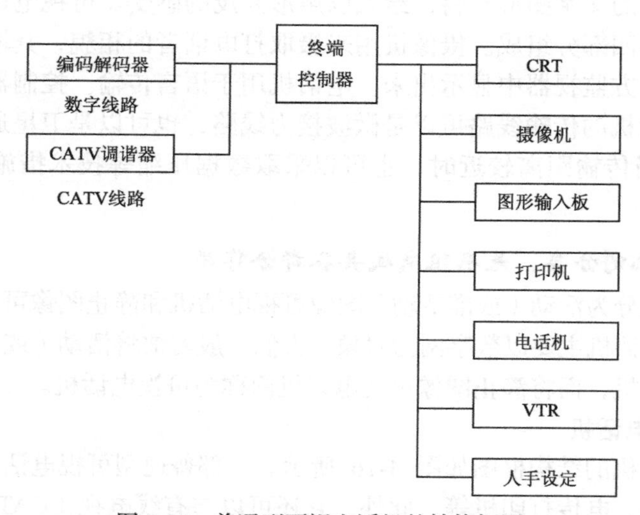

图 4-16　普通型可视电话机的结构框图

2. 多功能型可视电话机

多功能型可视电话机采用14英寸CRT，其结构框图如图4-17所示。多功能型可视电话机除了具备普通型可视电话机的功能外，还具有文字处理功能（传真输入）、数字传输功能、图像扫描（相当于传真或类似于传真）功能、附加信息电子电话簿、用来存储静止图像的录像软盘及有线电视（CATV）调谐器等，并可与图像情报检索系统及外部微机相连。从整体上看，多功能型可视电话机加强了直观数据库的存储功能。

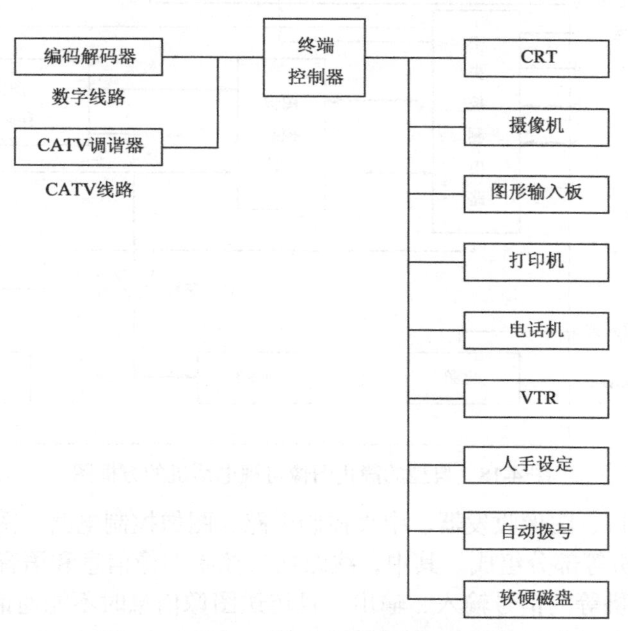

图4-17 多功能型可视电话机的结构框图

3. 静止图像可视电话机

将可视电话机连接在传输声音和图像信号的通信网上，就可以为用户提供可视电话服务了。为了使可视电话机早日得到普及，采用原有模拟电话通信网传输静止图像的可视电话机曾经受到人们的注意，尤其是传输黑白图像的可视电话机，它非常经济实惠。

静止图像可视电话机是在普通电话线上传输静止图像的，传输一幅图像的时间为几秒到几分钟不等。发送端帧存储器要实现快速存储，再慢速读出的功能；接收端把收到的慢速数据存储在收端存储器中，显示时，再从存储器中以普通电视的扫描速率读出，因此，接收端存储器要完成慢速存储，快速读出的功能。

一般的静止图像可视电话机有三种功能：

（1）使用模拟电话线路进行图像通信收/发的功能；

（2）图像的存储功能；

（3）显示图像的监视器功能。

典型的静止图像可视电话机的方框图如图4-18所示。

这种系统具有上述三种基本功能和两种传输速度：标准方式[10秒可发送100（高）×160（宽）像素的图像]；高速方式[6.5秒可发送100（高）×96（宽）像素的图像]。系统中的存储器可存储收到的图像十幅，存储发话者的图像两幅。

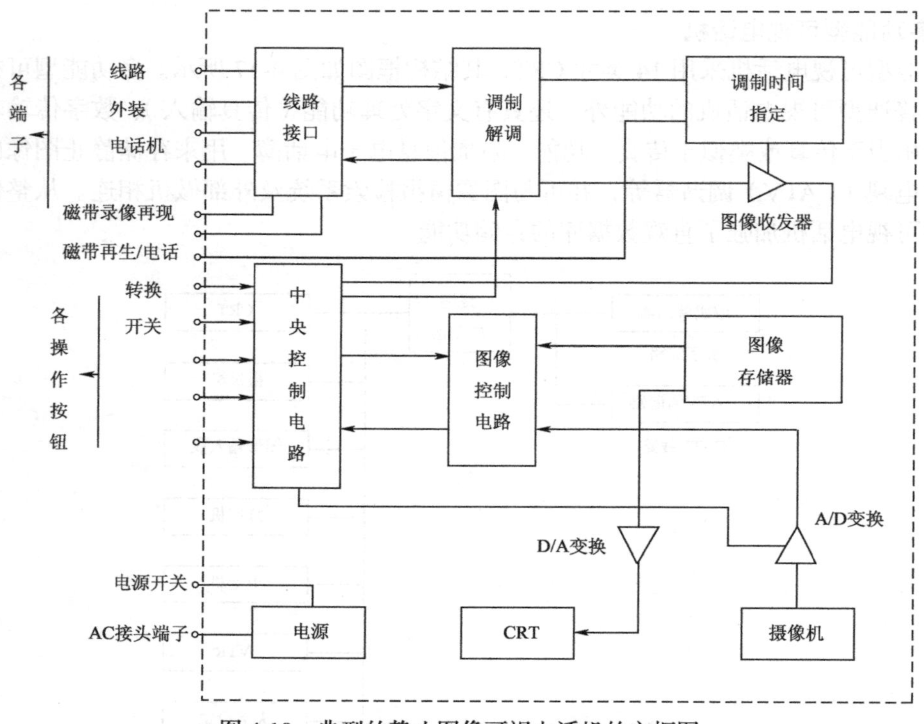

图 4-18　典型的静止图像可视电话机的方框图

该系统由线路接口、图像收发器、中央控制电路、图像控制电路、图像存储器、图像显示器（即 CRT）、摄像机等部分组成。其中，线路接口控制图像信息和语音通话信号的输入、输出的转换及盒式录像机等的信号输入、输出，且传送图像信息时不能通话。

图像收发电路用于对图像信息进行调制和解调、收发。接收到的图像信息通过解调器自动增益控制（AGC）电路进行增益控制，并与来自解调定时器的定时信号取样保持一致，而取样保持的图像信息通过 A/D 转换电路转换成数字信号，输送到中央控制电路部分。发送的图像信号保持数字信号形式输送到调制器，再通过振幅相位调制方式转换成模拟信号，向线路输送。

中央控制电路控制整个系统，收发的图像信息全部通过中央控制电路进行图像处理。

图像控制电路根据中央控制的指令，把来自摄像机的图像信息存入图像存储器中，并把存储器中的图像信息读出显示在荧光屏上。图像存储器将收发的图像信息全部存储起来。图像显示器采用的是 4.5 英寸黑白显像管，显示灰度等级为 32 级。摄像机采用的是 1/6 英寸的 CCD 摄像器件。

4. 活动图像可视电话机（电视电话机）

普及可视电话机信号传输的基础是建立 ISDN 网络。因为将彩色活动图像信号压缩到 64Kbps（bps 表示信息速度，即每秒所传输的信息量）速率的图像编码技术已实用化，这给可视电话机通信（使用 ISDN 网络传输可视电话机信号）的发展带来了很大的希望。

能够在一条用户线上同时传输语音和简单的动态（或准动态）图像的设备称为电视电话机。该设备的图像帧频一般约为 1 帧/s～15 帧/s，采用低分辨率，传输速率为 14.4Kbps、19.2Kbps、64Kbps、128Kbps 等。当在模拟电话线上传送图像信息时，可将信息经 14.4Kbps 或 19.2Kbps 等的调制解调器调制后进行收发。图像信息在综合业务数字网上传输时，可分为以下三种速率的传输方式。

（1）速率 1：有一个 B 信道（64Kbps），它既用于语音信号（16Kbps），又用于视频信号（48Kbps）。

（2）速率2：有两个B信道（一个B信道用于视频信号，另一个B信道用于音频信号）。

（3）速率3：有2B+D信道。视频信号占据一个以上的B信道（例如，视频信号为112Kbps，语音信号为16Kbps）。

5．可视电话系统

如图 4-19 所示是可视电话系统示意图。将可视电话机连接在传输声音和图像信号的通信网上，就可以进行可视电话服务了。随着图像压缩编码技术，集成电路技术的发展，以及ISDN和计算机互联网（Internet）等多媒体通信技术的迅速普及，活动（或准活动）图像可视电话机的发展将超过静止图像可视电话机。

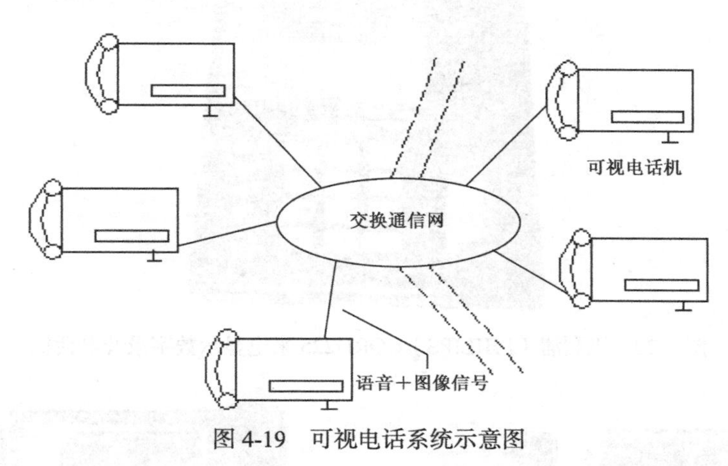

图4-19　可视电话系统示意图

记一记：可视电话机的应用

可视电话机是一种能实现“面对面”谈话的电话设备。使用普通电话线路的可视电话机只能显示静止图像，当双方叫通后拿起手柄可立即通话，同时操作相关按钮可使打电话者的图像显示在对方的电视屏幕上。当通过电话线路传送图像时，一方只要把一个指定的按钮按下后，即可把电视屏幕上的图像传送给对方，对方再进行类似的操作也可把图像传送过来。于是在双方的电视屏幕上就会显示出对方的静止影像。传送一幅图像约需几秒时间，在这期间不能进行通话。这种可视电话机很适宜展示通话过程中需要的图表、实物、文件等静物。

可视电话机通信的目的不仅是让人们通话时能看到对方的面部图像，而且还能传输简单的文字、图像、照片等提示性及解说性的内容。因此，任何一种机型都要配备摄像机，以及有可变焦距透镜的图形摄像机。这样，通话的双方可同时在显示器（CRT）上看到文字和图像。可视电话机通信除了传输活动画面外，还可以根据需要传输高清晰度的静止图像。另外，在使用可视电话机的过程中，为了确保意思传达的准确性，出示文字和图解的一方不但要向对方解释，接受解释的一方也可以指着文字和图中的某处进行提问。要达到上述要求，必须在显示器（CRT）画面中增设指示器及彩色电传打字功能。通过上述功能，双方可以解释、修改及增加通话内容。

目前，可视电话机普遍应用在智能公寓、电视电话会议系统、医院–远程保健咨询、医院–远程诊疗系统、婚姻/职业介绍、公司、公安系统的应用、交易、远程教育、运营商的增值业务应用等。

知识链接 3

数字电话机的基本组成、功能、典型应用

看一看：几种常见数字电话机

几种常见数字电话机如图 4-20～图 4-22 所示。

图 4-20　飞利浦（PHILIPS）CORD225 来电显示数字录音电话机

图 4-21　步步高 HWDLCD007（92）TSD 数字无绳电话机

图 4-22　步步高 HWDLCD007（93）TSD 数字无绳电话机

认一认：数字电话机的基本组成和连接结构框图

数字电话机的基本组成和连接结构框图如图 4-23 所示。

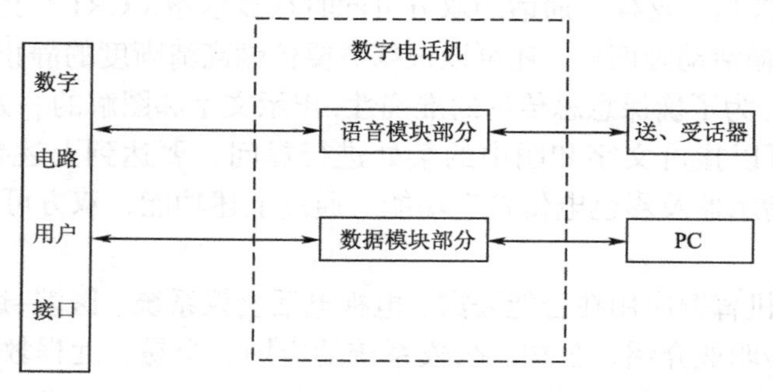

图 4-23　数字电话机的基本组成和连接结构框图

由图 4-23 可知，数字电话机由语音模块部分和数据模块部分组成，语音模块部分外部连接数字电路用户接口和送、受话器，数据模块部分外部连接数字电路用户接口和 PC。

学一学：数字电话机的组成结构特点

常见的按键电话机是数字程控交换机中模拟用户电路的用户终端设备，而数字电话机是数字程控交换机中数字用户电路的用户终端设备。这种电话机既具有按键电话机的功能，又具有数据收发功能，其内部装有微处理器和进行数据通信的接口等。它除了发送和接收语音信号外，还可以发送和接收数据，具有 2B＋D 的功能。因此，数字电话机具有通话质量高、抗干扰性强、保密性能好、功能丰富、使用方便等优点。

数字电话机的电路结构比较复杂，集成度很高，价格比较贵，故障率一般比较小。其维修方法与模拟电话机基本相同，所不同的是数字电话机是由数字电路组成的，应熟悉数字电路的特点；另外，还应考虑数字电话机的软件故障问题。

记一记：数字电话机的功能

（1）基础功能：免提、缩位拨号、重发拨号、多方会议通话、显示主叫号码、拨号监视、存储、通话计费显示、话务员、留言、叫醒和用户话机控制等功能。

（2）特殊功能：数据通信功能、系统检测和维护功能。

（3）2B＋D 功能：2B＋D 功能是指语音和数据的综合传输，即在一条普通的电话线上同时传输数据和语音的功能。

（4）2B＋D 采用了 CCITT 推荐的 2B＋D 技术，能够提供两个 64Kbps 的信道用于数据和语音传输，还能够提供一个 16Kbps 的信令信道，在各个用户分机之间同时进行语音对话和数据交换；对于不同地点可交替进行两种数据交换。用户可利用原有网络中的电缆和设备，不需要增加额外投资。

议一议：数字电话机的应用

（1）附有终端适配器（TA），微机等数据终端，可通过 TA 接入 ISDN。

（2）带有键盘和显示器，可以直接对数据库进行访问。

（3）带有文字处理及通用软件，可以在终端上编制文件，同时接收网络上发来的电子邮件，处理并保存数据。

（4）能提供 50～7000Hz 宽频带的高质量语音，具有中波（AM）广播的音质，可用于电话会议和实况转播等场合。

（5）能够提供三方以上通信的会议电话。

（6）适合用做家庭用的能够接入基本接口的无绳电话和无人值守电话。

（7）适合用做企业的保密电话等。

其应用举例如下。

（1）城市应急联动系统：数字电话机的应用在保障国家的公共安全方面发挥很大的作用，可有效提高国家的公共安全保障水平。

（2）调度部门：在航空、电力、铁路、石油、港口、交通等指挥调度中心，每一句话都关乎重大的安全责任，一旦有失，将造成严重的后果，应用数字电话机可以将各种信息记录下来。

（3）交易部门：银行、期货、证券业等交易指令系统是大规模资金的运作和调度中心，每一个指令都会产生巨额的资金流动，因此，对每一个指令做出详细的记录，成为运作的安全和成功的保障，数字电话机可以对每一个指令做出详细的记录。

（4）安全部门：在公安、安全、消防、急救、监狱等安全部门，对呼叫做出及时、快速的响应是非常重要的；对信息的丢失和错误处理，会给各方面带来非常巨大的损失，数字电话机可以完成对信息的记录。

（5）政府部门和政府公共事业：随着政府部门办公透明度的进一步增大，政府公共事业服务意识的进一步增强，政府公共事业部门成为政府面向群众的一个个窗口，数字电话机对提高其服务效率和服务水平有着重大的意义。

（6）呼叫中心：呼叫中心在近年来取得了飞速的发展，而优良的服务更是呼叫中心成为利润中心的主要保障之一。因此，网络版数字录音电话系统也成了呼叫中心的标准配置之一。

知识链接 4

多媒体终端的基本组成、特点及其典型应用

看一看：几种常见多媒体终端

几种常见多媒体终端（Multimedia terminals）如图 4-24～图 4-27 所示。

图 4-24　A7688 多媒体电话机

图 4-25　S300-T 多媒体电话机

图 4-26　XP8100 多媒体电话机 01

图 4-27　XP8100 多媒体电话机 02

认一认：多媒体终端的基本组成

一个典型的多媒体终端的结构如图 4-28 所示，它由五部分和三种协议组成。

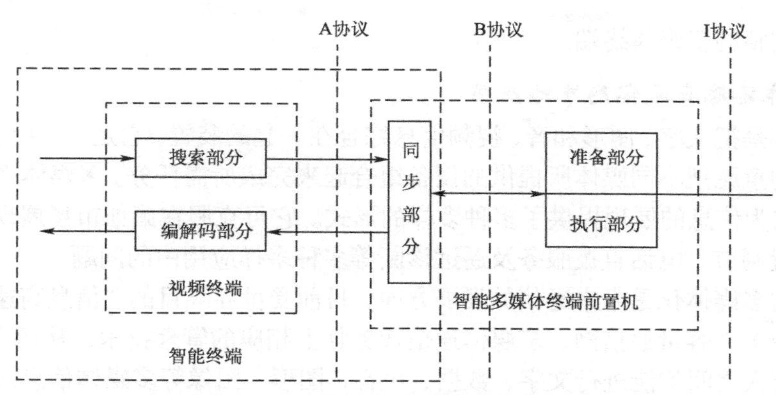

图 4-28　一个典型的多媒体终端的结构

学一学：多媒体终端五部分和三种协议的具体内容

1. 五部分

（1）编解码：与一般终端不同的是，这里的编解码需要对多种媒体进行，因而它是多重性的。

（2）搜索：这一部分是指人–机交互过程中的交互，如声音、文字的输入，菜单的填写修改和选择等。

（3）同步：多种表示媒体通过不同的方式接入终端时，必须确保多媒体终端的同步性工作。

（4）准备：这一部分可以看成多媒体终端的再编辑，可以是非实时的，因此称为准备部分。

（5）执行：这一部分完成终端设备与网络和其他传输媒体的连接。

2. 三种协议

（1）I 协议：为接口协议，包括终端对网络和传输媒体的接口协议。

（2）B 协议：为同步协议，是确保多媒体终端同步性的同步协议。

（3）A 协议：为应用协议，它与具体的应用有关。

由上述五部分和三种协议构成的终端是一个完整的多媒体终端，也常称为多媒体工作站。而在实际应用中，视其具体情况，也可以只由搜索和编解码两部分构成一个简单的视频终端，既可传声音又可传图像的电视电话机即属于此类；由同步、执行和准备三部分构成一个智能多媒体终端前置机；由搜索、编解码和同步部分构成智能终端，如图 4-28 所示。

记一记：多媒体终端的特点

多媒体电话机是最基本的多媒体终端之一，为多媒体通信的终端设备。

CCITT（原国际电报电话咨询委员会）明确地定义了五种“媒体”，即感觉媒体、表示媒体、显示媒体、存储媒体和传输媒体等。

多媒体终端设备应具备以下几个特点。

（1）集成性：多媒体终端应至少具有可以实现两种以上媒体信息的输入/输出、加工处理、传输存储等功能。

（2）交互性：多媒体终端应能让使用者对信息处理的全过程进行完全有效的交互控制，如普通电话机不能对节目进行交互式加工处理控制，虽有声、像两种功能，但仍不算多媒体终端。

（3）同步性：能使文字、数据、声音、图形、图像等多媒体信息在时间域内和空间域内同步工作。

严格来说，同时具备集成性、交互性和同步性的终端才是真正的多媒体终端，否则就不是，至少不是一个完整的多媒体终端。

议一议：多媒体终端在通信网中的应用

多媒体终端是把文字、图形和音、视频信息综合在一起的装置。它是一个综合的工作平台，用户可按自己的意愿把不同媒体所提供的设备组合起来完成所需任务。多媒体终端可用于办公的任何地方。它为信息的展现提供了多种多样的形式。它可克服在诸如市场展现、产品介绍与生产、地点位置调节、电话直拨服务及遥远诊断等多种多样应用中的问题。

通信业务的多媒体化是未来通信的发展方向，目前受世界瞩目的“信息高速公路”的关键就是高速（宽带）大容量通信网、多媒体通信业务加上相应的管理技术，从而实现不受时间、地点约束，人与人之间均能进行文字、数据、声音、图形、图像等多媒体信息的传递。由于通信技术必须严格遵守各种协议和标准，加上高速大容量通信网限制，所以目前多媒体通信尚处于研究试验阶段。从各国的研究情况来看，初期多是为了提高服务质量、增加服务内容和使用方便等出现的随意性发展，如使声、像媒体结合，利用现有通信网的电视电话机、会议电视、交互视频点播系统，以及已有相当规模的国际计算机互联网等。

知识链接 5

数码录音电话机的功能、基本组成及其应用

看一看：几种常见数码录音电话机

几种常见数码录音电话机如图 4-29～图 4-32 所示。

图 4-29　YD-RP-V30 智能录音电话机

图 4-30　纽曼 HLZ-908-400 小时自动数字录音电话机

图 4-31　先锋 SD 卡录音电话机

图 4-32　西门子 C365 数码录音无绳电话机

记一记：数码录音电话机的定义、特点、分类和功能

1. 定义

数码录音电话机又称数字录音电话机，是指通过监测电话线路上的语音通信信号，并将这些信号（模拟的或数字的）转化为可以保存和回放的介质的一种技术或方法。

2. 特点

数码录音电话机具有存储容量时间长、携带方便等特点，适合长时间、多号码录音。

3. 分类

数码录音电话机目前可分为三种，即“留言”电话机，电话录音机和自动应答录音电话机。

早期的“留言”电话机采用盒式录音带，目前已推出采用集成电路存储语音的产品。其原理是录音时把语音信号转换成数字信息存储在随机存储器中，放音时将数字信息读出，经数模转换和放大后将声音信号送外线。其放音时间的长短与抽样速率及存储容量有关，一般可达 8s 以上。

电话录音机是电话机和磁带录音机的组合，使用时由人工操作录下双方讲话内容，当需要重放时按下放音键。“录音内容”可由磁带保存下来作为“档案”备查。

自动应答录音电话机是自动应答和自动录音相结合的电话机。其录音结束方式有两种：一种是定时（如一分钟）结束；另一种是自动识别对方停止讲话数秒后停录并自动挂机。

4. 基本功能

（1）支持 FSK 和 DTMF 等所有国家标准制式的来电显示。

（2）录音电话录制语音时长可达 10 小时以上，语音条数可达上千条。

（3）提供所有未接电话、已接电话、已拨电话等电话号码记录，以及通话日期时间的查询、删除功能。

（4）免提通话（1～2m 范围超清晰免提会议录音通话功能），自动重拨，分机接口与闪断功能。

（5）提供通话静音功能：用户在通话过程中可以通过按键将通话静音，并可以随时通过按键恢复正常通话及电话语音在线回放功能。

（6）可以支持录制多条对外留言提示音，以在不同时段播放不同的应答留言提示。

（7）具有适合各类交换机的忙音参数及忙音检测自动挂机功能。

（8）具有高精度时钟及自动充电功能，停电时的时钟及语音信息不丢失。

（9）具有全速 USB 接口，语音数据可以上传至计算机中进行保存和管理。

（10）具有放音密码和管理密码二级密码保护。

（11）在通话的过程中，用户可以随时通过按键来调整音量大小，且可以 20%～100%慢速调节语速，使得任何语音细节都能听得清清楚楚。

学一学：数码录音电话机的基本组成、简要原理

1. 磁带式自动应答型录音电话机

磁带式自动应答型录音电话机是在普通录音电话机的基础上发展起来的，只是增加了自动应答控制系统，其组成原理框图如图 4-33 所示。

磁带式自动应答型录音电话机既可作为自动应答电话机使用，又可作为普通电话机单机使用。当主人外出时，若有电话来访，它便自动接听电话，并自动放出主人离开之前录下的留言，自动把对方的语音记录在磁带上，达到规定记录的时间后，话机自动拆线，并处于再次接听电话的准备状态；当主人返回后，即可将接听的电话录音重放出来。

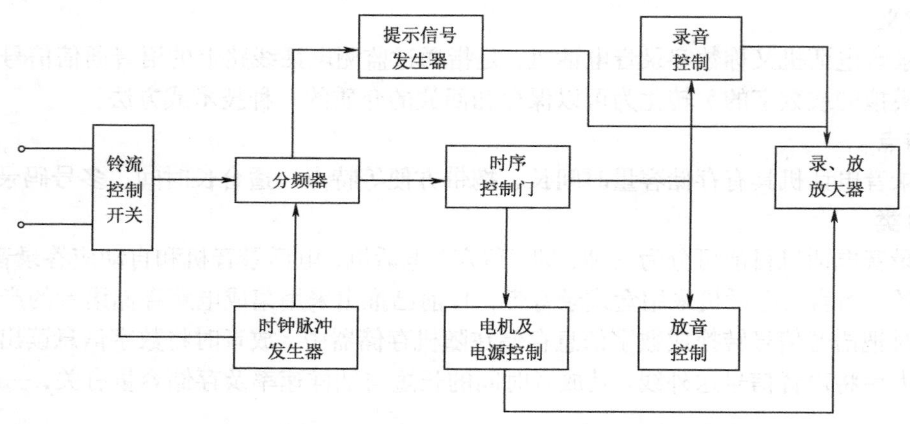

图 4-33　磁带式自动应答型录音电话机的组成原理框图

2. 语言存储式自动应答型录音电话机

使用磁带式自动应答型录音电话机时，必须配置制作精良的特制磁带，这给用户带来了一些不便。语言存储式自动应答型录音电话机用语音处理和动态存储单元电路来取代传统的磁带控制方式，具有结构简单、磁带利用率较高等优点，是目前最有发展前途的新型电话机。语言的存储，就是将语言信号先转换成相应变化的音频电流，然后经放大及模数转换，将连续变化的语音模拟信号变换成用“0”和“1”代码表示的二进制数字信号，最后将这些数字信号存入动态存储器中。语言存储式自动应答型录音电话机的基本原理如图 4-34 所示。

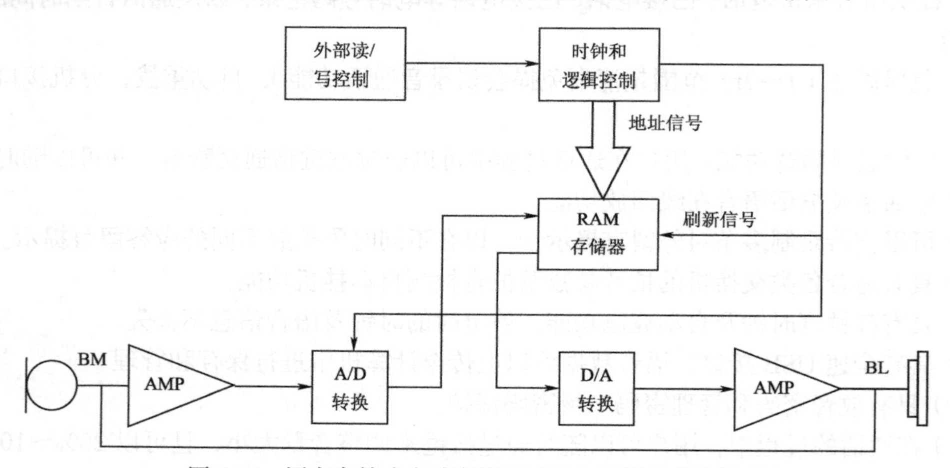

图 4-34　语言存储式自动应答型录音电话机的基本原理

语言处理技术的关键是如何将连续变化的模拟信号转变成为数字信号。常用的模数转换方法有两种：脉冲编码调制（PCM）和增量调制（ΔM），一般多采用脉冲编码调制。数字化以后的信号，被输入（写入）动态存储器的相应地址中保留。读出时，控制逻辑电路给动态存储器发一个指令信号，将动态存储器中保留下来的数字信号输入数模转换电路（D/A），将数字信号还原成模拟信号，经放大后由扬声器放出。

议一议：数码录音电话机的应用

数码录音电话机常用于：电力、铁路、民航调度录音；公安 110 或派出所接警录音；119

消防接警受理录音；医院120录音或专家挂号预约电话；政府信访处接听市民电话投诉录音；煤矿、油田调度行业及呼叫中心录音；银行各个分行的客服录音；电视台及新闻电话采访录音；证券、保险公司客服及回访电话录音；重大工程无人值守留言录音；物业管理值班业主客服电话录音；中小企业商务贸易电话和客服录音。

由于数码录音电话机没有磁带录音电话机常见的机械故障，但却有方便的遥控、留言、转发、监听、液晶显示等实用功能，录音性能和语音质量都很好，所以，它已逐步取代磁带录音电话机。目前，市场上常见的均为数码录音电话机，并且它也正逐步向多功能、智能化方向发展。

实训操作1：通信设备（电话机）的组装

本项目组装的电话机是K012型按键式电话机，它由拨号集成块HT9202D和振铃集成电路KA2411组成，外围元件少，制作简单。该电话机的电路设计和元器件选择经过无线电专业工程师鉴定认可，且有防雷、静音、重拨、抗干扰等优点。

看一看：K012型电话机的电路原理图

K012型电话机的电路原理图如图4-35所示。

认一认：压簧开关实物图

压簧开关如图4-36所示。

图4-36　压簧开关

记一记：压簧开关的作用

压簧开关又称叉簧开关，是一种金属接点组，靠听筒（手机）的重力通过搁叉传动作用控制压簧接点的开闭，因此也称为重力开关。

学一学：振铃电路线路板（MB_2板）的组装

目的：认识振铃电路线路板，会筛选振铃电路线路板上的元器件，能按照要求组装出振铃电路线路板。

重点：振铃电路线路板的组装。

相关知识点：

（1）振铃电路线路板；

（2）元器件的筛选；

（3）振铃电路线路板的组装。

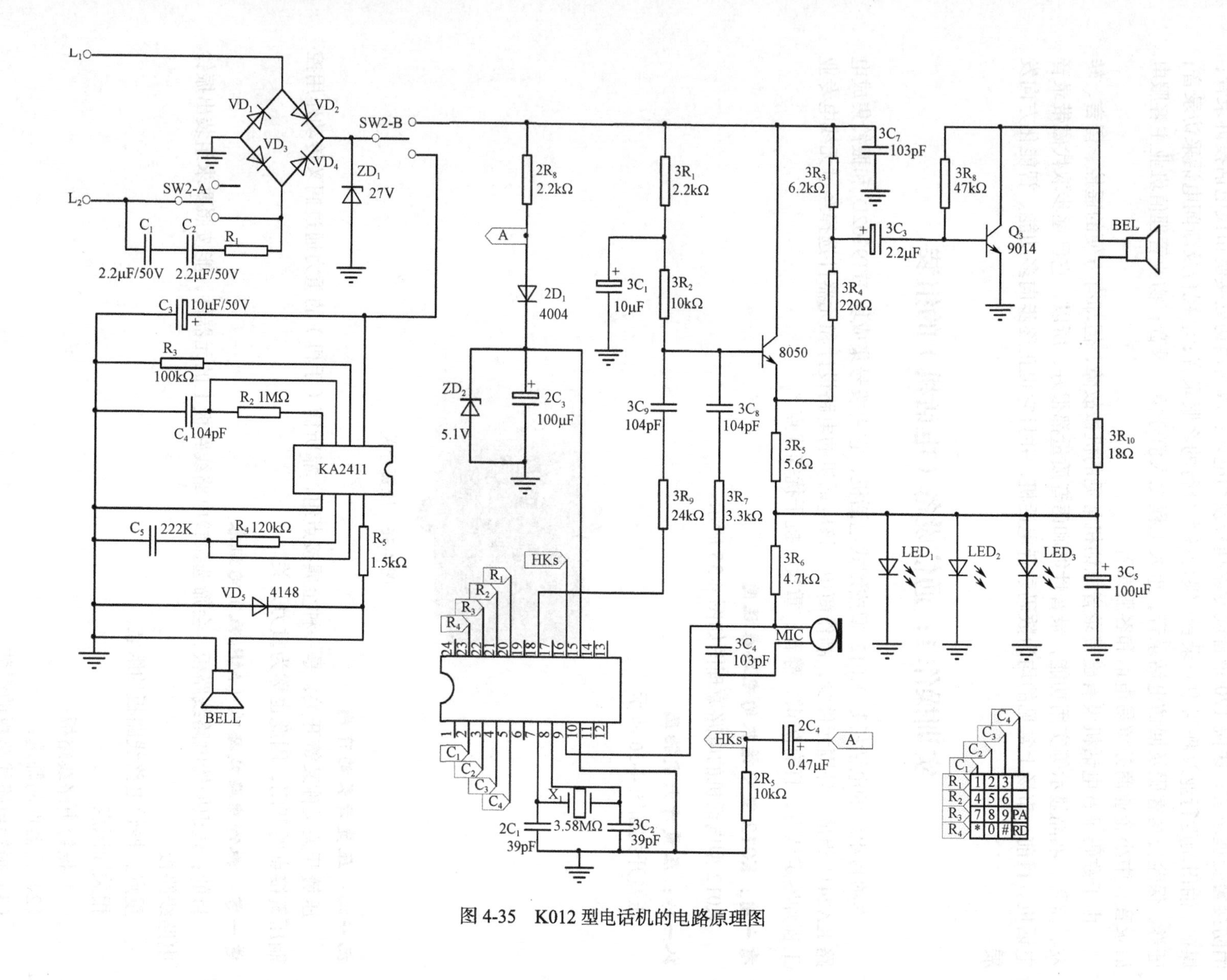

图 4-35 K012 型电话机的电路原理图

振铃电路又称收信电路，或呼叫器，用来接收交换机的铃流（铃流，90±15V，25Hz）呼叫信号，并发出铃声或音频呼叫信号，以提请主人接听电话。

K012型电话机中的振铃电路由振铃集成电路KA2411所构成。因交换机送来的是25Hz的交流电压，而所有集成电路都需要极性确定的直流电压才能正常工作，故必须首先把交流电压变成直流电压后，才能供给振铃电路。如图4-37所示为振铃电路方框图。

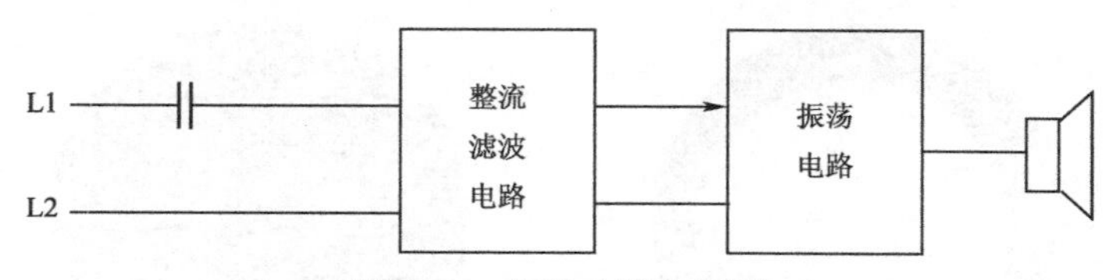

图4-37　振铃电路方框图

由振铃集成电路KA2411组成的振铃电路原理图如图4-38所示。振铃电路主要由滤波电路、双音调振荡电路、振铃器等组成。交流振荡电压经整流、滤波变成平滑的直流电压后，送到双音调振荡电路产生振荡信号，然后由功率输出电路交替输出两种不同频率的电压，用以驱动振铃器向外发出振铃声，以指示外线来电话。

一般的电话机的振荡频率 f_{H1} 和 f_{H2} 在400～4000Hz内选择，这样响铃时不会吓人一跳。

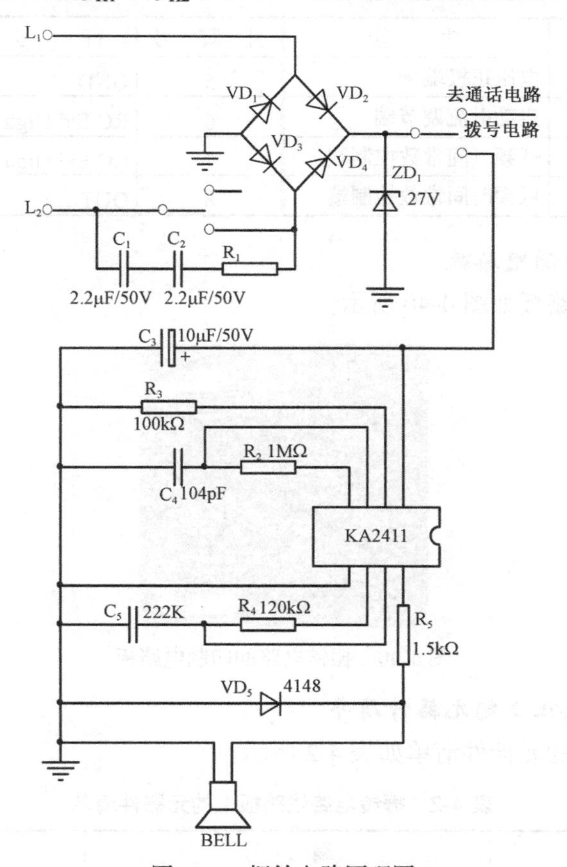

图4-38　振铃电路原理图

振铃电路印制电路板上的电路主要包括振铃电路和极性保护电路两大部分。图4-38中，C_1、C_2，R_1 组成铃流输入电路，其中 C_1、C_2 为隔直电容器，R_1 为限流电阻器；VD_1～VD_4 组成桥式整流电路；C_3 为交流滤波电路；ZD_1 是限压二极管，其作用是将铃流信号变换为稳定的直流信号；R_3 是振铃触发电平控制电阻器；R_2、C_4 与 KA2411 的 3 脚、4 脚组成低频振荡器，振荡频率 f_L 由 R_2、C_4 的取值决定；R_4、C_5 与 KA2411 的 6 脚、7 脚组成双音调振荡器，振荡频率 f_{H1} 和 f_{H2} 由 R_4、C_5 控制；音频信号经 KA2411 的 8 脚输出；R_5 是限流电阻器。K012 型电话机的振铃器为图 4-39 所示的蜂鸣片。

图 4-39　蜂鸣片

记一记：振铃集成电路 KA2411 的各引脚功能

表 4-1　振铃集成电路 KA2411 的各引脚功能

引 脚 号	符　　号	功　　能	引 脚 号	符　　号	功　　能
1	V_{CC}	电压正极端	5	GND	接地端
2	RSL	启动电流调节端	6	RC Exi High	高频时间常数控制端
3	RC Ext Low	低频时间常数控制端	7	RC Exi High	高频时间常数控制端
4	RC Ext Low	低频时间常数控制端	8	OUT	振铃信号输出端

认一认：振铃电路的印制电路板

振铃电路的印制电路板如图 4-40 所示。

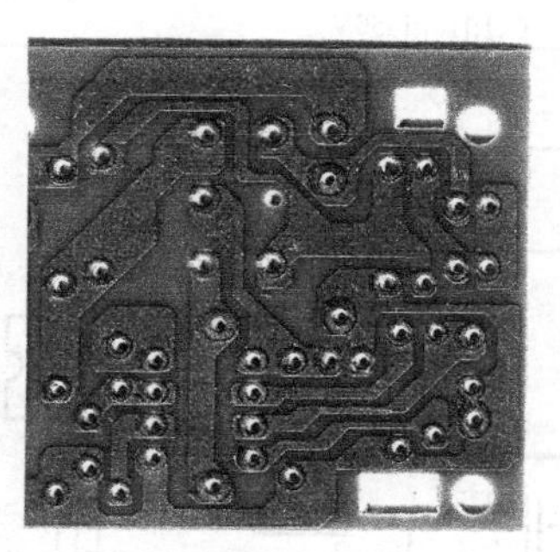

图 4-40　振铃电路的印制电路板

记一记：振铃电路线路板上的元器件清单

振铃电路线路板上的元器件清单如表 4-2 所示。

表 4-2　振铃电路线路板上的元器件清单

名　　称	编　　号	数　　量
集成块		
KA2411	U_1	1
二极管		

续表

名　称	编　号	数　量
1N4004	VD_1、VD_2、VD_3、VD_4	4
1N4148	VD_5	1
稳压管		
27V	ZD_1	1
电阻		1
2.2kΩ	R_1	1
1MΩ	R_2	1
100kΩ	R_3	1
120kΩ	R_4	1
1.5kΩ	R_5	1
瓷片电容		
104pF	C_4	1
涤纶电容		
222K	C_5	1
电解电容		
50V、2.2μF	C_1、C_2	2
50V、10μF	C_3	1
螺钉		
4mm×6mm		2
收线开关	H00K	1

做一做：完成振铃电路线路板的组装

1. 清点元器件数量、筛选元器件

每名同学对照元器件清单完成以下内容。

1）电阻元件的测试

要求：用色环表示法判断电阻值并用万用表测试电阻值，二者对照。

2）二极管的测试

要求：用万用表判断二极管的极性并检测二极管质量的好坏。

3）电容器的测试

要求：用万用表检测电容器的质量并从外观判断电解电容的极性。

2. 振铃电路线路板的组装

在组装振铃电路线路板时要按以下的要求进行：

（1）按电路原理图和印制电路图进行组装；

（2）焊接元器件时尽量要贴板焊，否则没法组装成电话机成机；

（3）元器件安装排列要整齐，美观；

（4）焊接时不能有虚焊、漏焊、错焊、连焊。

学一学：拨号电路与通话电路线路板（MB_1板）的组装

目的：认识拨号电路与通话电路线路板，会筛选拨号电路与通话电路线路板上的元器件，能按照要求组装出拨号电路与通话电路。

重点：拨号电路与通话电路的组装。

相关知识点：

（1）拨号电路与通话电路；

（2）元器件的筛选；

（3）拨号电路与通话电路的组装。

拨号电路与通话电路的电路原理图如图 4-41 所示。

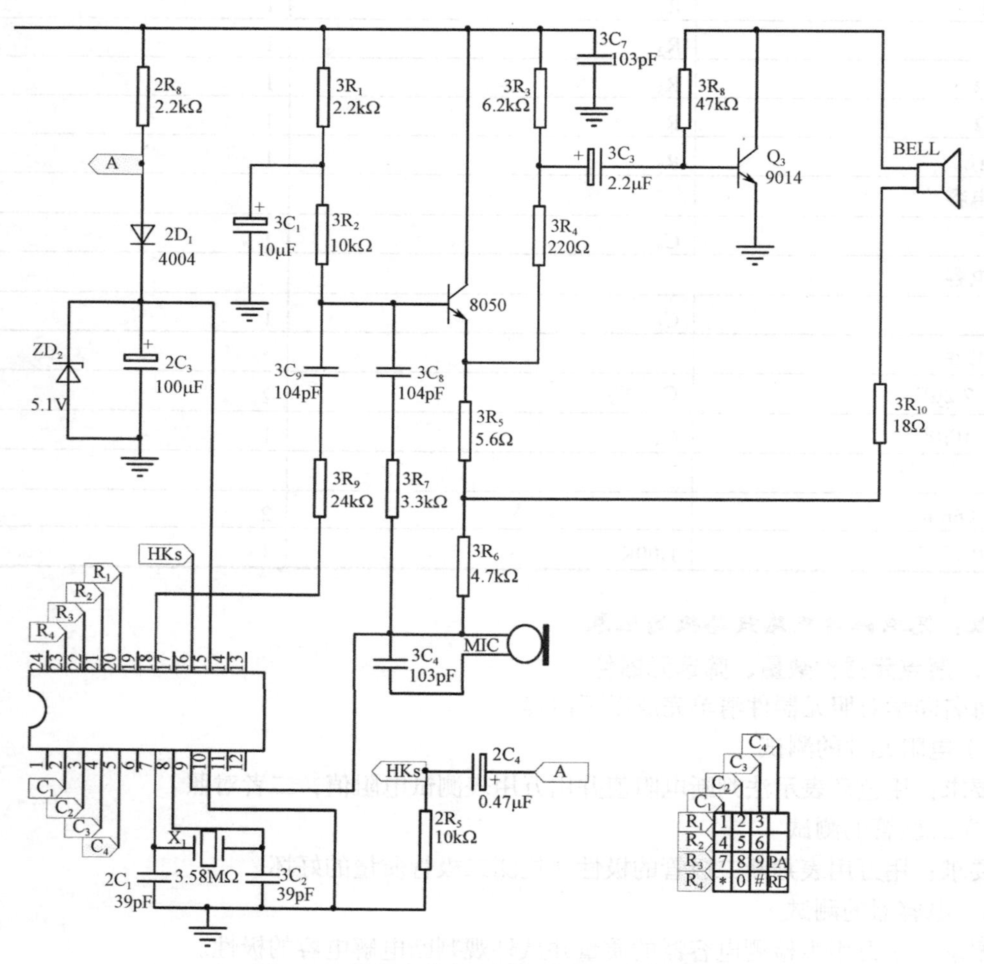

图 4-41 拨号电路与通话电路的电路原理图

双音频拨号电路：双音频拨号又称 DTFM 拨号，该电路主要由启动电路、电子开关和开关控制电路、双音频放大器、电流电路、双音频拨号集成块和键盘组成。

通话电路：通话电路主要完成对接收和发送的电信号的放大，提高设备的信噪比。通话电路由受话电路、送话电路和消侧音电路组成。受话电路把对方打来的电话放大后，通过电声元件转换成声音。送话电路把发话人的语言转换成电信号，经放大后送到外线上。消侧音电路把受话电路、送话电路和外线三者有机地连接在一起。

看一看：拨号电路与通话电路的印制电路板

拨号电路与通话电路的印制电路板如图4-42所示。

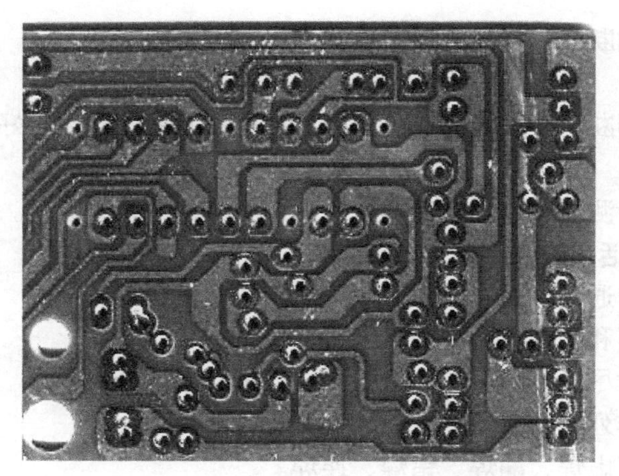

图4-42 拨号电路与通话电路的印制电路板

记一记：拨号电路与通话电路线路板上的元器件清单

拨号电路与通话电路线路板上的元器件清单如表4-3所示。

表4-3 拨号电路与通话电路线路板上的元器件清单

名　称	编　号	数　量	名　称	编　号	数　量
集成块			27kΩ	$3R_9$	1
HT9202B		1	33kΩ	$3R_8$	1
三极管			3.9kΩ	$3R_3$	1
8050	Q_2	1	4.7kΩ	$3R_6$、$3R_7$	2
9014	Q_3	1	5.6Ω	$3R_5$	1
二极管			瓷片电容		
IN4148	$2D_1$	1	39pF	$2C_1$、$2C_2$	2
稳压管			103pF	$3C_7$	1
5.1V	Z_2	1	104pF	$3C_8$、$3C_9$	2
晶振			222pF	$3C_4$	1
3.85MHz	X_1	1	电解电容		
电阻			50V、10μF	$3C_1$	1
10kΩ	$3R_2$	1	10V、100μF	$2C_3$、$3C_5$	2
100kΩ	$2R_5$	1	50V、2.2μF	$3C_3$	1
18Ω	$3R_{10}$	1	50V、0.47μF	$2C_4$	1
220Ω	$3R_4$	1	螺钉	4mm×6mm	1
2.2kΩ	$2R_8$、$3R_1$	3			

做一做：完成拨号电路与通话电路线路板的组装

1. 清点元器件数量、筛选元器件

每名同学对照元器件清单完成以下内容。

1）电阻元件的测试

要求：用色环表示法判断电阻值并用万用表测试电阻值，二者对照。

2）二极管的测试

要求：用万用表判断二极管的极性并检测二极管质量的好坏。

3）三极管的测试

要求：用万用表判断出三极管的三个电极，并检测三极管质量的好坏。

4）电容器的测试

要求：用万用表检测电容器的质量并从外观判断电解电容的极性。

2. 拨号电路与通话电路线路板的组装

在组装拨号电路与通话电路线路板时要按以下的要求进行：

（1）按电路原理图和印制电路图进行组装；

（2）焊接元器件时尽量要贴板焊，否则没法组装成电话机成机；

（3）元器件安装排列要整齐，美观；

（4）焊接时不能有虚焊、漏焊、错焊、连焊。

学一学：键盘按键板（KB板）的组装

目的：认识键盘按键板，能按照要求组装出键盘按键板。

重点：键盘按键板的组装。

相关知识点：

（1）键盘按键板；

（2）键盘按键板的组装。

看一看：键盘按键的印制电路板

键盘按键的印制电路板如图4-43所示。

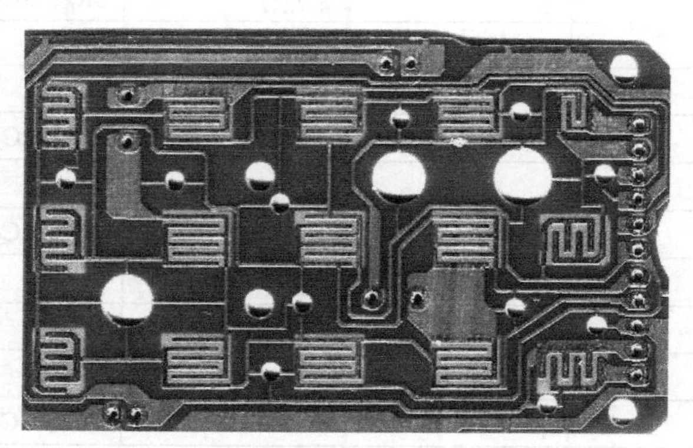

图4-43　键盘按键的印制电路板

做一做：键盘按键板的组装

在组装键盘按键板时要按以下的要求进行：

（1）将发光二极管按要求焊接好，注意对其质量的检测，确保它的极性不能接反，同时注意它的引脚整形与连接；

（2）连接好排线，因为排线比较细，焊点比较密，所以在连接时注意不要折断，不要产生虚焊、开焊或把焊点短路。

学一学：K012 型电话机整机的组装

目的：了解电话机的实体结构，能组装出电话机。

重点：电话机的组装。

相关知识点：

（1）座机的组装；

（2）手柄的组装。

做一做：K012 型电话机整机的组装

1. 座机的组装

按下列要求组装座机：

（1）连接蜂鸣器；

（2）将电话线连接好；

（3）连接好外线插座；

（4）将振铃电路线路板固定在座机底座上；

（5）将座机底与面合上，并上好螺钉固定。

2. 手柄的组装

按下列要求组装手柄：

（1）连接好送话器和受话器；

（2）用排线将拨号电路与通话电路线路板、键盘按键板连接好；

（3）将字码按顺序安装好，并把导电胶片上好；

（4）将键盘按键板固定在手柄上；

（5）将黑色的单面胶片贴在键盘按键板上，以免与拨号电路、通话电路线路板发生碰线；

（6）固定好手柄并加黑色加重铁；

（7）将手柄的面和盖合上，并上好螺钉。

学一学：电话机的调试、故障分析与排除

目的：会调试电话机，能分析排除电话机的常见故障。

重点：调试电话机。

相关知识点：

（1）电话机的调试；

（2）故障分析与排除。

做一做：调试过程

电话机安装完成，检查无误后接通电话线路，进行如下调试：

（1）摘机时，发光二极管亮，并能听到拨号音；

（2）拨号时，能听到拨号音；拨完号后，会听到回铃音；

（3）对方拨叫本话机时，会听到响铃；

（4）在听到响铃时摘机，或对方听到响铃时摘机，双方可正常通话。

学一学：典型故障现象的分类及发生部位

（1）拨号电路的典型故障：不能拨号；能拨号但拨号无效；拨错号；部分号码不能拨号。其故障部位可能是叉簧开关极性转换电路、拨号开关电路、拨号集成电路、键盘电路等。

（2）振铃电路的典型故障：无振铃；振铃时断时续；铃声异常；铃响一声即挂。其故障部位可能是叉簧开关、整流电路、极性转换电路、振铃发生电路、拨号开关电路、电路板（漏电、断裂）等。

（3）通话电路的典型故障：无受话与送话；无受话；无送话；无免提扬声；杂音大或变音。其故障部位可能是供电电路、通话电路、通话集成电路、免提集成电路、手柄、开关元件等。

做一做：故障分析与排除

如果在焊接、调试过程中，出现不正常的现象，请按表4-4所示的格式，对故障现象、原因及排除方式进行记录。

表4-4　故障分析与排除

故障现象	
故障原因	
故障排除	

记一记：安全措施

（1）注意安全用电，防止仪器设备损坏和触电事故发生。

（2）严格按照操作规定使用实训工具和设备，严格按照操作要求进行通电测试。

（3）安全使用电烙铁，避免发生烫伤事故。

（4）在焊接电话机线路板时，要仔细认真，不要反复高温热烫线路板，否则极易损坏线路板。

（5）排线较脆弱，不要反复弯折，否则容易断裂。

（6）受话器上的细铜丝容易断裂，注意不要损坏（损坏后很难修复）。

（7）集成块容易损坏，因此在安装时应注意其引脚安装方向的正确性。

K012型按键式电话机的元器件清单如表4-5所示。

表4-5　K012型按键式电话机的元器件清单

名　称	编　号	数　量	名　称	编　号	数　量
线路板	MB_1	1	晶振		
	MB_2	1	3.85MHz	X_1	1
	KB	1	排线		
集成块		1	3mm×3mm	MB_1板到KB板	1
HT9202B		1	发光管	KB板上的VD_1、VD_2	2
KA2411	U_1	1	收线开关	H00K	1

续表

名　称	编　号	数　量	名　称	编　号	数　量
三极管			外线插座	R+、T−	1
8050	Q_2	1	跨线	KB 板上 J_1、J_2	2
9014	Q_3	1	连接线		
二极管			50mm 黑	M−	1
1N4004	VD_1、VD_2、VD_3、VD_4	4	50mm 红	M+	1
1N4148	$2D_1$、VD_5	2	60mm 红	B+	1
稳压管			60mm 黑	B−	1
27V	ZD_1	1	80mm 黑	R−	1
5.1V	Z_2	1	80mm 红	R+	1
电阻			座机底		1
10kΩ	$3R_2$	1	座机面		1
100kΩ	R_3 [MB_2]、$2R_5$	2	手柄面		1
1MΩ	R_2	1	手柄盖		1
120kΩ	R_4 [MB_2]	1	字码		1 套
18Ω	$3R_{10}$	1	手柄盖装饰件		1
220Ω	$3R_4$	1	手柄压片		1
2.2kΩ	R_1、$2R_8$、$3R_1$	3	收线钮		1
27kΩ	$3R_9$	1	导电胶 15 点		1
33kΩ	$3R_8$	1	手柄加重铁		1
3.9kΩ	$3R_3$	1	螺钉		
4.7kΩ	$3R_6$、$3R_7$	2	5mm×6mm	KB	6
5.6Ω	$3R_5$	1	4mm×6mm	MB_2	2
1.5kΩ	R_5 [MB_2]	1	4mm×6mm	MB_1	1
瓷片电容			4mm×8mm	手柄合盖	2
39pF	$2C_1$、$2C_2$	2	5mm×8mm	座机合盖	4
103pF	$3C_7$	1	8mm×6mm	加重铁 喇叭	3
104pF	$3C_8$、$3C_9$、C_4	3	海绵脚垫	ϕ10mm×3mm	4
222pF	$3C_4$	1	海绵圆密圈		1
涤纶电容			黑色单面胶	垫于 KB 板下	1
222K	C_5 MB_2	1	海绵垫	垫于咪头下	1
电解电容			送话器	手柄咪头	1
50V、10μF	$3C_1$、C_3[MB_2]	2	扬声器	RBC	1
10V、100μF	$2C_3$、$3C_5$	2	蜂鸣片		1
50V、2.2μF	C_1、C_2、[MB_2]$3C_3$	3	电话直线		1
50V、0.47μF	$2C_4$	1	2 芯电话绳线	T. R 连接	1

实训操作2：通信设备（电话机）的性能指标及检测

学一学：电话机的质量技术指标

电话机作为传递信息的重要工具，一定要保证其能可靠、安全、准确、迅速、清晰地传送语音并提供多功能服务项目。为此，从事电话机产品技术工作和专业维修的人员应全面掌握电话机的质量技术指标。

电话机的质量技术指标在我国国家标准中已给出，给出的指标能满足传输网络的要求，确保通信质量。

1. 参考当量

电话机发送、接收及侧音参考当量如表4-6所示。

表4-6 电话机发送、接收及侧音参考当量

参考当量	用户线长度		
	0km	3km	5km
客观发送参考当量	≥−3dB	≤+15dB	≤+15dB
客观接收参考当量	≥−5dB	≤+2dB	≤+2dB
客观侧音参考当量	≥+3dB	≥+10dB	≥+10dB

2. 频率响应

发送频率响应曲线、接收频率响应曲线，要求它们在300～3400Hz范围内，产品方合格。

3. 发送振幅特性

激励电压由−10dB增加到0dB时，当量表上的读数差值 $|ZF_1|$≥9dB。

激励电压由0dB增加到+10dB时，当量表上的读数差值 $|ZF_2|$≥7dB。

4. 非线性失真

发送非线性失真≤7%（0km，3km，5km）。

接线非线性失真≤7%（0km，3km，5km）。

5. 通话状态阻抗

通话状态阻抗在300～3400Hz范围内；稳定平衡回损≥9dB；回声平衡回损≥11dB。

6. 脉冲信号

脉冲速率：$10\pm1s^{-1}$。

脉冲断续比：（1.6±0.2）：1。

脉冲串间隔≥500ms。

7. 双音频信号

按键盘的频率组合如表4-7所示。频偏应不超过±1.5%。

表4-7 按键盘的频率组合

高频群（Hz） / 数字 / 低频群（Hz）		C_1 1209	C_2 1336	C_3 1477	C_4 1633
R_1	697	1	2	3	M_1
R_2	770	4	5	6	M_2
R_3	852	7	8	9	M_3
R_4	941	*	0	#	M_4

双音频信号电平

低频群：−9dBm±3dB；

高频群：−7dBm±3dB；

高、低频电平差：2dBm±1dB。

语音抑制≥60dB。

8. 直流特性

摘机直流电阻≤350Ω。

挂机漏电流≤5μA。

9. 收铃特性

功率灵敏度≤80mV · A。

声级≥70dB（A）。

10. 安全性

绝缘电阻≥50MΩ。

抗击穿：在正常大气条件下，电话机承受频率为 50Hz，有效值为 500V 的正弦交流电压 1min，应无飞弧和击穿现象。

11. 寿命

电话机经 50 万次按键寿命实验后，应工作正常。

电话机经 20 万次叉簧寿命实验后，应工作正常。

12. 可靠性

平均无故障工作时间≥3000h。

记一记：电话机的性能指标

通常电话机的性能包含三个方面：逼真度、清晰度和响度。

逼真度反映电话通话的舒适程度和真实性。其实验步骤是：首先用户在现场进行通话试验，然后根据预先提出的要求或尺度做出定量的评估，最后通过对频率响应曲线的分析，判断其效果。

清晰度是对通话声音清晰程度的辨别。由不同的元音、辅音组成的音节、单词或句子经过电话机听到的正确音的百分数就是清晰度。影响清晰度的主要因素为频响、非线性失真、杂音等。在现代电话机设计中都可获得满意的结果。

电话系统的响度与其发送、接收灵敏度所用频率特性有密切关系，它是电话机传输质量的重要电声指标。尤其是在清晰度比较容易达到的情况下，对响度的要求更突出。

参考当量是一个主观感觉量，用来衡量一个电话系统的响度。参考当量的单位为分贝（dB）。参考当量由专门测试人员对被测电话系统与标准电话系统进行比较后得出。人们把被测电话的发送响度与标准系统发送响度比较的结果叫做发送参考当量。

如果一个被测系统比标准系统响，则其 dB 数为负值；反之，dB 数为正值。两者响度差别越大，则测出的 dB 数绝对值越大，如果两者一样响则测出的数为 0dB。上述测试方法叫做主观测试方法，其测试过程非常复杂，不实用。为此人们制造出一种专门的仪器来测试电话系统的参考当量，这就是电话电声测试仪。用这种仪表测试出的值为客观参考当量值，它与主观测试出的参考当量基本一致。1984 年，人们开始采用响度评定值（LR）来表征完整电话连接或其组成部分响度性能的度量，用分贝表示测量结果。

做一做：电话机质量的一般检测

作为生产质量控制或一般性质量检查，常采用最简单的方法——电话机检测仪，它可以定量地测试电话机的发号脉冲断续比、脉冲速率和脉冲数，还可以定性地检测振铃器、送、受话器的基本特性。YDC-988-2 型多功能电话机检测仪的外形图片及其内部结构如图 4-44 所示。

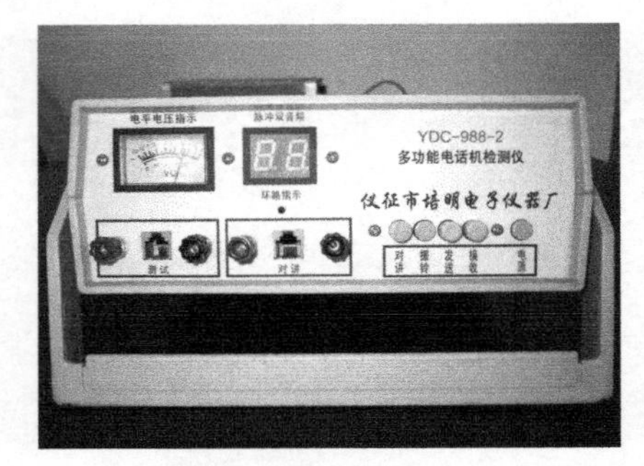

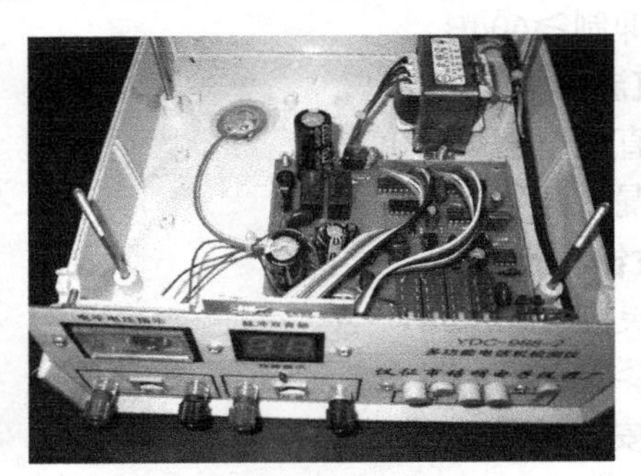

图 4-44　YDC-988-2 型多功能电话机检测仪的外形图片及其内部结构

1. 仪器的主要功能

YDC-988-2 型多功能电话机检测仪是以进口集成电路为核心，专为各种电话机、子母机、传真机等电话通信设备的制造、销售、维修而设计的综合测试仪器，可对通信设备进行准确、快捷、简便的测试。该仪器集成化程度高，功能多，可靠性高、使用简便，广泛适用于邮电、通信设备制造商、电话机销售维修中心等部门；也可用于单位或家庭作为内部对话使用。该仪器结构紧凑合理，体积中，操作简便，使用安全可靠。其主要功能如下：

（1）脉冲式/双音多频式电话机拨号测试；

（2）脉冲/双音多频电话机混合自动切换测试；

（3）电平表指示发话/拨号信号的总电平；

（4）提供忙音或拨号音进行接收测试；

（5）发送测试；

（6）振铃测试；

（7）对讲测试；

（8）内部传呼对讲。

2. 仪器的技术规格

（1）电话机馈电电压：48V±5%的直流电，内置 3KM 仿真线，用来模拟 0.5mm 芯线纸包绝缘电缆。

（2）脉冲拨号测试：脉冲拨号间隔时间≥150ms；脉冲有十个号码（1、2、3、4、5、6、7、8、9、0）。

（3）双音多频拨号测试：标准频率组合为 2Hz±1.5%，共 16 个码；可接收总电平范围为 −20～0dBm。可接收信号持续时间最小为 40ms；可接收信号间隔时间最小为 40ms。

（4）振铃测试：振铃信号强度为交流 75V，频率 50Hz；电表指示振铃电压值；振铃信号形式为连续。

（5）发送测试：电平表指示发送强度，满刻度为 0dB±1dBm，特性阻抗为 600Ω。

（6）接收测试：提供拨号音为 450Hz 正弦波；强度为 15dBm±1dBm；形式为连续输出拨号音。

（7）双向传呼对讲测试：可接辅助电话机对讲，模拟通话状态，并有双向振铃功能。

（8）报警系统：环路指示灯指示环路断续状态；开关指示电源通断状态；电表指示馈电电压。

（9）工作条件：环境温度为0～+40℃；相对湿度为90%。

3. 实际操作

（1）该仪器的供电电源：使用AC220V，50/60Hz交流电源，单相二线插头。

（2）开机检查：接通电源，开电源开关，电源指示灯亮，即可进入测试状态；在未接通电话机时，环路状态指示灯熄灭。

（3）发号测试：①把被测试电话机的两条引线接在“测试”连接柱上，按下“发送”或“接收”键；②取机，环路指示灯应亮，按下要测试的号码键发号，则脉冲数码管显示出相应号码。

若电话机为脉冲发号，则脉冲数码显示出相应的号码；若电话机为双音频发号，则双音频数码管显示出相应的号码，如下所示。

数　码	1	2	3	4	5	6	7	8	9	0	*	#
显　示	1	2	3	4	5	6	7	8	9	[	]	□

（4）振铃测试：把被测试电话机的两条引线接在“测试”连接柱上，挂机，按下“振铃”功能键，此时电话机发出连续的振铃声，电平表指示振铃电压，若“对讲”接线柱有电话机，则也有铃声。

（5）送话测试：①把被测试电话机的两条引线接在“测试”连接柱上，按下“发送”功能键；②取机，对电话机送话器加送话声激励信号，电平表即指示送话信号强度。

（6）受话测试：①把被测试电话机的两条引线接在“测试”连接柱上，按下“接收”功能键；②取机，电话机测试仪送出50Hz拨号信号到电话机，可由话机受话器监听其效果。

（7）双向传呼对讲测试及使用：把被测试电话机的两条引线接在“测试”连接柱上，再在“对讲”接线柱上接上对讲电话机（拨号电话坏的也可以，只要振铃与通话电路正常就行），若主机（接“测试”接线柱电话机）要呼叫辅机（接“对讲”接线柱电话机），则按下“振铃”功能键，这时两部电话机同时通话；平时把“对讲”功能键按下，若辅机要呼叫主机，则摘机，此时主机就有铃声，取机通话即可。以上操作既可用于模拟对讲，也可用于判断语言是否失真。

实训操作3：通信设备（电话机）的常见故障排除

学一学：

电话机的检修方法：对于有故障的电话机，首先应排除因使用不当所导致的假故障。例如，拨号无效可能是拨号方式开关（P/T）置于脉冲拨号方式，而本地电话交换机采用的是双音频拨号方式。若已确定电话机有故障，在具体动手检修之前，应根据电话机各部分的作用、相互联系及工作过程，结合故障现象尽量缩小故障范围。

1. 对故障的检测方法（犹如医生看病，可归纳为望、闻、切、问）

望：即观察有无脱线、电路板铜皮开裂、电解电容漏液、元件有烧焦的痕迹、元器件锈蚀、焊点之间因积满受潮的灰尘或焊锡渣而短路的现象。

闻：即通电后闻一下是否有烧焦等异味。

切：即用手去感受元器件的状态，如轻轻摇动元器件，判断其是否脱焊松动，接插件、电位器是否接触不良，元器件是否过热等。

问：即向用户询问有关情况，有助于找到故障原因，如询问电话机出故障时有无雷电，使用环境是否特别潮湿或灰尘较大，以前的维修史等。

2. 更具体的检测方法

1）直观检法

直观检法即利用人的感觉器官对有关元器件的外表进行检查。

此法对检修一般性故障而言十分简单有效。通过直观检查，可发现诸如断线、元器件烧焦、元器件锈蚀、电解电容漏液或冒顶、元器件松动、通电后冒烟、打火等异常现象。

2）清洁检查法

清洁检查法即清扫电话机内灰尘，必要时用无水酒精清洗，再用吹风机烘干。

此法对因使用环境灰尘大或空气潮湿，开关、接插件、电位器等接触不良所导致的故障有效。特别是一些奇怪的软故障，它们往往是由于积尘受潮后在焊点之间不规则地接入一些电阻所引起的，清洁后即可使故障排除。

3）直流电压测量法

此法为检修中使用最多的方法。通过检测集成电路各引脚及三极管各引脚对地的电压，看它们是否和正常值相差比较大，若差异明显，则检查相应的外围元器件和直流通路，这样做往往便能找到问题的结症。若外围元器件和直流通路正常，则一般是集成电路或三极管本身的问题。

4）直流电流检测法

直流电流检测法即通过测量整机或部分电路的电流，与正常值相比较，看是否差异明显。该法对于有元器件短路（特别是负载短路）或开路（特别是供电通路断开）的故障十分有效。

5）电阻测量法

电阻测量法即用万用表的欧姆挡测量各元器件，由此可判断元器件的好坏。该法也是检修中使用最多的方法之一。

通过电阻测量法可检查元器件的开路、短路、参数变值等故障。开关、接插件、电位器接触是否良好的检查也宜采用此法。

3. 另外一些检测方法

1）替换法

有的元件用万用表测电阻时判断为正常，但实际却是不合格的，这主要是因为检测时的工作状态与实际工作状态不同，或者是因为检测条件所限，有些不合格的参数并未检测出来，此时用替换法可排除故障。

2）整机对比测试法

找一台同型号的无故障电话机，检测相关参数后与故障机进行对比，即可发现故障所在部位。此法特别适合于无维修资料的情况。

3）加温检查法

对于摘机一段时间后才能正常工作或出现故障的情况，表明有元件的热稳定性不好。此时可用烙铁靠近可疑的元器件，加速温度变化，当加热到某元器件时故障消失或出现，则说明该元器件有问题。

4）冷却检查法

该法与加温检查法异曲同工，可用于判断热稳定性不好的元器件。其具体做法是通电工作一段时间后，用镊子夹住蘸有酒精的棉球，对可疑元器件逐个进行冷却散热，直到故障消失或出现为止。

5）敲击法

若元器件有虚焊现象，则通过敲击可使电话机的工作状态由正常转为异常或者由异常转为正常。因此，采用敲击法可判断有否虚焊现象，若有虚焊，可对相关元器件进行重新焊接。

6）信号注入法

根据各部分电路的前后连接关系，可逐级注入信号，看最终的输出或各部分电路输出有无反应，即可迅速判断出故障部位。注入的信号可采用信号源的输出信号或人体的感应信号。具体操作方法是手握镊子碰触各部分电路的输入端。

在实际维修过程中，要根据具体情况选择不同的方法，甚至要综合利用各个方法才能确诊和排除故障。

记一记：电话机常用部件的检修

电话机的常用部件有手柄、机壳、按键盘、叉簧开关、话机绳和螺旋绳等。按键式电话机多采用新型电子器件，其机械部件很少，因此一般无须定期检查，但平时应注意清洁保养，可以用潮湿的软布擦拭电话机表面，但禁止用酒精等有机溶剂，防止电话机表面失去光泽或机壳印字脱落等。

1．叉簧开关的检修

叉簧开关是电话机的“咽喉”，一旦卡死就打不通了。叉簧片应平直整齐，有跟着力；簧片间的绝缘应良好；其接点要对正，接点闭合时压力≥0.2N，接点分开时的间距≥0.3mm；应定期清洁接点，可用橡皮或软布沾牙膏擦拭干净；叉簧压板应动作灵活，应保持活动部件清洁；国标规定叉簧开关的寿命＞20 万次，使用时不要用强力猛按或用手柄硬砸，以免缩短其使用寿命。

2．手柄的检修

手柄又称听筒，是电话机的重要组成部分。它是装受、送话器的地方，是电声和声电转换部件。手柄与用户接触频繁，且受外力振动，因此使用它时应注意防振、防腐蚀，抗老化等。手柄的设计尺寸和外形与人头的最佳相对位置有关，以便获得最佳声耦合和最大信噪比。

国家规定手柄含送、受话器的重量与叉簧开关启动压力的比应大于 1.5：1。正、反向任意挂机均应保证可靠地切断通话回路。手柄外表应光滑无划痕，无损伤及缝纹等。使用时要轻拿轻放，不要用力摇振，防止摔落；应定期清洁，特别是耳承与口承处，要用细软布沾牙膏擦拭，用镊子取出听说孔中的污垢，防止污物堵塞小孔影响通话效果。若不慎摔落手柄，要细心检查送、受话器是否脱落，有无裂痕，音量是否变化异常，以判断送、受话功能的好坏。

3．按键盘的检修

应检修按键盘中的导电橡胶是否老化，以及按键盘的印制电路板是否氧化，若确有氧化可用酒精清洗除去氧化物及接点间的污物，并在 60℃环境中烘干。若用力压按数码键才能发号，应检查该键是否灵活，印制电路板有无断线，若键孔壁有污垢，则键盘动作也会不灵活，可清洗按键盘。若是断线，应重新焊好并将焊剂清洗干净，防止焊锡碎粒短路印制电路板。还应检查按键盘连线是否完好可靠，若发现问题应及时修理。使用按键时不要用力过猛，以免按键压下失去弹性不能弹起而造成常通键现象。

4. 机壳的维护

机壳包括机座和罩壳两部分。机座主要用于安装电路板、振铃器、叉簧支架等较重的部件。罩壳除了保护电话机内部器件外，主要用于安装按键号盘、蜂鸣器、叉簧开关滑块和搁放手柄。造型高雅美观的艺术电话已成为当今时尚，更应注意其防尘、防晒、防潮，避开电磁干扰。最好把电话放置在远离热源和电器产品的地方，有条件的要加罩布。应定期用软布沾牙膏擦拭机壳，但禁止使用有机溶剂擦拭，以免腐蚀；且勿用水冲洗，以免内部短路；使用时间久，灰尘较多时，用家具蜡等将其揩擦光亮即可。

5. 电话机绳和螺旋绳的维护

电话机绳是指接线绳，即电话机与电话局之间的电话线。它有长线与短线之分。现有两种新型结构：一种是两端均是二芯活动插头，便于插拔；另一种是一端为二芯活动插头，另一端为Y型接线脚，可根据需要选购，使用时应注意，其活动插头要插实插牢，不要经常插拔以免失去弹性，造成接触不良。

螺旋绳是指耳机绳（或称弹簧绳），螺旋绳连接通话与手柄的送、受话器，其绳内一般为4芯线。它与手柄一样是受力较大的部件之一。目前螺旋绳一般采用多芯多股绞合线，其外表套上保护塑料。它通常具备以下性能指标：

（1）经受10万次弯曲（折角为90°），导电芯线应无裂断现象；

（2）芯线能够承受6kg以上物体的重力而不断裂；

（3）每米的绝缘电阻不低于100MΩ；

（4）具有防水、防潮、防腐蚀性能和良好的温度特性；

（5）具有较好的弹性和耐磨性；

（6）在螺旋绳两端有加固护套和金属张力勾片或卡环，钩住手柄和底座，以保证受外力作用时不脱线。

尽管螺旋绳有良好的弹性，但使用时也不能无限度地反复拉伸，一旦拉力超过极限值，会造成其永久性的破坏。电话机使用一段时间，螺旋绳的螺旋形变小或有折叠时，应将手柄反向转动，使变小收紧的螺旋绳放松，恢复正常形状，以防变形。另外，在打电话时不要用手拨弄螺旋绳，以免螺旋绳变形，缩短寿命。

做一做：电话机的维修与测试

推荐品牌：广东TCL通讯设备有限公司生产的HA868（Ⅲ）P/TSD型按键电话机，其电路原理图如图4-45所示。该产品的特点为外形精美，功能较全，经济耐用。它具有暂停发号、重拨末次电话号码、储存电话号码、外线音乐保持和免提通话等功能。它以集成电路为主，其电路焊点数量约为450个。针对该型号的电话机，可设计多种典型故障和综合故障，作为整机维修教学环节。

1. 铃声异常

（1）话机挂机时铃响不断。一般是话机振铃电路中的隔直流电容器C_{301}被击穿短路，使收铃器输入失去隔直流作用，挂机时，外线直流馈电电压为振铃集成电路IC301提供工作电源，因此挂机时铃响不断。一般只要更换C_{301}后，故障便可消除。如果C_{301}正常，则应检查印制电路板是否漏电或因焊点处理不当造成短路。

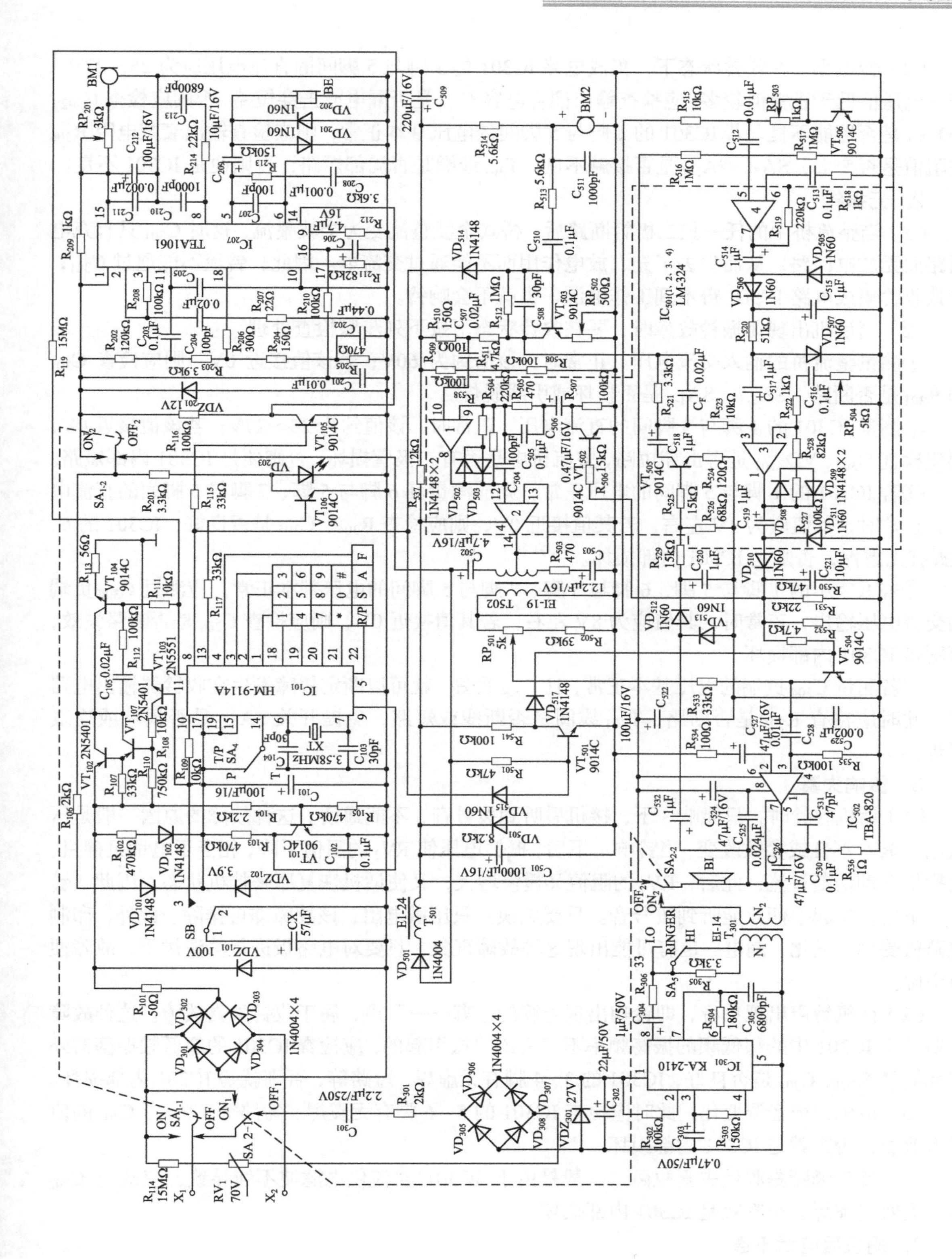
TEA1061
HM-9114A
LM-324
TBA-820
KA-2410

（2）铃声小。在收铃状态下，集成电路 IC301 的 1 脚与 5 脚间的直流电压应为 25～27V。若该电压值低于正常值较多，应检查输出耦合电容 C_{304} 是否漏电或击穿短路，否则应检查 C_{302}、VD_{Z301} 是否性能不良。若 IC301 的 1 脚与 5 脚间的电压基本正常，则应检查输出衰减电阻 R_{306} 的阻值是否变大，SA_5、SA_{2-2} 是否接触不良，T_{301} 线圈是否局部短路，否则便是 IC301 不良。

2. 无振铃

（1）当整流桥中的任一只二极管断路后，桥式全波整流变为半波整流，这时 C_{301} 只有充电回路而无放电回路，从而失去了充、放电作用而不能通过交流电。因此，铃流不能通过 C_{301}，以致收铃集成电路 IC301 得不到工作电源，也就不会响铃。

（2）当话机出现无振铃故障时，要在收铃状态下按下列步骤检查处理。

①测量整流桥的输入交流电压。正常时，该值约为 60V；若该值接近 0V，则应检查 C_{301} 和 R_{301} 是否断路，SA_{2-1}、SA_{1-1} 是否损坏或引线脱焊。

②测量 IC301 的 1 脚与 5 脚间的直流电压。正常时，该值约为 25～27V；若该值接近 0V，则应检查 C_{302}、VD_{Z301} 是否击穿短路，整流桥中是否有二极管损坏，否则便是 IC301 内部短路。

③若 IC301 的 1 脚与 5 脚间的电压正常，则应测量其 6 脚与 5 脚、7 脚与 5 脚间的直流电压，正常时，其值应为 4V 左右；若其值接近 0V，则应检查 R_{304}、C_{305} 是否良好，IC301 的 6、7 脚有无虚悍，否则是 IC301 内部损坏。

④若 IC301 的 1 脚与 5 脚、6 脚与 5 脚、7 脚与 5 脚间的电压基本正常，应测量 C_{304} 负端的交流电压输出，正常时，其值应为 8V 左右；若其值接近 0V，则应检查 C_{304} 是否断路失效，否则是 IC301 内部损坏。

⑤若测量 C_{304} 负端的电压基本正常，且 C_{304} 良好，就可以断定故障发生在收铃器输出电路中，此时应检查 R_{306} 是否断路，T_{301} 线圈是否断线或短路，免提开关 SA_{2-2} 是否损坏或连线脱焊。

3. 铃响失真

（1）话机收铃时，只能响一下，接机后听到拨号音，不能通话。这种故障的原因一般是压敏电阻 RV_1 不良或参数改变，当铃响一下后，振铃电压使 RV_1 的阻值下降，相当于电话机摘机，交换机自动切断铃流，此后，RV_1 的阻值又慢慢增大，又使话机恢复原来挂机状态。因此，铃响一下后，拿起手柄只能听到拨号音。只要更换一只压敏电阻，该故障即可排除。此外，印制电路板受潮、氧化、漏电，也有可能出现这种故障现象，只要对电路板进行清洗烘干，故障便可消除。

（2）话机铃声出现单音，即铃响出现连续的“嘟——”声，属于收铃失真故障。这种故障一般是由 IC301 中的超低频的振荡频率不正常或停振引起的，应检查 IC301 的超低频振荡器外接元器件 R_{303}、C_{303} 是否良好，IC301 的 3、4 脚有无虚焊、短路等，否则就是 IC301 内部损坏。

（3）话机铃声音调变化，此时应检查 IC301 的 5、6 脚有无虚焊、短路等，R_{304}、C_{305} 的值是否改变，否则就是 IC301 内部损坏。

（4）铃声嘶哑是收铃失真故障，一般是由于 IC301 直流供电滤波不纯导致，应检查 C_{302} 是否失效或虚焊，否则就是 IC301 内部损坏。

4. 摘机后电话不通

（1）当话机只能收铃，不能送受话时，电源定向电路的 4 只二极管中有 1 只二极管断路或短路。如果摘机后测量外线端的直流电压约为 48V，把两根外线对调后电压变为 6～9V，则是电源定向电路中有 1 只二极管断路；如果摘机后测量外线端的直流电压接近 0V，把两根外线对调后电压变为 6～9V，则是电源定向电路中有 1 只二极管击穿短路。更换损坏的元器件后，话机故障便可排除。

（2）叉簧开关 SA_{1-1} 不良或引线脱焊，此时应检查 IC101 的 17 脚的电压是否为 2V 左右；若电压为 0V，则检查 R_{101}、R_{102}、VD_{102} 是否开路，C_{101}、VD_{Z102} 是否击穿短路。再测量 IC101 的 9 脚电压，正常时，其值应小于 0.1V，否则应检查 VT_{101} 开关管及其偏置元器件是否损坏或脱焊。接着测量 IC101 的 10 脚电压（正常时，其值约为 3V），并检查脉冲开关管 VT_{103}、VT_{107}、VT_{102} 及其偏置元器件是否损坏，R_{106}、VD_{101} 是否开路，若 IC101 的 10 脚无电压输出，则 IC101 内部损坏。

5. 不能双音频发号

脉冲发号正常，但不能双音频发号的故障是对具有脉冲双音频兼容的电话机而言的。首先要检查 P/T 选择开关是否置于“T”位置。再测量 IC101 的 14 脚的电压，应为 0V，否则应检查 P/T 选择开关 SA_4 是否损坏或焊点不良。然后在发号时测量 IC101 的 11 脚（TONE OUT 端）的电压，应为 1.6V 左右，如无电压输出，一般是发号 IC101 损坏；若输出电压正常，则检查双音频放大管 VT_{104} 及其偏置、输出元器件是否损坏、虚悍。

6. 键盘数码发号不正常

键盘数码的某一字键不发号，一般是由于该字键构件损坏，导电橡胶老化、不清洁、脱落等原因造成的；键盘某一行或某一列数码不发号，一般是发号集成电路至按键盘连接线排断线或焊点脱焊、虚焊所致，否则是发号集成电路内部损坏；键盘某相邻的两行或两列字键不发号，一般是发号集成电路相邻的引出脚或至按键盘的连接线排焊点搭锡造成短路所致。例如，纵列 2、5、8、0 不发号，一般是 IC101 的 2、3 脚短路；横行 4、5、6 不发号，一般是 IC101 的 19、20 脚短路。

7. 无送、受话

（1）测量 IC201 的 1 脚电压，正常时约为 4V，否则应检查叉簧 SA_{1-2} 是否不良，VD_{Z201} 是否不良或开焊 C_{201} 是否短路；若这些元器件无故障，则 IC201 内部损坏。

（2）测量 IC201 的 15 脚电压，正常时约为 3V。如果测不到电压或电压太低，应检查 R_{209}、C_{211}、C_{212} 等退耦滤波元件是否损坏，否则是 IC201 内部短路。

（3）IC201 的 14 脚（MUTE 端）应为低电位，测量得到的该点电压值应小于 0.1V。若 14 脚为高电位，应检查 VT_{105} 闭音开关电路；若闭音开关电路正常，则应测量发号集成电路 IC101 的 8 脚的电压，正常时，其值应为 3V 左右，否则是发号集成电路 IC101 损坏。

（4）检查 R_{210}、R_{211}、R_{212}、C_{206} 是否损坏或虚焊，否则应更换通话集成电路 TEA1061。

8. 无送话

用镊子碰触通话集成电路 IC201 的 8 脚时，从受话放大器中听到感应交流杂音，说明故障出自送话输入电路，此时应检查话筒绳、送话器 BM_1 及供电可调电阻 RP_{201} 是否良好，C_{213}、R_{214} 是否断路，R_{207}、R_{208}、C_{204} 是否不良。若碰触 IC201 的 8 脚时，受话器无声音发出，应检查 IC201 的 1 脚和 8 脚是否虚焊，否则是通话集成电路 TEA1061 损坏。

9. 无受话

用镊子碰触通话集成电路 IC201 的 11 脚时，从受话放大器发出感应交流杂音，说明接收放大电路工作基本正常，此时应检查 R_{202}、C_{203} 是否损坏或虚焊。若碰触 IC201 的 11 脚时，受话器没有发出声音，则应检查受话器 BE 及话筒绳是否良好，二极管 VD_{201}、VD_{202} 是否击穿短路，C_{209} 是否断路或失效，C_{207}、C_{208}、R_{213} 是否断路或虚焊，否则是通话集成电路 TEA1061

损坏。

10. 受语音小

受语音小，一般是受话器 BE 灵敏度降低所致。若受话器良好，则应检查 C_{205}、C_{207} 是否漏电，C_{209} 是否内部干枯、容量减少，R_{202}、R_{203} 阻值是否变大，否则是通话集成电路内部不良，造成放大倍数下降。并接在通话集成电路 5 脚与 6 脚间的电阻 R_{213} 是接收放大器的负反馈外接元件，适当增大其阻值可提高接收音量；若经以上处理后故障依然存在，则应更换通话集成电路 TEA1061。

11. 发送音小

发送音小的故障，一般是送话器 BM_1 灵敏度降低所致。其次，有可能是可调电阻 RP_{201} 接触不良或变值，可适当调整 RP_{201}，使发送声音最大，音质最佳。若依然音小，再检查 R_{214}、R_{207} 阻值是否变大或虚焊。通话集成电路 2、3 脚间的电阻 R_{208} 是发送放大器负反馈外接元件，适当加大其阻值，可以提高发送音量；若故障仍不能排除，则应更换通话集成电路 TEA1061。

12. 免提无送、受话

免提不能送、受话一般发生在送话和受话的公用电路中，要着重检查电源供电电路。测量免提电源稳压管 VD_{Z501} 两端的电压，若其值大于 5V，说明电源供给正常，此时应检查 C_{502} 是否断路或失效，变压器 T_{502} 初级线圈是否断线，电源滤波扼流圈 T_{501} 是否短路；若测量后发现 VD_{Z501} 两端的电压接近 0V，说明电源供给电路有问题，应检查叉簧 SA_{1-2} 是否引线脱焊或接点接触不良，VD_{501}、T_{501} 是否断路，VD_{Z501}、C_{501}、C_{523} 是否击穿短路，否则是 IC501 或 IC502 电源输入端内部短路。

13. 免提无送话

（1）当对着送话器 BM_2 发声时，测量 VT_{502} 的基极电压，若其值约为 0.6V，说明故障出自送话放大电路，此时应检查 R_{505}、C_{506}、C_{507} 是否断路，VT_{502} 是否损坏；然后测 IC501 的 8 脚至 14 脚的电压，10 脚的电压应约为 2.5V，其他脚的电压均应约为 3.5V，如果相差太大，则要检查焊接点是否良好，否则应更换 IC501。

（2）当对着送话 BM_2 发声时，测量 VT_{502} 的基极电压，若其值约为 0V，则可判定故障点在控制电路或前置放大电路中。若将 VT_{502} 的 c、e 极短路后，仍不能送话，说明故障出自前置放大电路。此时先检查送话器 BM_2 及其电源供给电路是否良好，然后测量 VT_{503} 的各极电压，c、b、e 各极的电压应分别约为 2.6V、0.6V、0.1V；若相差太大，则要检查放大器相关元件是否损坏。

（3）当对着送话 BM_2 发声时，测量 VT_{502} 的基极电压，接近 0V，若将 VT_{502} 的 c、e 极短路便可以送话，说明故障出自发送控制电路中。此时应检查 IC501 发送控制放大器“3”输出的倍压整流元件是否损坏，R_{506}、R_{521}、R_{523} 是否断路或虚焊，C_{514}、C_{517}、VD_{507} 是否击穿短路。在免提发送状态下，开关管 VT_{505} 应该是截止的，如果它是导通的，则应检查 VT_{505} 及其基极输入端的倍压整流元件是否损坏。测 IC501 的 1、2、3 引脚的电压，其值应分别约为 3.2V、3.2V、2.2V；若相差太大，则应检查引出脚焊点及负反馈网络元件是否良好，倍压元件 VD_{510}、VD_{511}、C_{519}、C_{521} 是否良好，否则应更换 IC501。

14. 免提无受话

（1）在免提接收状态下，用镊子碰触 IC502 的 3 脚，若扬声器无声，则一般故障出自接收放大电路中。此时首先测量 IC502 的各引脚电压，其正常的参考电压如表 4-8 所示。若测不到电压，应检查 6 脚是否虚焊，印制电路板的相关电路有无断裂；若电压过低，应检查滤波电容 C_{524} 是否漏电；若电压正常，应检查接收放大器输出耦合电容 C_{526} 是否断路或失效，免提开关 $SA_{2\text{-}2}$ 是否接触不良，然后检查反馈电路中的 C_{527}、R_{534} 是否断路，否则是 IC502 损坏。

表 4-8　IC502 引脚的参考电压

引　脚	1	2	3	4	5	6	7	8
直流电压（V）	0.65	0.55	0	0	4.2	8.5	8.5	5.0

（2）当手持导体碰触接收放大器输入端时，扬声器发出人体感应交流声，说明接收放大器工作正常，可以判定故障发生在输入电路或收发控制电路中。此时应首先检查输入电路中的 RP_{301} 及 T_{502} 线圈是否良好，R_{533}、C_{528} 是否断路，高频旁路电容 C_{529} 有无短路或漏电，VT_{504} 的 c、e 极是否击穿短路，否则故障出在收发控制电路中。

（3）如果接收输入电路良好，可将 VT_{504} 基极对地短路。若故障消失，说明控制电路不正常。此时应先检查免提发号接收闭音开关管 VT_{501} 的基极电压。通话时，其电压值应为 0.6V；若为 0V，则说明 VT_{501} 处于截止状态，其集电极输出的高电位通过 VD_{517} 使 VT_{504} 饱和导通，短路了接收放大输入端，使得接收放大器无输出。因此，应检查 VT_{501} 有无损坏或虚焊，偏置电阻 R_{501} 是否断路。若 VT_{501} 集电极的电压小于 0.1V，则说明故障与发号闭音电路无关，从而可断定故障发生在免提控制电路中。

（4）将 VD_{507} 短路，如果故障消失，说明接收控制电路工作不正常。在接收状态下，若测得 C_{515} 两端的直流电压约为 1.5V，说明接收控制放大器输出正常，应检查 R_{520} 是否断路或虚焊，C_{517} 是否击穿短路或漏电，否则是 VD_{507} 失效；若测得 C_{515} 两端的直流电压约为 0V，应检查接收控制放大器输出的倍压整流元件 C_{514}、C_{515}、VD_{505}、VD_{506} 是否良好，放大器负反馈网络中的 C_{513}、R_{518} 是否断路，输入电路的 C_{512}、R_{515} 是否良好，否则是 IC501 损坏。

（5）检查发送控制电路中的电容 C_{519} 是否漏电或击穿短路。该电容漏电或击穿短路后，IC501 的 1 脚上的约 3V 直流电压会使 VT_{504} 饱和导通，从而封闭接收放大器，使接收放大器无输出。当 IC501 发送控制放大器“3”增益过高，产生自激时，其输出信号经倍压整流后，使 VT_{504} 饱和导通，因此无受话。此时应检查发送控制放大器负反馈网络元件是否损坏，RP_{504} 的阻值是否调整得太小，否则是 IC501 损坏。

15. 免提发送音小

（1）检查送话器 BM_2 是否灵敏度降低，其供电电路的负载电阻 R_{514} 的值是否改变。

（2）检查 VT_{503} 是否特性不良，或前置放大器增益下降。将可调电阻 RP_{502} 的阻值调小一些，可提高发送音量。

（3）发送信号主要由 IC501 的放大器“1”进行放大，其增益下降是造成送语音小的主要原因。因此，应重点检查负反馈元件 R_{505} 是否阻值变大，C_{506} 是否容量减少。

（4）IC501 的发送控制放大器“3”的增益降低，会使开关管 VT_{502} 未达到饱和导通状态，从而造成 IC501 的发送放大器“1”的增益下降而出现音小故障。此时应检查发送控制放大器负反馈电阻 R_{522} 是否阻值变大，C_{516} 是否漏电。将可调电阻 RP_{504} 的阻值调低，可提高发送控制放大器的增益，有利于开关管 VT_{502} 的饱和导通。

（5）IC501 的发送控制放大器“3”输出的倍压整流元件不良，也会导致发送音小的故障。此时应检查 VD_{510}、VD_{511} 是否正常，C_{519}、C_{521} 是否漏电。

16. 免提受语音小

免提接收放大器的增益与IC502的2脚的对地交流阻抗呈反比，因此C_{527}容量变小、R_{534}阻值变大，都会导致受语音小。此时应检查接收放大器输入高频旁路电容C_{529}是否漏电，输出耦合电容C_{526}是否容量变小。当发送控制放大输出倍压整流元件C_{519}漏电时，IC501的1脚上的约3V电压将会通过VD_{510}、R_{523}加至VT_{504}基极，使VT_{504}微导通后对接收信号产生分流而造成受语音小，更换C_{519}便可恢复正常。经以上检查，处理仍无效，则一般是IC502不良，应予以更换。

任务二 常用通信终端设备的安装与维护

工作任务单

序　号	工 作 内 容
1	电脑的基本组成、信号流程及其各部分作用
2	传真通信的基本组成、各部分作用、主要参数
3	计算机网络、传真机的典型应用
4	电脑的正确使用、维护、常见故障排除
5	电脑与电视机的连接
6	传真机的正确使用
7	传真机的维护、常见故障排除

看一看：常见电脑设备

常见电脑设备如图4-46和图4-47所示。

图4-46　常见电脑设备一

图4-47　常见电脑设备二

想一想：电脑的基本组成

电脑即电子计算机的俗称，是一种运用电子技术实现数学运算的工具。人们常说的“电脑”一般指个人电脑，你能说说电脑的基本组成吗？

看一看：常见传真机设备

常见传真机设备如图 4-48 和图 4-49 所示。

图 4-48　佳能 FAX-L240 传真机

图 4-49　松下 FT929CN 传真机（数码录音来显全功能）

想一想：传真机是怎样工作的？

传真机将需发送的原件按照规定的顺序，通过光学扫描系统分解成许多微小单元（称为像素），然后将这些微小单元的亮度信息由光电变换器件顺序转变成电信号，再经放大、编码或调制后送至信道，然后再传送给接收机。接收机将收到的信号放大、解码或解调后，按照与发送机相同的扫描速度和顺序，以记录形式复制出原件的副本。传真机按其传送色彩，可分为黑白传真机和彩色传真机；按占用频带可分为窄带传真机（占用一个话路频带）、宽带传真机（占用 12 个话路、60 个话路或更宽的频带）。

知识链接 1

电脑的基本组成、信号流程及其各部分作用

学一学：电脑的基本组成

一台普通的个人台式电脑从外观上看，主要由主机、显示器、鼠标、键盘等部分组成（根据配置不同，电脑还可以连接音箱、摄像头、打印机、外置调制解调器 MODEM 等）。

1. 电脑主机

主机是个人电脑的一个重要组成部分，其中容纳着绝大部分电脑配件，正是这些配件协同工作，才使得电脑能够完成诸多方面的重任，创造出千变万化的效果。电脑主机的各主要模块位置，机箱前、后面板的功能介绍如图 4-50～图 4-52 所示。

电脑主机中一般装配有主板、CPU、内存、硬盘驱动器（俗称“硬盘”）、软盘驱动器（俗称“软驱”，由于它已经被淘汰了，所以下面不再介绍）、显卡（可集成）、声卡（可集成）、光盘驱动器（“光驱”）、电源等配件，下面将分别介绍。

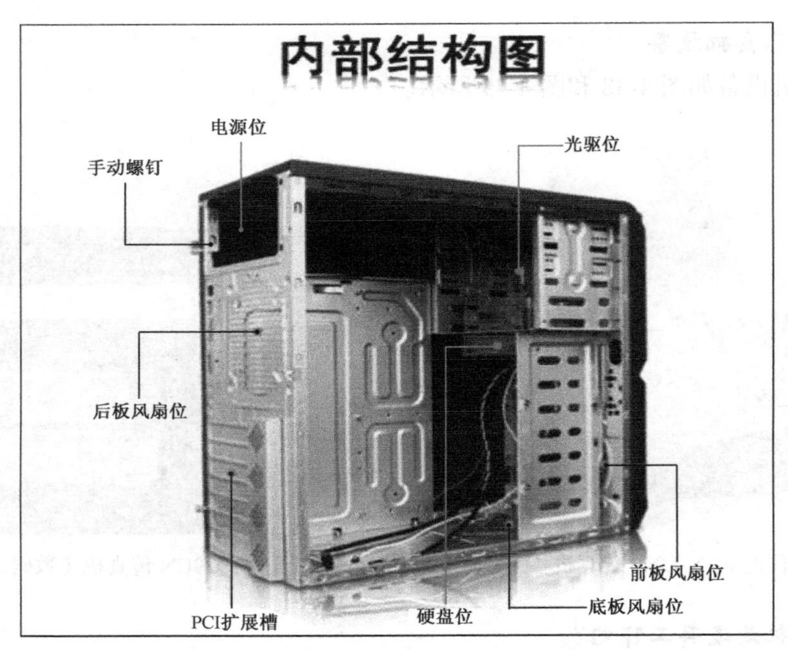

图 4-50　电脑主机的各主要模块位置

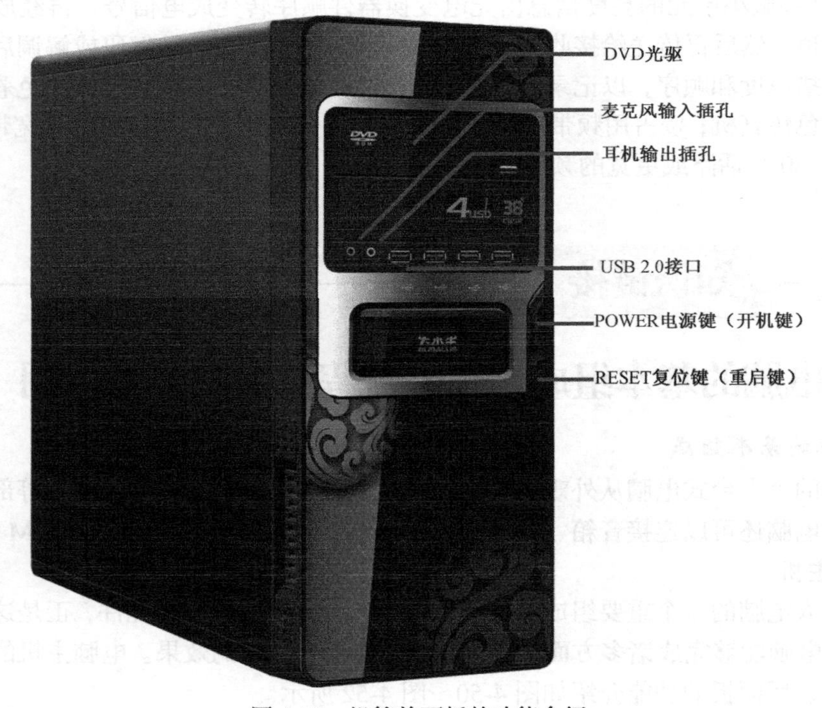

图 4-51　机箱前面板的功能介绍

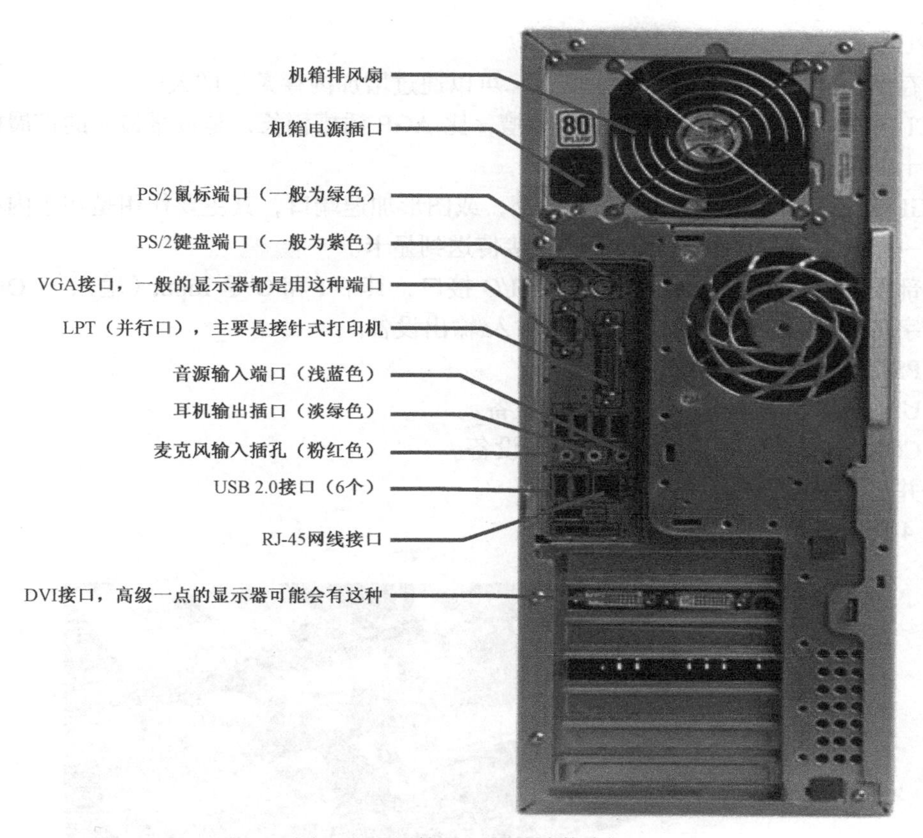

图 4-52　机箱后面板的功能介绍

1）主板

主板，又称主机板（Mainboard）或母板（Motherboard），简称 M/B 或 systemboard（系统板），如图 4-53 所示。它是安装在主机机箱内的一块矩形电路板，上面安装有电脑的主要电路系统。主板的类型和档次决定着整个电脑系统的类型和档次。主板是主机的躯干，CPU、内存、声卡、显卡等部件都固定在主板的插槽上。另外，机箱上电源的引出线也接在主板的接口上。

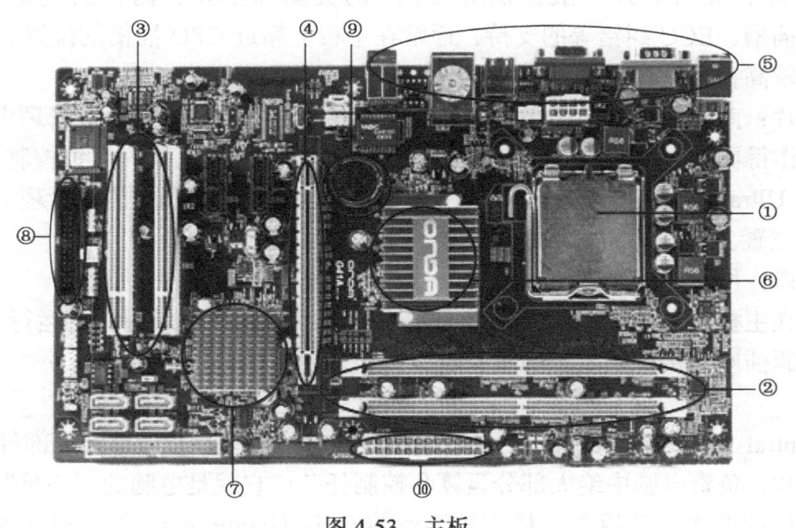

图 4-53　主板

①CPU 插槽：CPU 就固定在此插槽上。

②内存插槽：内存条就插在此插槽上。可以通过增加内存条来增大内存。

③PCI 插槽：AGP 插槽旁边的白色插槽，比 AGP 插槽稍长，是数量最多的扩展槽，主要用来插声卡、网卡等 PCI 设备。

④AGP 插槽：AGP 加速绘图总线插槽，或图形加速端口，其主要作用是在主内存与显存之间建立一条传输通道，让影象和图形直接传送到显卡。

⑤外部 I/O 接口：输入/输出接口简称 I/O 接口，其中 I 和 O 是 Input（输入）、Output（输出）的首字母。I/O 接口用于连接主板与输入/输出设备。

- PS/2 接口：接鼠标和键盘。
- USB 接口：接使用 USB 插头的设备。
- COM 口：接使用 COM 口的外部设备。
- 并口：接打印机、扫描仪等设备。

如图 4-54 所示为一款普通的 I/O 接口。

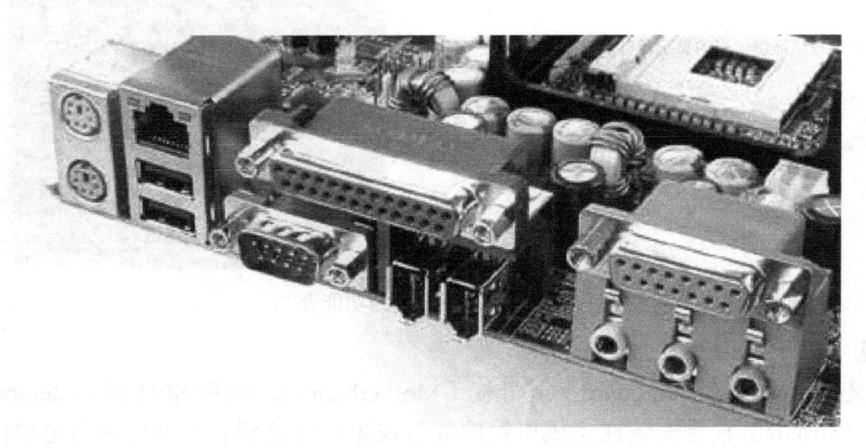

图 4-54　一款普通的 I/O 接口

⑥北桥芯片：北桥芯片一般提供对 CPU 的类型和主频、内存的类型和最大容量、ISA/PCI/AGP 插槽、ECC 纠错等的支持，通常在主板上靠近 CPU 插槽的位置。由于此类芯片的发热量一般较高，所以在此芯片上装有散热片。

⑦南桥芯片：南桥芯片主要用来与 I/O 设备及 ISA 设备相连，并负责管理中断及 DMA 通道，让设备工作得更顺畅；它提供对 KBC（键盘控制器）、RTC（实时时钟控制器）、USB（通用串行总线）、UltraDMA/33（66）EIDE 数据传输方式和 ACPI（高级能源管理）等的支持，在靠近 PCI 槽的位置。

⑧软驱接口：用于连接软盘驱动器，其外形比 IDE 接口要短一些。

⑨电池：在主板断电期间维持系统 CMOS 的内容和主板上系统时钟的运行。

⑩主板电源插座：接机箱电源的主板电源插头，为主板提供电能。

2）CPU

CPU（Central Processing Unit，中央处理器）是电脑最核心、最重要的部件。它是一个高度集成化的芯片，负责电脑中绝大部分运算和控制任务。它就是电脑的“心脏”。目前，AMD 和 Inter 是 CPU 的两大生产巨头，目前较流行的 CPU 有 Inter core 系列和 AMD 速龙等。如

图 4-55 所示为 Inter 酷睿 i7 860 和 AMD 羿龙 II X6 1090T。

图 4-55 Intel 酷睿 i7 860 和 AMD 羿龙 II X6 1090T

3）内存条

内存条是由内存芯片、电路板、金手指等部分组成的电脑硬件设备，为硬盘与 CPU 传递和缓存数据。因为 CPU 工作时需要与外部存储器（如硬盘、软盘、光盘）进行数据交换，但外部存储器的速度却远远低于 CPU 的速度，所以内存就负责完成数据的暂时存储和交换工作。在电脑硬件中，CPU 与内存之间进行数据交换的速度是最快的，所有 CPU 要处理的数据会先从硬盘里提出来暂时放在内存里，当 CPU 进行处理时，需要的数据会直接从内存寻找。内存只是暂时（临时）用来放数据的，断电后内存里的东西就会消失，因此有什么需要留下来的都应保存起来放在硬盘里。

现在常用的内存有 SDRAM 内存、DDR 内存和 Rambus 内存。其中 DDR 内存和 Rambus 内存的运行频率、与 CPU 间的传输速率都高于 SDRAM 内存，已经成为主流。

S（SYSNECRONOUS）DRAM：同步动态随机存取存储器，它有 168 个引脚，这是目前 PENTIUM 及以上机型使用的内存。

DDR（DOUBLE DATA RAGE）RAM：它是 SDRAM 的更新换代产品，允许在时钟脉冲的上升沿和下降沿传输数据，这样不需要提高时钟频率就能加倍提高 SDRAM 的速度。

Rambus 内存：是一种高性能、芯片对芯片接口技术的新一代存储产品，它使得新一代的处理器可以发挥出最佳的功能。目前，Rambus 内存可提供 600MHz、800MHz 和 1066MHz 三种速度，目前主要有 64MB，128MB，256MB，512MB 四种规格。

如图 4-56 所示为金士顿 1GB 内存条。其中①为内存脚缺口，它有两个用途：一个是用来防止往内存槽中插内存时插反了（只有一侧有缺口）；另一个是用来区分不同种类的内存。②为金手指，它是一根根短短的黄色接触片，是内存条和主板内存槽接触的部分，数据就是靠它们来传输的。③为内存芯片，数据就存储在这些芯片中。

4）硬盘

硬盘驱动器（Hard Disk Drive，HDD 或 HD）通常又被称为硬盘，它安装在主机的里面。和软盘、光盘一样，硬盘是个人电脑中一个很重要的存储设备。硬盘和硬盘驱动器是装在一起的，而且它的读/写速度快，容量也很大，通常都是几十个 GB。如图 4-57 所示为硬盘驱动器。

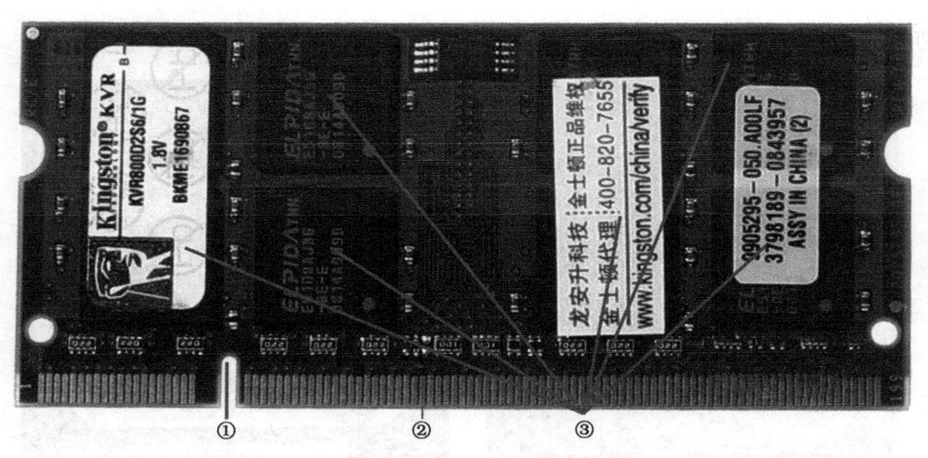

图 4-56　金士顿 1GB 内存条

图 4-57　硬盘驱动器

5）显卡

显卡又称为视频卡、视频适配器、图形卡、图形适配器和显示适配器等。它是主机与显示器之间连接的“桥梁”，作用是控制电脑的图形输出，负责将 CPU 送来的影像数据处理成显示器认识的格式，再送到显示器形成图像。显卡主要由显示芯片（即图形处理芯片 Graphic Processing Unit）、显存、数模转换器（RAMDAC）、VGA BIOS、各方面接口等几部分组成。如图 4-58 所示为一块 AGP 接口的显卡。

6）声卡

声卡（Sound Card）也称音频卡（我国港台地区称之为声效卡）。它是多媒体技术中最基本的组成部分，是实现声波/数字信号相互转换的一种硬件。声卡的基本功能是把来自话筒、磁带、光盘的原始声音信号加以转换，输出到耳机、扬声器、扩音机、录音机等声响设备，或通过音乐设备数字接口（MIDI）使乐器发出美妙的声音。

声卡是计算机进行声音处理的适配器。它有三个基本功能：第一个是音乐合成发音功能；第二个是混音器（Mixer）功能和数字声音效果处理器（DSP）功能；第三个是模拟声音信号的输入和输出功能。声卡处理的声音信息在计算机中以文件的形式存储。声卡工作应有相应的软件支持，包括驱动程序、混频程序（mixer）和 CD 播放程序等。

图 4-58 一块 AGP 接口的显卡

越来越多的主板上集成了声卡，因此如果对声音效果没有特殊要求，就没必要再配置一块声卡。如图 4-59 所示为一块 Digital PCI 内置声卡。

图 4-59 一块 Digital PCI 内置声卡

7）网卡

台式电脑一般都采用内置网卡来连接网络。网卡也称“网络适配器”，其英文全称为“Network Interface Card”，简称“NIC”。网卡是局域网中最基本的部件之一，它是连接电脑与网络的硬件设备。无论是双绞线连接、同轴电缆连接还是光纤连接，都必须借助于网卡才能实现数据的通信。

网卡的主要工作是整理电脑上发往网线上的数据，并将数据分解为适当大小的数据包之后向网络发送出去。每块网卡都有一个唯一的网络节点地址，它是网卡生产厂家在生产时烧入 ROM（只读存储芯片）中的，称为 MAC 地址（物理地址），且保证绝对不会重复。

人们日常使用的网卡都是以太网网卡。目前网卡按其传输速度来分可分为 10Mbps 网卡、10/100Mbps 自适应网卡及千兆（1000Mbps）网卡。如果只是用于一般用途，如日常办公等，比较适合采用 10Mbps 网卡和 10/100Mbps 自适应网卡这两种；如果应用于服务器等产品领域，就要选择千兆级的网卡。

网卡的主要性能参数包括：数据传输速度（以每秒传输的字节为单位，常见的速度为 10Mbps 和 100Mbps）、总线接口和网线接口（常见类型为 BNC 同轴电缆和 RJ-45 双绞线接口，其中 RJ-45 比较普遍）。

随着网络的迅速普及，网卡逐渐成为电脑的标准配置，但如果主板上集成了网卡，就不必再另配网卡了。如图 4-60 所示为台式电脑网卡，如图 4-61 所示为笔记本电脑无线网卡。

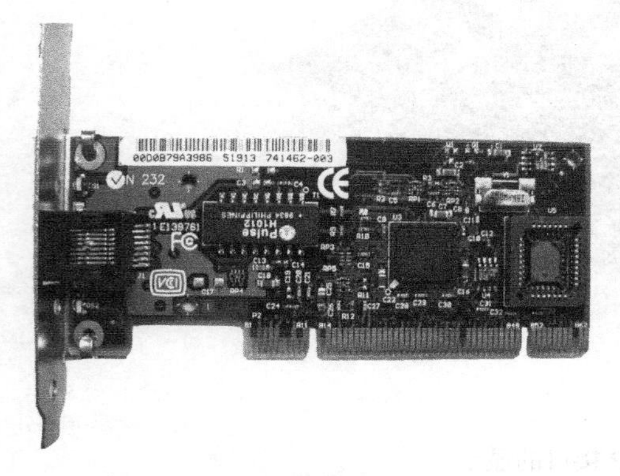

图 4-60 台式电脑网卡

图 4-61 笔记本电脑无线网卡

8）光驱

光驱是光盘驱动器的简称，是电脑用来读/写光碟内容的机器，也是在台式电脑和笔记本电脑里比较常见的一个部件。多媒体的应用越来越广泛，使得光驱在电脑的诸多配件中已经成为标准配置。目前，光驱可分为 CD-ROM 驱动器、DVD 光驱（DVD-ROM）、康宝（COMBO）和刻录机等。如图 4-62 所示为台式电脑光驱，如图 4-63 所示为笔记本电脑光驱。

图 4-62 台式电脑光驱

图 4-63 笔记本电脑光驱

9）机箱和电源

机箱是电脑主机的"外衣"，电脑大多数的组件都固定在机箱内部，机箱保护这些组件不受到碰撞，并减少灰尘吸附，减小电磁辐射干扰。

电源是电脑主机的动力源泉，主机的所有组件都需要由电源进行供电，因此，电源质量直接影响电脑的使用。如果电源质量比较差，输出不稳定，不但会导致死机、自动重新启动等情况，还可能会烧毁组件。

记一记：电脑的基本组成、信号流程及其各部分作用

一个标准意义上的电脑可以分为五大功能部件：运算器、控制器、存储器、输入设备和输出设备（输入设备和输出设备合称为电脑的外部设备，简称外设）。如图 4-64 所示为电脑的基本组成及信号流程。

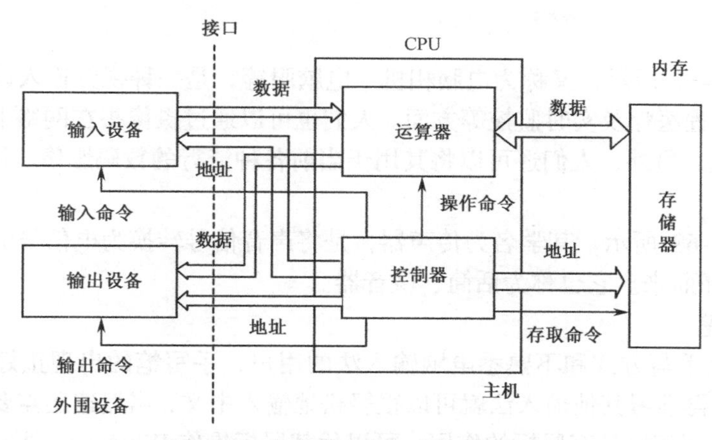

图 4-64　电脑的基本组成及信号流程

1. 输入设备

输入设备是电脑的重要组成部分，它的作用是将程序、原始数据、文字、字符、控制命令或现场采集的数据等信息输入电脑，以便进行进一步处理。

常用的输入设备有键盘、鼠标、扫描仪、摄像头和麦克风等。人们就是通过输入设备对电脑进行操作，而电脑也是通过输入设备来获取完成任务所需的信息的。

1）键盘和鼠标

键盘和鼠标是电脑最重要的输入设备，也是人们经常接触的电脑设备，如图 4-65 所示。通过它们可以向电脑“发号施令”。

电脑键盘通过一个有 5 个引脚的圆形插座与主机箱中的键盘控制电路相连接。键盘上的所有按键大体上可以分为下列四类：数字键、英文字母键、各类符号键、各类控制键。

鼠标是控制显示屏上光标的移动位置并向主机输入用户所选中的某个操作命令或操作对象的一种常用的输入设备。鼠标按传统的观点分为双键，三键和多键鼠标；按其接口分为 COM，PS/2 及 USB 三类，其中 PS/2 和 USB 接口的鼠标是人们比较熟悉的；按照其内部结构分为机械式、机光式和光电式鼠标。还有一种新型无线鼠标，这类鼠标与电脑主机之间无须用线连接，操作人员可在一米左右的距离自由遥控它，并且不受角度的限制，十分便利。

2）扫描仪

扫描仪是一种输入图片和文字的外部设备，它通过光学扫描原理从纸介质上“读出”照片、文字和图形，然后把信息送入电脑去进行分析、加工与处理。扫描仪有手持式扫描仪、平板式扫描仪两种。如图 4-66 所示为爱普生的一款平板式扫描仪。

图 4-65　键盘和鼠标

图 4-66　爱普生的一款平板式扫描仪

3）摄像头

摄像头如图 4-67 所示，又称为电脑相机、电脑眼等，是一种视频输入设备，被广泛地运用于视频会议、远程医疗及实时监控等方面。人们也可以通过摄像头在网络上进行有影像、有声音的交谈和沟通。另外，人们还可以将其用于当前各种流行的数码影像、影音处理。

4）麦克风

麦克风如图 4-68 所示，其学名为传声器，是将声音信号转换为电信号的能量转换器件，由 Microphone 翻译而来。它也称为话筒、微音器。

5）电脑手写笔

对于喜爱传统手写方式和不熟悉电脑输入法的用户，手写笔的出现正好满足了他们的需求，使用者不需要再学习其他输入法就可以很轻松地输入中文，当然这还需要专门的手写识别软件。同时电脑手写笔还具有鼠标的作用，可以代替鼠标操作 Windows，并可以作画。

电脑手写笔如图 4-69 所示，它一般都由两部分组成，一部分是与电脑相连的写字板，另一部分是在写字板上写字的笔。手写板上有连接线，接在电脑的串口上，有些还要使用键盘孔获得电源，即将其上面的键盘口的一头接键盘，另一头接电脑的 PS/2 输入口。

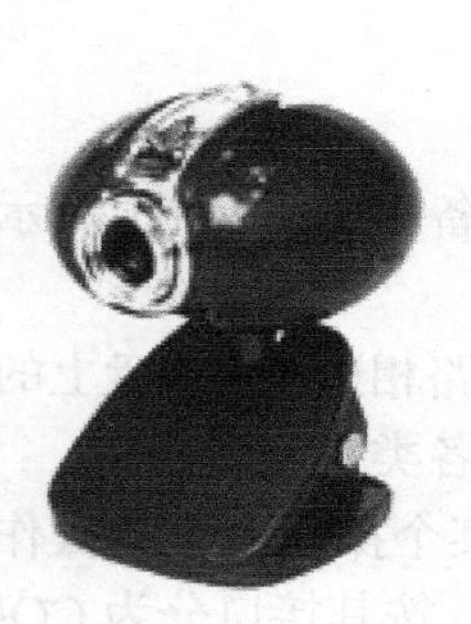

图 4-67　摄像头

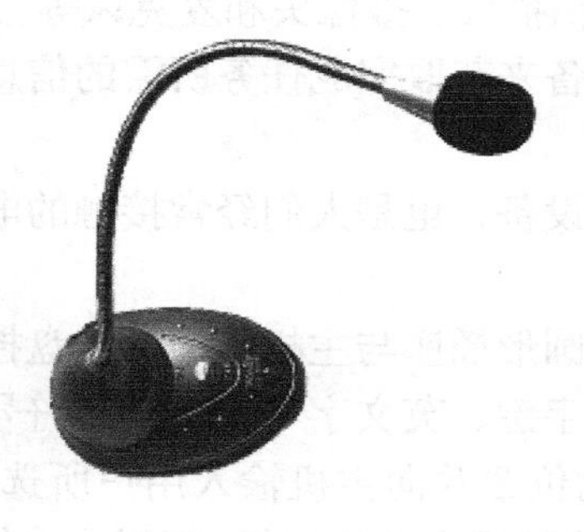

图 4-68　麦克风

图 4-69　电脑手写笔

6）激光条形码阅读器

激光条形码阅读器的外形如图 4-70（a）所示，它通过识别起始、终止字符来判别出条形码符号的码制及扫描方向；通过测量脉冲数字电信号 0、1 的数目来判别出条和空的数目；通过测量 0、1 信号持续的时间来判别条和空的宽度，如图 4-70（b）所示，这样便得到了被辨读的条形码符号的条和空的数目及相应的宽度和所用码制。根据码制所对应的编码规则，条码扫描器便可将条形符号换成相应的数字、字符信息，通过接口电路送给计算机系统进行数据处理与管理，由此便完成了条形码辨读的全过程。

条形码技术的应用是实现现代化管理的必要手段。随着国内工业技术的发展，已有不少工厂实现了条形码的销售管理、库存管理和生产过程管理。其最典型的应用是现代的大型超市管理，从纵向到横向，从商品的流通、供应商的选择到客户及员工的管理，都已充分使用条形码。

条形码阅读器也就是条形码扫描枪，只是一个输入设备。想实现对条形码的管理，如出入库管理，就需要相应的软件，而扫描枪是没有这种功能的，因此需要另外购买相应的软件。

7）磁卡阅读器

磁卡阅读器如图 4-71 所示，它又称为小键盘刷卡器、磁卡读磁机、磁卡查询机、磁卡读写器等。它用于读/写磁卡、存折的磁条信息，可广泛应用于金融、邮电、商业、交通、海关、会员卡消费和积分消费等领域的磁卡、条码信息的读取及传送。

磁卡阅读器通常作为电脑的配套产品，一般采用单片机设计而成。磁卡阅读头将磁卡上的磁记录信息转换成一系列的 TTL 电平脉冲，由单片机进行检测，存储、解码，最后通过接口电路传送给电脑。

磁卡阅读器按与电脑或终端的连接端口分为键盘口、串口、USB（有仿键盘口跟仿串口之分）等；根据磁道的不同可分为单磁道磁卡阅读器、双磁道磁卡阅读器、三磁道磁卡阅读器。选购前要确定读的是哪个磁（轨）道的数据。带小键盘的磁卡阅读器一般称为磁卡查询机，如图 4-71 所示，其使用方式是手动划卡，可以双向读卡操作。其电源来自电脑主机，不需外接电源。它用发光管指示和蜂鸣器鸣叫来识别读卡的成功和失败。磁卡阅读器安装在键盘与电脑之间，其功能完全仿真键盘，且大键盘操作不受影响。

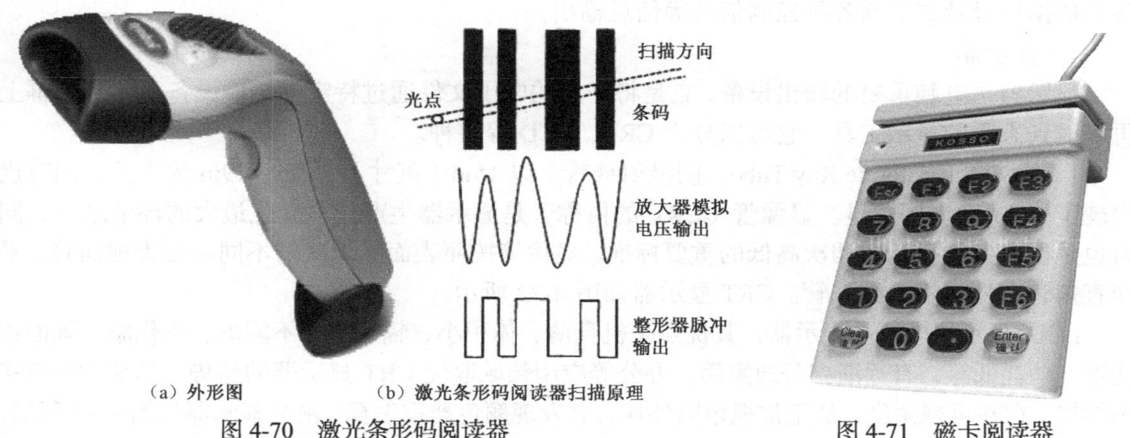

（a）外形图　（b）激光条形码阅读器扫描原理

图 4-70　激光条形码阅读器　　图 4-71　磁卡阅读器

2. 运算器和控制器

运算器的功能是对数据进行各种算术运算（如加、减、乘、除）和逻辑运算（如逻辑加、逻辑乘和非运算），即对数据进行加工处理。

控制器不具有运算功能，它是整个电脑的中枢神经，其功能是对程序规定的控制信息进行解释，根据其要求进行控制，调度程序、数据、地址，协调电脑各部分工作及内存与外部设备的访问等。

在普通的微型电脑中，运算器和控制器集成到中央处理器（Central Processing Unit，CPU）中。CPU 品质的高低直接决定了一个电脑的档次。

3. 存储器

存储器是电脑的记忆部件，用于存放进行信息处理所必需的原始数据、中间结果、最后结果及指示电脑工作的程序，并在需要时提供这些信息。个人电脑常用的存储器分为内部存储器（又称主存储器）和外部存储器（又称辅助存储器）。

内部存储器按存储信息的功能可分为只读存储器（Read Only Memory，ROM）、可编程只读存储器（Erasable Programmable ROM，EPROM）和随机存储器（Random Access Memory，RAM）。

ROM 中的信息只能被读出，而不能被修改或删除，一般用于存放固定的程序，如监控程序、汇编程序等。EPROM 中存储的内容可以用特殊的装置擦除和重写，电脑的 BIOS（Basic Input Output System，基本输入/输出系统）程序一般就存储在这里。RAM 就是人们通常所说的内存，主要用于存放各种现场的输入、输出数据，中间计算结果，以及与外部存储器交换信息（提示：电脑系统断电后，RAM 中的所有信息将丢失，而其他两种类型的存储器中保存的信息将会丢失）。

电脑内存（又称为主存储器）通常采用动态 RAM，而 CPU 的高速缓冲存储器（Cache）则使用静态 RAM。另外，内存还应用于显卡和声卡等设备中，用于充当设备缓存或保存固定的程序和数据。

常见的电脑外部存储器包括硬盘、光盘和软盘等。注意，外部存储器与外置存储器（如移动硬盘、外置硬盘、MO 等）不是一个概念。

4. 输出设备

输出设备与输入设备同样是电脑的重要组成部分，它用于把电脑的中间结果或最后结果、各种数据符号及文字或各种控制信号等信息输出。

1）显示器

显示器是电脑重要的输出设备，它是将一定的电子文件通过特定的传输设备显示到屏幕上再反射到人眼的显示工具。它可以分为 CRT、LCD 等多种。

目前 CRT（Cathode Ray Tube，阴极射线管）以 15in（英寸）、17in、19in 为主流，同时也出现了 21in 大屏幕彩显。显像管（CRT 的俗称）是显示器生产技术变化最大的环节之一，同时也是衡量一款显示器档次高低的重要标准。显像管按照表面平坦度的不同可分为球面管、平面直角管、柱面管、纯平管。CRT 显示器如图 4-72 所示。

LCD 显示器即液晶显示器，其优点是机身薄、体积小、辐射小，不闪烁、不伤眼、画面不变形、功耗低等，有逐渐在普通家用、办公等应用领域取代 CRT 显示器的趋势。其缺点是色彩不够艳，存在可视角度，从正常视角以外观看会发现颜色严重失真。液晶显示器如图 4-73 所示。

图 4-72　CRT 显示器

图 4-73　液晶显示器

2）打印机

打印机（Printer）是电脑系统的主要输出设备之一，用于将电脑的处理结果打印在相关介质上。衡量打印机好坏的指标有三项：打印分辨率，打印速度和噪声。打印机按工作方式分为点阵打印机、针式打印机、喷墨式打印机、激光打印机等。针式打印机通过打印机和纸张的物理接触来打印字符图形，打印成本低，可复写打印，常用于需要打印多联单据的领域，如财务应用。而喷墨式打印机和激光打印机是通过喷射墨粉来印刷字符图形的。其中喷墨打印机的彩色打印成本低、打印速度较快，多用于普通家庭应用和绘图领域；激光打印机的打印速度快、文稿打印效果好，适合于办公应用。佳能打印机如图 4-74 所示。

3）家用电脑音箱

家用电脑音箱指将声卡输出的音频信号变换为声音的一种设备。通俗地讲，就是指音箱主机箱体或低音炮箱体内自带功率放大器，对音频信号进行放大处理后由音箱本身回放出声音。家用电脑音箱如图 4-75 所示。

图 4-74　佳能打印机

图 4-75　家用电脑音箱

家用电脑音箱一般用于家庭放音，其特点是音质细腻柔和，外形较为精致、美观，放音声压级不太高，承受的功率相对较少。

知识链接 2

传真通信的基本组成、各部分作用、主要参数

看一看：常用传真机

常用传真机如图 4-76～图 4-78 所示。

图 4-76　FAX-2820 黑白激光普通纸传真机

图 4-77　三星 370 传真机

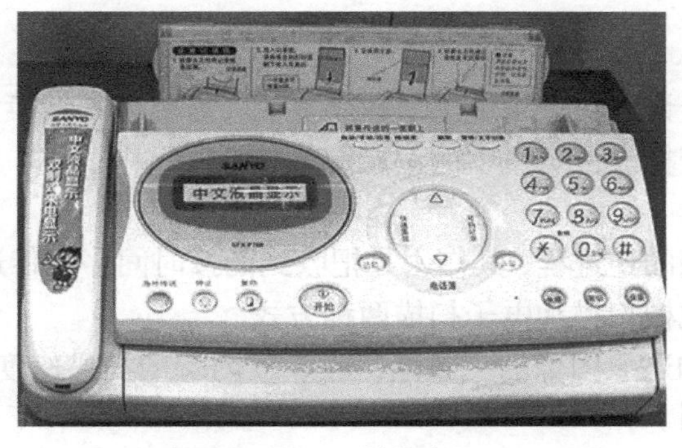

图 4-78　三洋传真机

记一记：传真通信的基本组成

早在 1843 年，英国人亚历山大·贝恩就提出了传真通信的基本概念，即扫描、同步、记录和传输。传真通信的基本原理框图如图 4-79 所示，可分为五个基本环节：发送扫描、光电变换、传输通道、记录变换和收信扫描。

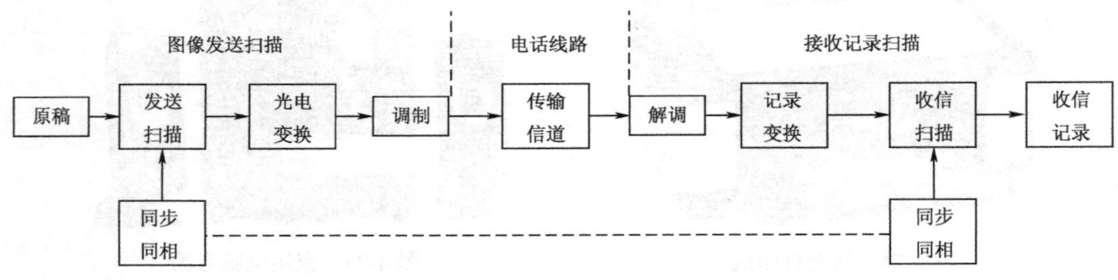

图 4-79　传真通信的基本原理框图

学一学：主要部分的作用

1. 发送扫描

发送扫描就是指在原稿上进行从左到右、从上到下的扫描，把原稿图形分解成很多微小的像素，从而把二维的平面图形信息转变成一维的时间序列的光信号。传真机的发送扫描采用机械扫描和电子扫描相结合的方法，如水平方向扫描采用电子扫描，垂直方向扫描采用步进电机带动机械机构的方法。

2. 光电变换

光电变换的作用是把发送扫描送来的随时间变化的光信号，经过电路处理后，转换成与光电信号相对应的电信号。其具体操作方法是：将光照射到发送图形上，根据各像素反射光的强度信号转换成不同强度的电信号。传真机中常用 CCD 或 CTS 作为光电变换器件。

3. 传真信号的传输

由光电变换得到的图像电信号必须送到传输线路上，才能传输给接收端。为了获得适宜于在传输线路上传输的信号波形，在发送端要进行调制，在收信端要进行解调。

在发送端把图像电信号转换为线路传输频带内的信号的过程称调制；在收信端把由发送端传输来的被调制的电信号复原的过程称解调。为缩短图像信号的传输时间，三类传真机（指第三类传真机）在调制前需要进行编码，以便消除图像信号的冗余度。进行编码处理的信号经解调后还要进行解码处理。

传真信号的传输由电信网完成，它不包括在传真机中。三类传真机的信号由模拟电话线传输。

4. 记录变换

为了把解调后的信号记录在记录纸上形成硬复制，需要将其转换为记录所需的能量，这个能量转换过程称为记录变换。传真机中的记录能量包括光、电、热、磁和压力。

5. 收信扫描

收信扫描是发送扫描的逆过程，其作用是把收到的按时间序列传送的一维信号还原为二维图像。接收扫描也分为机械扫描和电子扫描两种方式。

为了保证原稿图像和还原图像的一致性，收、发两端的扫描速度要一致（同步），扫描的起始位置也要一致（相同）。

总之，传真的过程是将一张待发送的图像（文件、信函、相片或图表等）通过发送扫描进行分解，再经过光电变换将图像信号变换成电信号，然后经放大、编码、调制后，通过传输线路送到接收端。接收端将收到的图像电信号加以放大和解调处理，经记录变换将图像电信号转换成为相应的记录能量，再经过收信扫描将输出的能量按一定的顺序记录在记录纸上，还原出图像副本。

记一记：传真机的主要参数

1. 扫描方式和扫描方向

传真机的扫描方式通常有滚筒式扫描（如图 4-80 所示）和平面扫描（如图 4-81 所示）两种。前者用于中、低速传真机，现已不多见，后者用于高速传真机，是当前的主流。

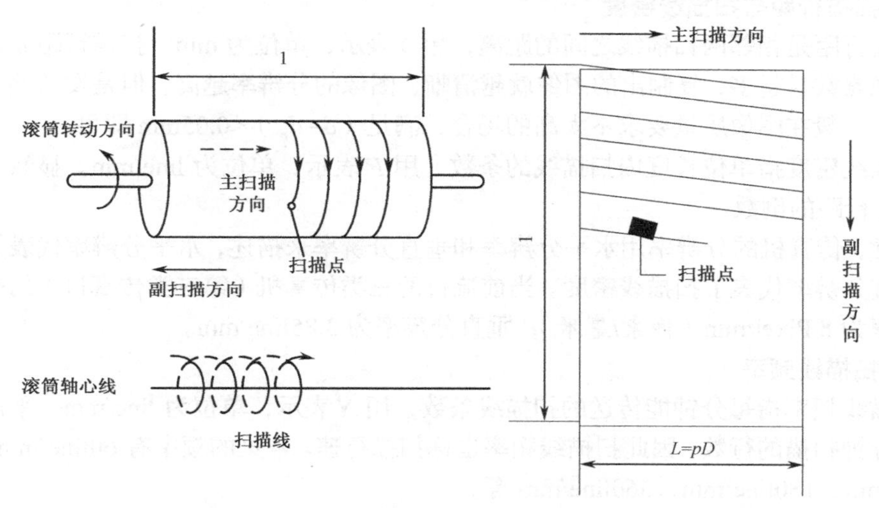

图 4-80 滚筒式扫描

扫描方向有两个，对水平扫描来说，沿着原稿幅面宽度从左到右的扫描为主扫描方向，而沿着输纸的反方向（即从上到下）的扫描是副扫描方向。传真机的发送扫描方向确定后，接收扫描方向必须与其一致。

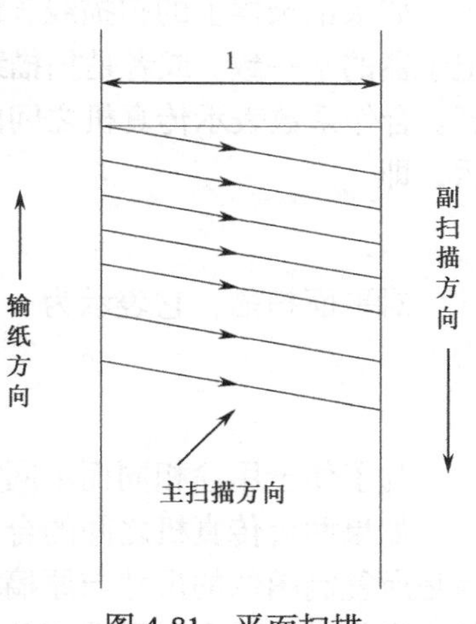

图 4-81 平面扫描

2. 扫描点尺寸及形状

扫描点的大小决定于对复制图像的要求。显然，扫描点越小，复制出的图像与原图像越接近，但同时图像的发送时间也越长。由于人眼的观察能力有限，也不可能分辨出很小的像素，所以扫描点不需要太小。

扫描点的形状有圆形和长方形两种。圆形扫描点可以用简单的光学方法获得，但当圆形扫描点尺寸较大时，容易在复制图像上出现一条条的线，而长方形扫描点没有此缺点。

理论上，采用圆形扫描点时，扫描点直径 d_n 与像素最小宽度 d_{min} 的最佳比例为

$$0.92 \leqslant \frac{d_n}{d_{min}} \geqslant 1$$

如果采用长方形扫描点，通常取长方形扫描点的高度为 $d_n = d_{min}$ =0.2～0.25mm，宽度为 d_w =0.07～0.1mm。

3. 文件（原稿）尺寸与扫描线长度

扫描点沿主扫描方向扫描一行的距离称为扫描线长度（扫描行长度），单位为 mm，用 L 表示。

在滚筒扫描前中，扫描线长度 L 等于滚筒的周长，即 $L=\pi D$（D 为滚筒直径）。

对于平面扫描传真机，其扫描线长度即是原稿的宽度。考虑到输纸时有可能左右偏移，故实际的扫描线全长应稍大于原稿的宽度。由此可见，扫描线的有效长度取决于原稿尺寸。因此，原稿尺寸应符合要求，即 A4 幅面尺寸（210mm×297mm）。

4. 扫描行距与扫描线密度

扫描行距是相邻两扫描线之间的距离，用 δ 表示，单位为 mm。扫描行距 δ 越小，图像被分解的像素数目越多，复制出的图像就越清晰，图像的分辨率越高，但是发送整个图像的时间就越长。一般在图像质量要求不太高的场合，满足（$\delta - d_n$）<0.05mm 即可。

扫描线密度指单位长度内扫描线的条数，用 F 表示，单位为 line/mm。显然，扫描线密度 F 是扫描行距的倒数。

通常，传真机的分辨率用水平分辨率和垂直分辨率来描述，水平分辨率代表了扫描点的尺寸，垂直分辨率代表了扫描线密度。当前流行的三类传真机（第三类传真机）的标准状态的水平分辨率为 8 Pixel/mm（像素/毫米），垂直分辨率为 3.85line/mm。

5. 扫描线频率

扫描线频率指每分钟能传送的扫描线条数，用 N 表示，单位为 line/mm。平面扫描时，反映了每分钟扫描的行数，因此扫描线频率也称扫描行速。常见的频率有 60line/mm、90line/mm、120line/mm、180line/mm、360line/mm 等。

6. 合作系数

如果记录器上的扫描线长度与扫描器上的扫描线长度不同，或者是扫描器的扫描线密度与记录器的不一致，或者是扫描线长度与扫描线密度的差异不成比例，则所得的传真记录就将失真。合作系数表示传真机之间的互通性，对滚筒扫描，它用扫描线密度乘以扫描滚筒直径来表示，即

$$M=FD$$

对平面扫描，它表示为

$$M = F\frac{L}{\pi}$$

为了便于用途相同而不同类型的传真机的互通，国际上建议取 264 和 352 为互通系数。

如果两台传真机之间的合作系数相同，虽然接收的图像和发送的图像在尺寸上可能不同，但是所复制图像的尺寸与原稿相似，就可以认为它们能够互通。在实际的传真通信中，只要收信、发信双方的合作系数相差不超过 2%，图像的畸变就可以忽略。

7. 传真信号的频带宽度

扫描点按一定顺序扫过发送图像时，所产生的信号频率随图像色调的变化而变化。在图像色调变化频繁处产生的信号频率高，而色调无变化处的频率很低，甚至为零。

传真信号的频带宽度 Δf 为最高图像信号频率 f_{max} 和最低图像信号频率 f_{min} 之差。

由于 f_{min} 很低，所以传真信号的频带宽度主要取决于 f_{max}。

若用双边带传输，则幅度调制后的传真信号的频带宽度与扫描线长度 L、扫描行速 N、扫描线密度 F 之间的关系为

$$\Delta f = 2f_{max} = \frac{LNF}{60}$$

8. 图像的传送时间

传真机传送一张图像所需要的时间为图像的传送时间，用 T 表示，单位为 s。图像的传送时间 T 与扫描线长度 L、扫描线密度 F 和扫描行速 N 之间的关系可以用下式表示：

$$T = \frac{60FL}{N}$$

知识链接 3

计算机网络、传真机的典型应用

议一议：计算机网络应用之一——企业信息网络

企业信息网络是指专门用于企业内部信息管理的计算机网络，它一般为一个企业所专用，覆盖企业生产经营管理的各个部门，在整个企业范围内提供硬件、软件和信息资源的共享。

根据企业经营管理的地理分布状况，企业信息网络既可以是局域网，也可以是广域网；既可以在近距离范围内自行铺设网络传输介质，也可以在远程区域内利用公共通信传输介质。它是企业管理信息系统的重要技术基础。

在企业信息网络中，业务职能的信息管理功能是由作为网络工作站的微型计算机提供的，它进行日常业务数据的采集和处理，而网络的控制中心和数据共享与管理中心由网络服务器或一台功能较强的中心主机实现。对于分布于广泛区域的分公司、办事处、库房等异地业务部门，可根据其业务管理的规模和信息处理的特点，通过远程仿真终端、网络远程工作站或局域网远程互连实现彼此间的互连。

目前，企业信息网络已成为现代化企业的重要特征和实现有效管理的基础。通过企业信息网络，企业可以摆脱地理位置所带来的不便，对广泛分布于各地的业务进行及时、统一的管理与控制，并实现全企业范围内的信息共享，从而大大提高企业在全球化市场中的竞争能力。

议一议：计算机网络应用之二——联机事物处理

联机事务处理是指利用计算机网络，将分布于不同地理位置的业务处理计算机设备或网络与业务管理中心网络连接，以便于在任何一个网络节点上都可以进行统一、实时的业务处理活动或客户服务。

联机事务处理在金融、证券、期货及信息服务等系统得到广泛的应用。例如，金融系统的银行业务网，通过拨号线、专线、分组交换网和卫星通信网覆盖整个国家甚至于全球，可以实现大范围的储蓄业务通存通兑，在任何一个分行、支行进行全国范围内的资金清算与划拨。又如，在自动提款机网络上，用户可以持信用卡在任何一台自动提款机上获得提款、存款及转账等服务；在期货、证券交易网上，遍布全国的所有会员公司都可以在当地通过计算机进行报价、交易、交割、结算及信息查询。此外，民航订售票系统也是典型的联机事务处理，在全国甚至

全球范围内提供民航机票的预订和售票服务。

议一议：计算机网络应用之三——POS 系统

POS（Point Of Sales）系统是基于计算机网络的商业企业管理信息系统，它将柜台上用于收款结算的商业收款机与计算机系统连成网络，对商品交易提供实时的综合信息管理和服务。

POS 系统将商场的所有收款机与商场的信息系统主机互连，实现对商场的进、销、存业务的全面管理，并可以与银行的业务网通信，支持客户用信用卡直接结算。

POS 系统不仅能够使商业企业的进、销、存业务管理系统化，提高服务质量和管理水平，并且能够与整个企业的其他各项业务管理相结合，为企业的全面、综合管理提供信息基础，并对经营和分析决策提供支持。

商业收款机是 POS 系统终端之一，其本身是一种专用计算机，具有商品信息存储、商品交易处理和销售单据打印等功能，既可以单独在商业销售点上使用，也可以作为网络工作站在网络上运行。

议一议：计算机网络应用之四——电子邮件系统

电子邮件系统是在计算机及计算机网络的数据处理、存储和传输等功能基础之上，构造的一种非实时通信系统。

电子邮件的基本原理是：在计算机网络主机或服务器的存储器中为每一个邮件用户建立一个电子邮箱（开辟一个专用的存储区域），并赋予其一个邮箱地址，这样邮件发送者（邮件用户）可以在计算机网络工作站（如 PC）上，进行邮件的编辑处理，并通过收件人的电子信箱地址表明邮件目的地；邮件发出后，网络通信设备根据邮件中的目的地址，确定最佳的传输路径，将邮件传输到收件人所在的网络主机或服务器上，并存入相应的邮箱中；收件人可随时通过网络工作站打开自己的邮箱，查阅所收到的邮件信息。

先进的电子邮件系统可以提供“文本信箱”、“语音信箱”、“图形图像信箱”等多种类型的电子邮政功能，支持数据、文字、语音、图形、图像等多媒体邮件，并且可以将各种各样的程序、数据文件作为邮件的附件随电子邮件发送出去。因此，可以构造许多基于电子邮件的网络应用。

目前，全球范围内的电子邮件服务都是通过基于分组交换技术的数据通信网提供的。随着网络能力的提高和网络用户的增加，电子邮政将逐渐替代传统的信件投递系统，成为人们广泛应用的非实时通信手段。

议一议：计算机网络应用之五——电子数据交换系统

电子数据交换系统（Electronic Data Interchange，EDI）是以电子邮件系统为基础扩展而来的一种专用于贸易业务管理的系统，它将商贸业务中的贸易、运输、金融、海关和保险等相关业务信息，用国际公认的标准格式，通过计算机网络，按照协议在贸易合作者的计算机系统之间快速传递，完成以贸易为中心的业务处理过程。

由于 EDI 可以取代以往在交易者之间传递的大量书面贸易文件和单据，所以 EDI 有时也被称为无纸贸易。

EDI 的应用是以经贸业务文件、单证的格式标准和网络通信的协议标准为基础的。商贸信息是 EDI 的处理对象，如订单、发票、报关单、进/出口许可证、保险单和货运单等规范化的商贸文件，它们的格式标准是十分重要的，标准决定了 EDI 信息可被不同贸易伙伴的计算机系统所识别和处理。EDI 的信息格式标准普遍采用联合国欧洲经济委员会制订并推荐使用的EDIFACT 标准。

EDI 适用于需处理与交换大量单据的行业和部门，其业务特征是交易频繁、周期性作业、大容量的数据传输和数据处理等。目前，EDI 在欧洲、北美、大洋洲及亚太地区的日本、韩国和新加坡等国家应用相当普及，且有些国家已明确规定，对使用 EDI 技术的进口许可证、报关单等贸易文件给予优先审批和处理，而对书面文件延迟处理。国际 EDI 应用的迅速发展，促进了我国 EDI 工作的开展。1991 年，我国就成立了“中国促进 EDI 应用协调小组”，加入了国际上的相关组织，并将 EDI 的应用开发纳入了国家科技攻关计划，且经贸委、海关、银行、运输等系统及部分省市已开展了不同程度的研究与应用工作，有些甚至开始了试运行。从目前的科技发展水平来看，实现 EDI 已不是技术问题，而是一个管理问题。

学一学：传真机简介

传真机（如图 4-82 所示为三类传真机之一）将需发送的原件按照规定的顺序，通过光学扫描系统分解成许多微小单元（称为像素），然后将这些微小单元的亮度信息由光电变换器件顺序转变成电信号，经放大、编码或调制后送至信道，然后再传送给接收机。接收机将收到的信号放大、解码或解调后，按照与发送机相同的扫描速度和顺序，以记录形式复制出原件的副本。传真机按其传送色彩，可分为黑白传真机和彩色传真机；按占用频带可分为窄带传真机（占用 1 个话路频带）、宽带传真机（占用 12 个话路、60 个话路或更宽的频带）。

占用 1 个话路的文件传真机，按照不同的传输速度和调制方式可分为以下几类：①采用双边带调制技术，每页（16 开）传送时间约为 6min 的，称为一类传真机；②采用频带压缩技术，每页传送时间约为 3min 的，称为二类传真机；③采用减少信源多余度的数字处理技术，每页传送时间约为 1min 的，称为三类传真机；④可与计算机并网、能储存信息、传送速度接近于实时的传真机，称为四类传真机。

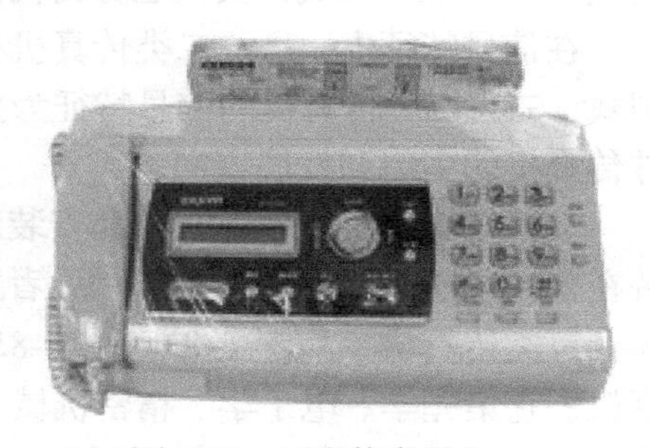

图 4-82 三类传真机之一

传真机按用途可分为气象传真机、相片传真机、文件传真机、报纸传真机等。其记录方式多使用电解、电磁、烧灼、照相、感热和静电记录等。

传真机能直观、准确地再现真迹，并能传送不易用文字表达的图表和照片，操作简便。随着大规模集成电路、微处理机技术、信号压缩技术的应用，传真机正朝着自动化、数字化、高速、保密和体积小、质量轻的方向发展。

议一议：应用之一——相片传真机

相片传真机是一种用于传送包括黑和白在内的全部光密度范围的连续色调图像，并用照相记录法复制出符合一定色调密度要求的副本的传真机。相片传真机主要适合新闻、公安、部队、医疗等部门使用。

议一议：应用之二——报纸传真机

报纸传真机是一种用扫描方式发送整版报纸清样，接收端利用照相记录方法复制出供制版印刷用的胶片的传真机。还有一种报纸传真机，称为用户报纸传真机，它装设在家庭或办公室内，通常用来接收广播电台或电视台广播的传真节目（整版报纸信息或气象预报等），然后直接在纸上记录显示。

议一议：应用之三——气象传真机

气象传真机是一种传送气象云图和其他气象图表用的传真机，又称天气图传真机，用于气象、军事、航空、航海等部门传送和复制气象图等。它传送的幅面比一版报纸还要大，但对分辨率的要求不像对报纸传真机的要求那样高。气象传真有两种传输方式，即利用短波（3～30MHz）的气象无线传真广播和利用有线或无线电路的点对点气象传真广播。气象传真广播为单向传输方式，大多数的气象传真机只用于接收。

议一议：应用之四——文件传真机

文件传真机是一种以黑和白两种光密度级复制原稿的传真机。它主要适用于远距离复制手写、打字或印刷的文件、图表，以及复制色调范围在黑和白两种界限之间具有有限层次的半色调图像。它广泛应用于办公、事务处理等领域。文件传真机根据利用电信网、信号加工处理技术和传送标准幅面原稿时间的不同，又可分为在公用电话通信网上使用的一类传真机、二类传真机、三类传真机，以及在公用数据网上使用的四类传真机等。

一、二、三类传真机通常利用电话电路传输，传送一页A4（大16开）幅面文件，分别约需6分钟、3分钟和1分钟。四类传真机传送文件的速度快，时间短（约几秒至十几秒）。作为一种数据终端，它主要用于公用数据通信网络，但若采用适当的调制方式，也可用于公用电话交换网络。三、四类传真机也称为高速传真机。

在信号特征上，一、二类传真机有别于三、四类传真机。一、二类传真机的信号特征为模拟式；三、四类传真机的信号特征为数字式，因此它们具有数字通信的许多特点和优点，是文件传真机的主力和发展方向。

文件传真机根据服务对象和安装地点，通常可分为公用传真机和用户传真机两类。前者安装在公共场所，面向公众服务；后者安装在办公室或家中，直接为用户服务。

三类传真机（如图4-83～图4-85所示）是目前使用最普遍、需求量最大的一种数字式传真机。它集光学、电子学、精密机械、数据通信和微处理技术等最新成就于一身，具有其他传真机所不及的许多特点，如下所示。

图4-83　三类传真机之二

图4-84　三类传真机之三

1. 功能多

三类传真机由于电子计算机参与了传真信息的控制处理，所以机器的自动化程度很高。目前使用的三类传真机的功能多达几十种，现举例如下。

（1）自动检测（诊断）功能。当传真机出现故障时，能自动显示故障现象和部位。例如，当发送文稿或记录纸出现卡纸现象时，传真机上除了有文字显示外，相应指示灯也会发亮，使用者可随时根据显示排除故障。

图 4-85 三类传真机之四

（2）无人值守功能。无人值守可以节省人员，特别是对时差很大的国际间传真通信而言更有实际意义。无人值守通常可以区分为三类：收方无人值守、发方无人值守和双方无人值守。收方无人值守指收方传真机旁可以不要操作人员，发方拨通收方的电话号码后即可自动启动收方传真机，并接收发方传送的文稿，打印出管理报表供收方查看。发方无人值守指当发方用户因临时有急事要离开而又需将文稿传给对方时，可以将所有的发送文稿放在传真机的进纸板上，按照事先规约，收方拨通发方的电话号码后，即自动启动了发方的传真机，待核实双方事先制定的密码后，将发送文稿按顺序依次发给收方。双方无人值守就是收、发双方传真机都可以不要操作人员，发方将要发送的文稿按次序放在进纸板上，并调整好报文的发送时间，到了预定时刻，发方传真机自行启动，通过拨号呼叫，启动收方传真机，待核实双方事先制定的密码后，将文稿发送给对方。

（3）图像自动缩扩功能。前面曾经提到，文件传真机能够实现信息的远距离传送，即使有时发送的文稿尺寸未必与收方记录纸刚好配套也无妨。倘若发送的文稿比较宽，而收方的记录纸比较窄，这时可以通过调整使文稿按比例缩小；同理，倘若发送的文稿比较窄，字也比较小，看不清楚，加上收方传真机的记录纸比较宽，这时可自动地将文稿放大。

（4）自动进稿和切纸功能。三类传真机的纸台上可以放入 50 多张文稿纸，由传真机上的自动进纸器控制，按照顺序依次自动发送。在传送过程中，如果想了解传送质量，可以查看打印出来的报表。传真机上的自动切纸功能是使接收到的副本的长短与发送文稿相同，以防副本因纸长造成浪费、纸短了丢失文字。

（5）色调选择功能。有的三类传真机除能传送黑白两种色泽外，还可以传送深灰、中灰及浅灰等中间色调，这样，传送的图片画面层次分明，富有立体感。

（6）“跳白”功能。一张传真文稿上往往有为数众多的“白行”和“白段”，传送这些空白部分要浪费相当的时间，因而降低了传输文稿的效率。具有“跳白”功能的三类传真机遇到字与字或行与行之间有空白时，就会自动跳过去，这样可以大大提高低密度文字文稿的传输效率。利用三类传真机传输一幅 A4 幅面的文稿，正常传输时间为 1min，有了“跳白”功能以后，可以提高到 40s、30s、20s，甚至几秒。

（7）缩位拨号功能。对于一些经常的传真对象，可以将其位数较多的电话号码用 1～2 位自编代码来代替。例如，用户向电话局登记了用“86”两位数代替对方的电话号码 82420772，那么，传真前用户只要按规定输入“86”即可自动接通被叫用户（82420772）。

（8）复印机功能。三类传真机收、发合一，不仅能传真，而且还能当复印机使用。有些三类传真机将“复印”称做“自检”，通过它可以检测传真机的工作状况是否正常。

（9）故障建档功能。三类传真机能将在使用过程中每次出现的障碍自动存储在机内的存储器中，自动建立“病历”档案，需要时可以调出“病历”进行分析和维修。除此以外，三类传真机还具有选择扫描线密度及通话请求等功能。

2. 操作使用方便

操作人员无须进行专门训练，在很短时间内就能掌握三类传真机的使用和操作方法。

3. 体积小，质量轻

最新的三类传真机只有几千克，个头也不大，方便携带。

4. 传输方式灵活

三类传真机可使用现有的公用电话交换网或专用电话线进行传输，以半双工方式工作。

彩色传真的原理说起来也并不复杂，我们知道，自然界尽管绚丽多彩，百色争艳，但绝大多数色彩的光都能分解成红、黄、蓝 3 种颜色，反过来说，按照一定量的比例将它们调和在一起，就能合成出各种色彩，这就是有名的“三基色原理”。例如，白色是由适量的红、黄、蓝色合成的，青色是由适量的黄、蓝色合成的等。彩色电视机就是根据三基色原理进行工作的。

用传真发送彩色图片，基本上有两种方法。一种是采用“顺序传送”，即先把彩色图像信息分解成红、黄、蓝 3 种基本信息，然后依照顺序传送出去，在接收端再将这 3 个基色混合，重现出与发方相同的彩色图像。采用这种方法传输，就需要 3 倍于发送黑白图像的传输时间，如果包括黑色在内，就要花上 4 倍的时间。另一种方法是采用“同时传送”，即同时传送每种颜色的单独信号，但这样需要增加电路的频带宽度。

实训操作 1：电脑的正确使用、维护、常见故障排除

看一看：正确的打字姿势

电脑是我们生活、工作、娱乐中的重要工具，作为电脑用户的你，有没有出现过腰酸背疼、眼睛干涩、胳膊疼等症状？这一方面是因为我们长期过度使用电脑，另一方面是因为我们没有掌握正确的电脑使用方法。如图 4-86 所示是正确的打字姿势，除此之外，你还知道哪些健康、正确的电脑使用和维护方法？

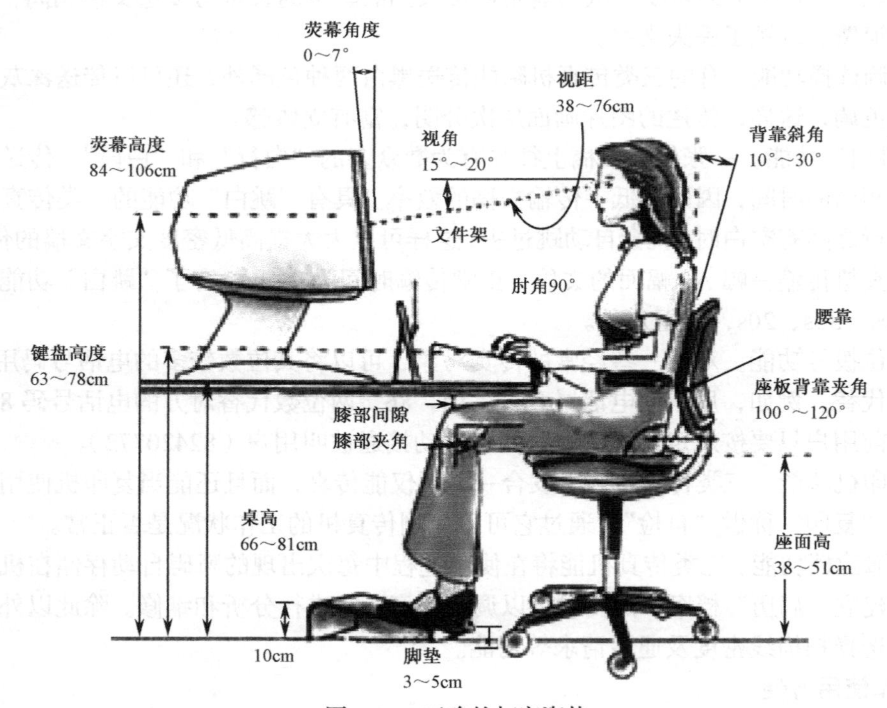

图 4-86　正确的打字姿势

记一记：电脑的正确使用方法

1. 电脑及外设的开关机顺序要对

应该先打开外设（如显示器、音箱、打印机、扫描仪等设备）的电源，然后再接通主机电源。而关机顺序则刚好相反，因为在主机通电的情况下，关闭外设电源的瞬间，会对电源产生很大的电流冲击，所以应该先关闭主机电源，然后再关闭外设电源，这样可以减少对硬件的伤害。关机最忌讳的就是直接关闭电源，这样不仅会影响电脑的下一次启动，还会影响其使用寿命，以及会让系统产生很多垃圾文件。目前的电脑基本上都支持软关机（在操作系统里关），即关机之前，先退出操作系统中运行的应用程序（杀毒软件等应该长期驻留内存的可以不退），然后再按操作系统的关机程序关机，例如，通过 Windows 的开始菜单里的"关机"来关机。每次开机的时间间隔不能太短，千万不要刚刚关机又马上开机，这样对主机配件特别是硬盘的伤害非常大，起码应间隔 30s 后再重新开机。

2. 放置的地点要防火、防尘、防潮、防水、防鼠、防雷击、防静电等

触摸电脑硬件时很可能会造成一些硬件芯片被静电击穿而损坏。因此，用手摸电脑硬件前，应先触摸金属导体（如机箱的铁皮），或直接用水洗手来释放身体的静电（但切不可用湿手去触摸硬件）。如果不小心将水洒入电脑内时，请先将电脑关机，拔掉电源，并等其阴干后再使用。

3. 防止带电插拔损坏电脑及其他设备

在插拔电脑键盘及鼠标时，如果不是 USB 接口的键盘与鼠标，应在关机后再进行插拔，否则有可能会因为电流冲击而损坏主板。在电脑开机状态下插拔打印机连线，甚至是在开机状态插拔打印机电源都有可能会烧坏主板。拔出 USB 设备时，应在"安全删除硬件"中先停止 USB 设备的运行，等出现可以安全移除设备的提示后，才可以拔下 USB 设备。

4. 使用完要关机

下班或长时间外出时，要关闭电脑的电源，这样不但可以节约用电，而且还能延长电脑使用寿命。但要注意在 Windows 系统中按下"关机"按钮后，在出现的下拉菜单中要选择"关机"而非"重新启动"，也即要等到电脑真正关闭了电源后才能离开。另外，在夏天雷雨季节关机后，最好把电源线和网线都拔下来，以防雷击造成电脑损坏。

5. 要安装必要的防病毒软件和设置足够强的口令

电脑病毒其实也是一种程序，但是它的危害就是破坏系统的正常使用。在系统安装完以后，应先把杀毒软件和防火墙安装好（出于电脑的安全考虑），其目的就是尽可能减少因为安全原因而重复安装系统。但一台电脑不要安装一个以上的杀毒软件。防火墙的安装在现在这种网络病毒、木马等到处泛滥的情况下是绝对有必要的。

设置口令能够提升一定的安全性。以往 HACKER（黑客）往往都是通过一定的手段来提升自己的权限，然后才能进一步对系统进行操作，这就要求 HACKER 必须破解密码或者建立一个新的管理员账号。如果你设置了较复杂的密码，就将给黑客的破解带来一定的难度。

6. 文档与系统分区存放

这样做一方面可以防止用户的文档过多占用内存，导致系统变慢；另一方面在重新安装操作系统的情况下，可以只重新安装系统文件所在的 C 盘，而不会丢失用户自己的文件。

7. 不要长时间使用，威胁眼睛和颈椎等的健康

接触电脑时间不要超过 20h，因为长时间操作电脑会导致人的手指关节、手腕、手臂肌肉、双肩、颈部、背部等部位出现酸胀疼痛。对于女性而言，长时间保持坐姿会导致其盆腔血液滞留不畅。

8. 正确保护眼睛

（1）不要将电脑摆在窗边，避免光源从头顶上方照射造成反光。电脑的荧光屏上要使用滤色镜以减轻视疲劳。最好使用玻璃或高质量的塑料滤光器。

（2）电脑屏幕要比眼睛位置低，且距离 60cm。

（3）要注意用眼卫生，即使用电脑 40～50min 后要休息 5～10min（如果可以，请闭上眼睛休息，这样才能达到完全的休息）。

（4）坐在电脑前要多眨眼睛，且在桌上摆一杯水以增加周边的湿度；如果眼部不舒服，可将双手摩擦后敷在闭着的眼睛外。

9. 软件使用中的注意事项

（1）防止 U 盘等移动设备传染病毒。局域网内有很多计算机病毒，这些病毒有一些是因为浏览带病毒的网站而带入的，但也有很大一部分是因为用 U 盘将在外网上下载的文件安装到内网使用，或者是将 U 盘插在带病毒的计算机上使用时将病毒传染到 U 盘上，然后又将其插到内网中使用而传染内网。因此，当你在外网中使用完 U 盘后，不要马上将 U 盘插到内网上使用，而要在一台没有病毒的电脑上先对 U 盘进行查毒，然后再使用 U 盘上的文件。

（2）不要随意将软件删除。笔者在维护电脑时经常发现有人因将 ORACLE 目录删除而造成无法连接数据库的情况，因此，当你不知道这些软件的用途时，不要随意将软件删除。

（3）重要文件应定时备份。要知道质量再好的电脑也总有一天是会坏掉的，因此重要文件要进行备份，备份的文件可以放到另一台电脑或 U 盘上。而要长久保存的文件最好刻成光盘保管，不要放在 FTP 上备份，以防管理员将你的文件清理掉或别人将你的内容误删除掉。

另外，保存文件时最好不要将其保存在 C 盘，以防因重装系统而丢失文件。更不要随意将文件存在电脑桌面上。

做一做：电脑的日常维护

如果您是普通的家庭电脑用户，可以计划大约每 3 个月例行做一次维护；如果您的电脑每天都在使用，则维护次数可以频繁一点。维护内容如下。

1. 卸载不用的程序（如图 4-87 所示）

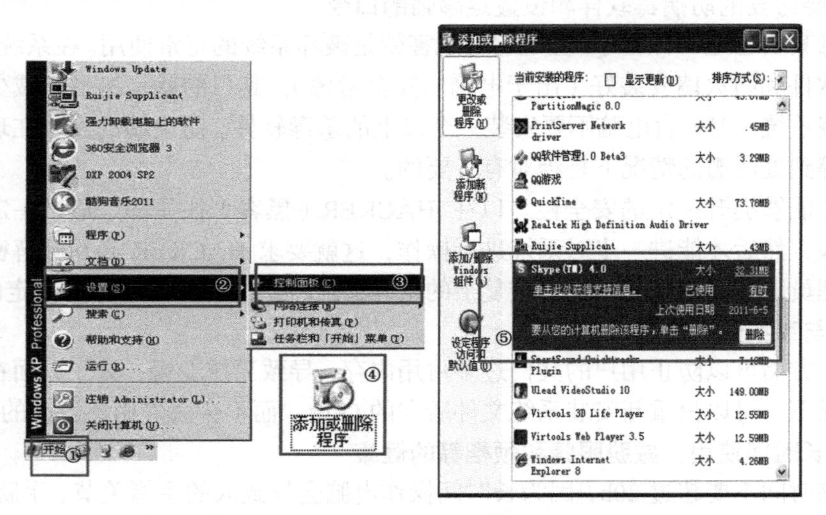

图 4-87 卸载不用的程序

如果您有一个软件已经在过去的 6 个月里都没有使用过，请卸载掉，这样可以腾出空间，让您的电脑中的重要的程序运行得更有效率。

要做到这一点，请先单击“开始”按钮，选择“设置”下的“控制面板”，然后单击“程序和特征”或者“添加或删除程序”，然后根据视窗版本，检查程序清单。如果你看到一个程序，知道它的功能但并不使用，则可用鼠标右键单击它，然后单击“删除”按钮；如果你不确定它是个什么样的程序，则不要随意删除它。

2. 删除暂存和不必要的文件

如果您在一年或更长时间内没有删除暂存性文件，则这一操作甚至可以释放 10%或更多的内存。下面介绍两个方法。

1）磁盘清理

单击“我的电脑”，在图 4-88 中用鼠标右键单击 C 盘，选择“属性”，弹出如图 4-89 所示的对话框，单击“磁盘清理”，弹出如图 4-90 所示的对话框（此时系统正在计算可清理的空间），接下来在弹出的如图 4-91 所示的对话框中选择要清理的内容（需要清理的在前面“勾”选），单击“确定”按钮同意磁盘清理建议，然后在弹出的如图 4-92 所示的对话框中单击“是”按钮，即可开始清理，如图 4-93 所示。清理后可以计算出释放的空间大小。如果不同意磁盘清理的建议，只要确保该项前面的方框不打勾就行了，然后单击按钮“否”。相反，可以选择“更多的选项”选项卡，重复进行以上步骤释放更多的内存。

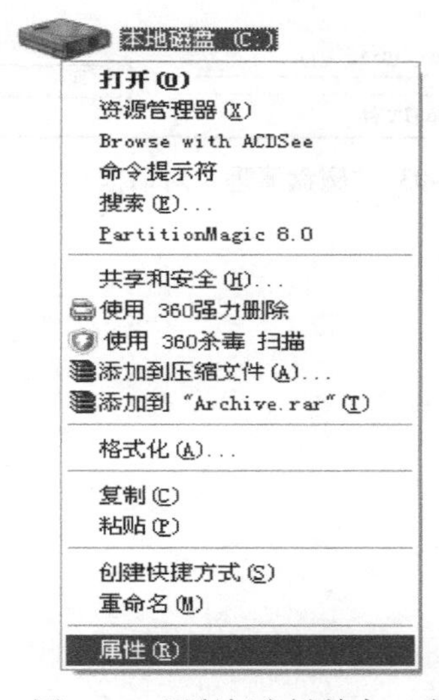

图 4-88　用鼠标右键单击 C 盘

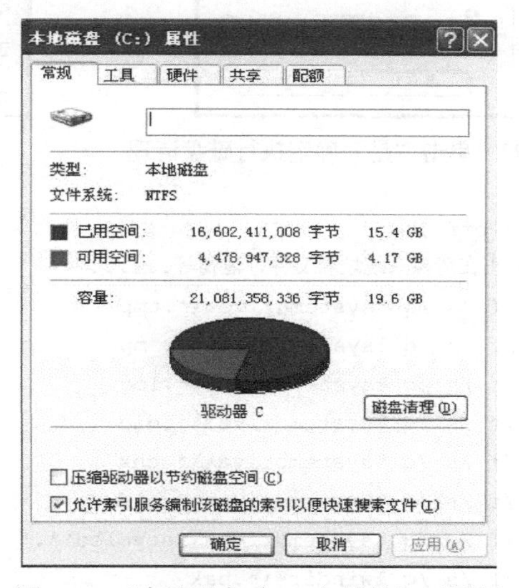

图 4-89　“本地磁盘（C：）属性”对话框

2）使用“清除系统 LJ”软件

该软件能很好地清除 C 盘上没用的文件和使用痕迹，节省 C 盘内存，让电脑更快速。下面是用户自己制作“清除系统 LJ.bat”文件的方法。

首先在电脑屏幕的左下角单击“开始”→“程序”→“附件”→“记事本”，把下面的程序复制进去，再单击“另存为”，路径选“桌面”，保存类型为“所有文件”，文件名为“清除系统 LJ.bat”，这样你的垃圾清除器就制作成功了！然后双击“运行”，会出现如图 4-94 所示的画面，最后当出现“清除系统 LJ 完成！请按任意键结束”的字样，你就可以通过对比运行前后的 C 盘空间大小，来检验该软件的快捷功能了。

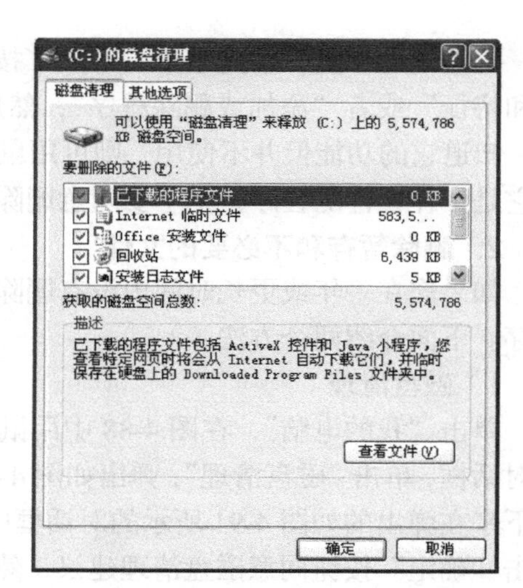

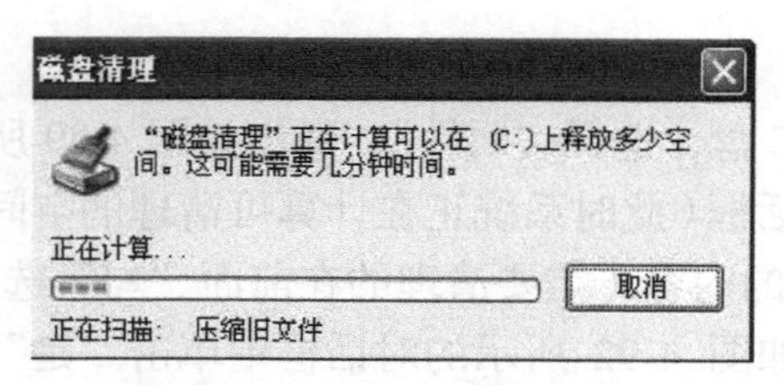

图 4-90　计算磁盘释放空间

图 4-91　"（C：）的磁盘清理"对话框

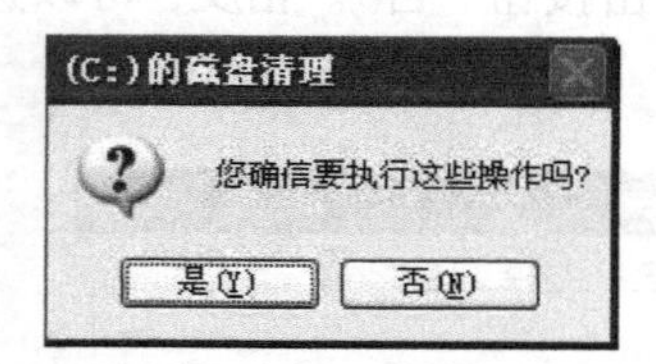

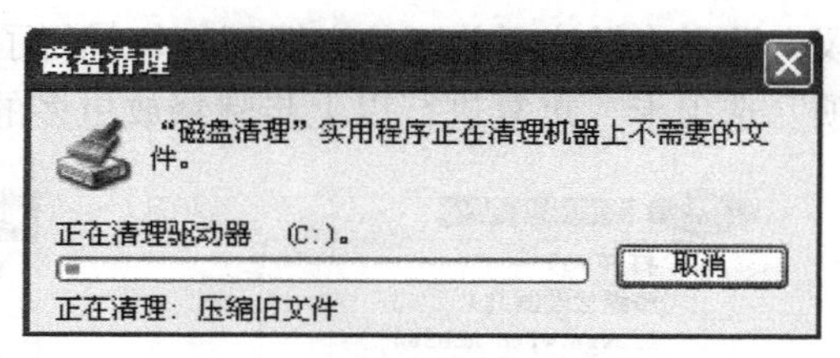

图 4-92　单击"是"确定执行磁盘清理

图 4-93　"磁盘清理"对话框

```
@echo off
echo 正在清除系统垃圾文件，请稍等......
del /f /s /q %systemdrive%\*.tmp
del /f /s /q %systemdrive%\*._mp
del /f /s /q %systemdrive%\*.log
del /f /s /q %systemdrive%\*.gid
del /f /s /q %systemdrive%\*.chk
del /f /s /q %systemdrive%\*.old
del /f /s /q %systemdrive%\recycled\*.*
del /f /s /q %windir%\*.bak
del /f /s /q %windir%\prefetch\*.*
rd /s /q %windir%\temp & md %windir%\temp
del /f /q %userprofile%\cookies\*.*
del /f /q %userprofile%\recent\*.*
del /f /s /q "%userprofile%\Local Settings\Temporary Internet Files\*.*"
del /f /s /q "%userprofile%\Local Settings\Temp\*.*"
del /f /s /q "%userprofile%\recent\*.*"
echo 清除系统 LJ 完成!
echo. & pause
```

3）删除系统的所有还原点（除了最近的之外）

你可以通过删除系统的所有还原点（除了最近的之外）来释放更多的磁盘空间。作为一个标准的功能，视窗系统会定期给您的电脑的相关内容留下痕迹——还原点，下面的步骤将只保留最近期的一个还原点。

图 4-94　清除系统 LJ.bat 的垃圾清除画面

单击“开始”按钮，选择“计算机”或“我的电脑”，用鼠标右键单击 C 盘，选择“属性”，再单击“磁盘清理”，选择“其他选项”，单击其中的第三部分（删除系统所有还原点（除了最近的之外）来释放更多的磁盘空间）中的“清理”按钮，再单击“确定”按钮，便可以删除（除了最近的之外）还原点。这需要一小段时间；如果您的电脑有一段时间没有清理了，则这个过程可能要花半小时或更长的时间。

4）磁盘碎片整理

数据是写在并储存在磁盘块上的。随着时间的推移，旧文件将被删除，新文件将补充进来。但是如果一个文件不能被存储在邻近的块上，它们就会变成碎片。磁盘碎片整理仅仅是一种清除空磁盘块，把文件重新组合在一起的方法。

在电脑桌面，用鼠标右键单击“我的电脑”，在弹出的快捷菜单中选择“管理”，在弹出的对话框的左边用左键单击“磁盘碎片整理程序”，然后在右边选择你要整理的磁盘进行碎片整理，如图 4-95 所示。例如，选择 D 盘，先单击“分析”，然后单击“碎片整理”，这个过程可以安排作为一个自动任务每周完成一次。

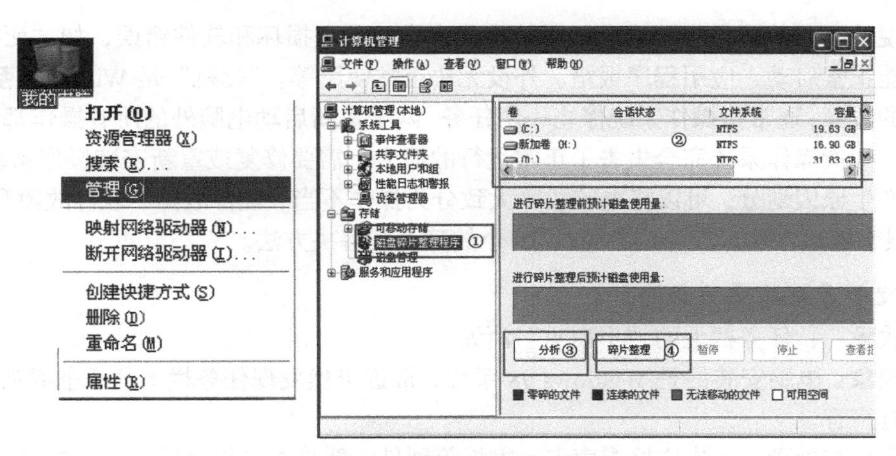

图 4-95　磁盘碎片整理

5）使用扫描病毒、间谍软件

应该用你的安全软件扫描病毒、蠕虫和间谍程序，否则这些程序可能会损坏你的电脑和泄露你的隐私。如图 4-96 所示，以 360 杀毒为例，你可以选择“快速扫描”、“全盘扫描”和“指定位置扫描”等方式。如果你只想扫描某一个或两个盘，可以选择“指定位置扫描”方式，对欲扫描的盘进行勾选，然后单击“开始扫描”。在扫描过程中会占用内存，建议在扫描期间不要打开太多程序，否则系统会变得很慢。

图 4-96　使用 360 杀毒的扫描选择界面

学一学：电脑的常见故障

电脑是一个科技含量很高、结构很复杂的电子产品，很多故障都可以导致它工作不正常，甚至出现系统完全崩溃、硬件损坏的现象。电脑出现故障的原因众多，加上 Windows 操作系统的组件相对复杂，因此对于普通用户来说，想要准确地找出其故障的原因几乎是不可能的。这是否意味我们如果遇到电脑故障，就将完全束手无策了呢？其实并非如此，虽然使电脑产生故障的原因有很多，但是只要我们细心观察，认真总结，还是可以掌握一些电脑故障的规律和处理办法的。

通常说的电脑故障是指造成电脑系统功能失常的物理损坏和软件错误，如“死机”、系统崩溃、不能正常启动、应用程序报错、外设无法正常使用等。“死机”是 Windows 系列操作系统中常见的故障，通常指操作系统停止一切任务，除了重新启动电脑外的所有操作都没有反应。系统崩溃一般指操作系统完全失去了正常运行的能力，需要修复或重新安装操作系统。

依据产生原因划分，可以将电脑故障大致分为操作不当、硬件故障、软件故障和安全故障 4 大类。限于篇幅，这里仅介绍常见的 10 个故障及其解决方法。

做一做：电脑常见故障的排除

常见故障一：任务栏上的“小喇叭”消失

故障现象：电脑安装的是 Windows 98 系统，最近突然发现任务栏上的“小喇叭”不见了，电脑也没有声音。

故障分析与处理：首先应检查声卡、主板等硬件，看是否有松动等现象。在排除了声卡等硬件损坏的情况下，对系统重新设置，用鼠标左键单击“开始”→“设置”→“控制面板”→“声音与多媒体”，选中“在任务栏显示音量控制”复选框，在任务栏上的“小喇叭”图标出现。双击该图标，取消静音后，故障排除。

常见故障二：误删了桌面上的 IE 图标

故障现象：不小心删除了 Windows 98 桌面上的 IE 图标，而且清空了回收站。该如何恢复呢?

故障分析与处理：首先将鼠标指针移动到桌面上，单击鼠标右键，在弹出的菜单中选择“新建”→“文件夹”，将文件夹的名字命名为 InternetExplorer.{FBF23B42-E3F0-101B-8488-00AA003E56F8}（注意中间不能有空格），按“Enter 回车”键确认后，IE 图标就重新出现了。

常见故障三：误删文件

故障现象：在日常使用电脑的过程中，每个人都可能遇到过误删除数据、误格式化硬盘分区等比较麻烦的情况，甚至还可能出现误删除硬盘分区的情况。一旦出现这些情况之后，该如何恢复那些误删除的数据呢?

故障分析与处理：如果你把文件“Delete”到回收站，在回收站没有清空的情况下，可以通过复制粘贴进行恢复，如果是使用“Shift＋Delete”彻底删除，则只要你没有向删除文件的分区写入文件，就还有机会将误删除的文件恢复，但不敢保证能全部恢复。现在用于恢复数据的软件有很多，如 EasyRecovery Pro、FinalDataEnterprise20 等。

常见故障四：如何打开损坏的 Word 文件

故障现象：在使用 Word 时，经常会出现这样一个麻烦的问题——一个非常重要的 Word 文件不能打开，那么这个文件还能恢复和打开呢?

故障分析与处理：这是在 Word 使用过程中经常会碰到的故障。如果无法打开损坏的重要文件，则损失不可估计。其实这种故障通过设置也是有可能解决的，方法如下。

方法一：

（1）在 Word 中，通过“文件”菜单选择“打开”菜单项，弹出“打开”对话框；

（2）在“打开”对话框中选择已经损坏的文件，从“文件类型”列表中选择“从任意文件中恢复文本（*.*）”项，然后单击“打开”按钮（要使用此恢复功能，需要安装相应 Office 组件）。

方法二：使用 Word 中的文字转换功能。单击“工具”菜单下的“选项”菜单项，在弹出的对话框中选择“常规”选项卡，选中“打开时确认转换”复选框，单击“确定”按钮完成设置。只有打开损坏的文档和 Word 不能直接打开文件时，程序才会弹出转换对话框。

常见故障五：电脑桌面上没有光标

（1）鼠标彻底损坏，这就需要更换新鼠标。

（2）鼠标与主机连接串口或 PS/2 口接触不良，仔细接好线后，重新启动即可。

（3）主板上的串口或 PS/2 口损坏，这种情况很少见，如果是这种情况，只能更换一个主板或使用多功能卡上的串口。

（4）鼠标线路接触不良，这种情况是最常见的。接触不良的点多在鼠标内部的电线与电路板的连接处。故障只要不在 PS/2 接头处，一般维修起来不难。该故障通常是由于线路比较短，或比较杂乱而导致鼠标线被用力拉扯造成的，解决方法是将鼠标打开，再使用电烙铁将焊点焊好。还有一种情况就是鼠标线内部接触不良，这是由于时间长而造成老化引起的，这种故障通常难以查找，更换鼠标是最快的解决方法。

常见故障六：鼠标能显示，但无法移动

鼠标的灵活性下降，鼠标指针不像以前那样随心所欲，而是反应迟钝，定位不准确，或干脆不能移动了，出现这种情况，主要是因为鼠标里的机械定位滚动轴上积聚了过多污垢而导致传动失灵，造成滚动不灵活。维修的重点应放在鼠标内部的 X 轴和 Y 轴的传动机构上。解决方法是打开胶球锁片，将鼠标滚动球卸下来，用干净的布蘸上中性洗涤剂对胶球进行清洗，摩擦轴等可采用酒精进行擦洗。最好在轴心处滴上几滴缝纫机油，但一定要仔细，不要流到摩擦面和码盘栅缝上了。将一切污垢清除后，鼠标的灵活性将恢复如初。

常见故障七：某些字符不能输入

若只有某一个键的字符不能输入，则可能是该按键失效或焊点虚焊。检查时，按照上面叙述的方法打开键盘，用万用表的电阻档测量接点的通断状态。若键按下时接点始终不导通，则说明按键簧片疲劳或接触不良，需要修理或更换；若键按下时接点通断正常，说明可能是虚焊、脱焊或金屑孔氧化，可沿着印刷线路逐段测量，找出故障后进行重焊；若因金属孔氧化而失效，可将氧化层清洗干净，然后重新焊牢；若金属孔完全脱落而造成断路时，可另加焊引线进行连接。

常见故障八：显示器花屏

该问题多是由于显卡引起的。如果是新换的显卡，则可能是显卡的质量不好或不兼容，再有可能是还没有安装正确的驱动程序。如果是旧卡而加了显存，则有可能是新加进的显存和原来的显存型号参数不一所导致的。

常见故障九：显示器黑屏

如果是显卡损坏或显示器断线等原因造成没有信号传送到显示器，则显示器的指示灯会不停地闪烁提示没有接收到信号。如果将分辨率设得太高，超过显示器的最大分辨率时也会出现黑屏，重者甚至会销毁显示器（但现在的显示器都有保护功能，当分辨率超出设定值时会自动保护）。另外，硬件冲突也会引起黑屏。

常见故障十：显示器抖动

原因一：显示器的刷新频率设置得太低。

当显示器的刷新频率设置得低于 75Hz 时，屏幕常会出现抖动、闪烁的现象。可把刷新率适当调高，如设置成高于 85Hz，则屏幕抖动的现象一般不会再出现。

原因二：电源变压器或音箱离显示器和机箱太近。

电源变压器或音箱工作时会造成较大的电磁干扰，从而造成屏幕抖动。把电源变压器放在远离机箱和显示器的地方，可以让该问题迎刃而解。

原因三：劣质电源或电源设备已经老化。

许多杂牌电脑电源所使用的元器件做工、用料均很差，易造成电脑的电路不畅或供电能力跟不上，当系统繁忙时，显示器甚至会出现屏幕抖动的现象。电脑的电源设备开始老化时，也容易产生相同的问题。

原因四：病毒作怪。

有些计算机病毒会扰乱屏幕显示，如字符倒置、屏幕抖动、图形翻转显示等。网上随处可见的屏幕抖动脚本，就足以让用户在中招之后“头大如牛”。

原因五：显示卡接触不良。

重插显示卡后，该故障可得到排除。

原因六：电源滤波电容损坏。

打开机箱，如果你看到电源滤波电容（电路板上个头最大的那个电容）顶部鼓起，便说明电容坏了。换了电容之后，即可解决该问题。

实训操作2：电脑与电视的连接

想一想：电脑有哪些应用？

众所周知，电脑已经深入千家万户，对人们的工作、学习和生活娱乐等各个方面有着重要的影响。

大家想过怎样用电脑连接电视吗？把电视当电脑用，既丰富了电视的应用，又增加了电脑的用途。用电脑连接电视既可以省去DVD设备和碟片的费用，又可以充分利用网上无限多片源，还可以达到DVD级别高清晰度，在大屏幕电视机上进行欣赏，而不用局限于坐在电脑前。是不是你也想试试呢?下面介绍具体步骤。

做一做：电脑连接电视

一、购置专用的连接线

1. 购置视频线

一般的笔记本电脑都没有AV端口，因此需要买个视频转换器，然后购买电脑连接电视专用音视频线，其长度规格有1.8m、3m、5m、10m、15m及20m等。在购置之前，务必认真观察和记录现有的电脑显卡和电视机后面板的音视频接口情况。

现在的显卡一般接口比较丰富，VGA、DVI、S端子一应俱全，如图4-97所示。针对电脑显卡的不同接口类型，应采用不同的连接线。

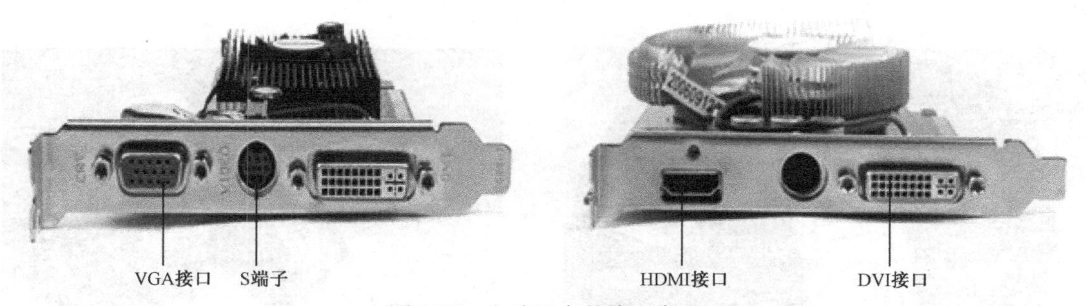

图4-97 电脑显卡的接口类型

（1）针对目前流行的液晶电视，有两种电视和电脑连接的视频线。第一种为VGA视频线（如图4-98所示），它长5m，两端都为DB15针接口，且白色较黑色的贵一些。这种视频线只能实现在液晶电视上同步显示电脑的内容，无声音，必须再另配一根音频线。第二种为HDMI接口线（如图4-99所示），也称一线通。HDMI规格的接口在保持高品质的情况下能够以数码的形式传输未经压缩的高分辨率视频和多声道音频的数据，换句话说，音视频只需要这一根线。采用HDMI规格接口的线缆拓宽了长度的限制。例如，DVI的线缆长度不能超过8m，否则将影响画面质量，而符合HDMI规格的线缆长度可达15m。这种接口线要求电脑的显卡和液晶电视要具备 HDMI 接口。

图 4-98　VGA 视频线

图 4-99　HDMI 接口线

DVI 接口与 HDMI 接口转接线如图 4-100 所示，DVI 接口与 VGA 接口转接线如图 4-101 所示。

图 4-100　DVI 接口与 HDMI 接口转接线

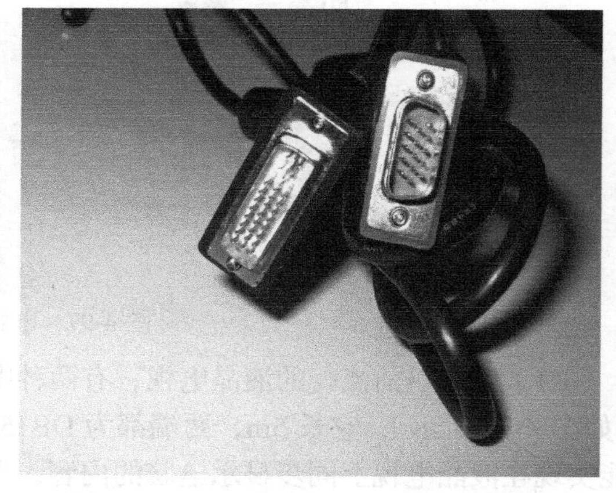

图 4-101　DVI 接口与 VGA 接口转接线

（2）对于 CRT 电视，后面没有 VGA 接口，这样可使用 S 端子或者 AV 视频输入端口。如果电视只有 S 端子，则可以购置专用的 S-AV 转接头。电脑与电视的 VGA-S 转接线如图 4-102 所示。电脑与电视的 S 端子转接线如图 4-103 所示。

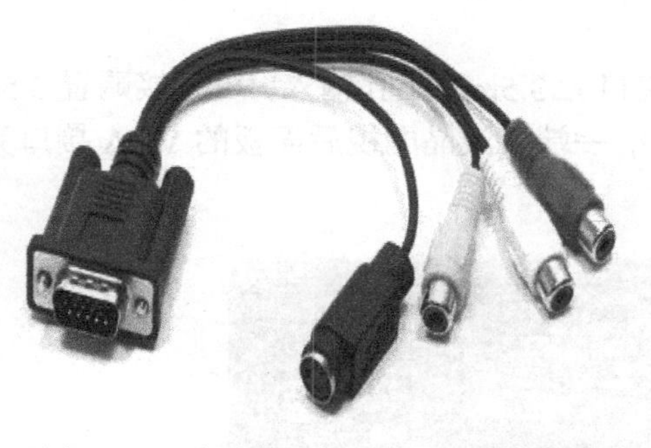

图 4-102　电脑与电视的 VGA-S 转接线

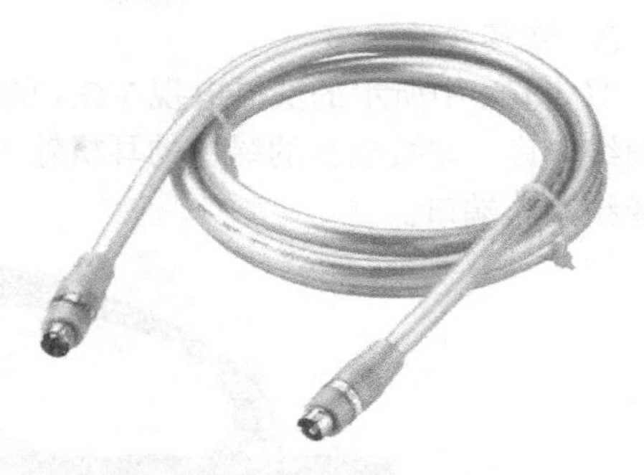

图 4-103　电脑与电视的 S 端子转接线

2. 购置音频线

除市场上流行的 HDMI-HDMI 音视频一线通外，其余的视频连接线还需另外配置一根音频线。常见的音频线的一头是 3.5mm 接头（像耳机的头），一头是莲花头（2 个，一红一白），如图 4-104（a）所示。还有一种 3.5-3.5 音频线，如图 4-104（b）所示。

（a）3.5mm 接头的音频线

（b）3.5-3.5 音频线

图 4-104　音频连接线

二、硬件连接

这里以联想的 ThinkPad 笔记本电脑和长虹液晶电视为例进行介绍，采用双 VGA 视频线。

1. 视频线的连接

如图 4-105 所示，将双 VGA 视频连接线一端接于电脑的 VGA 接口，另一端接于液晶电视的 VGA 接口，则视频线连接完毕。

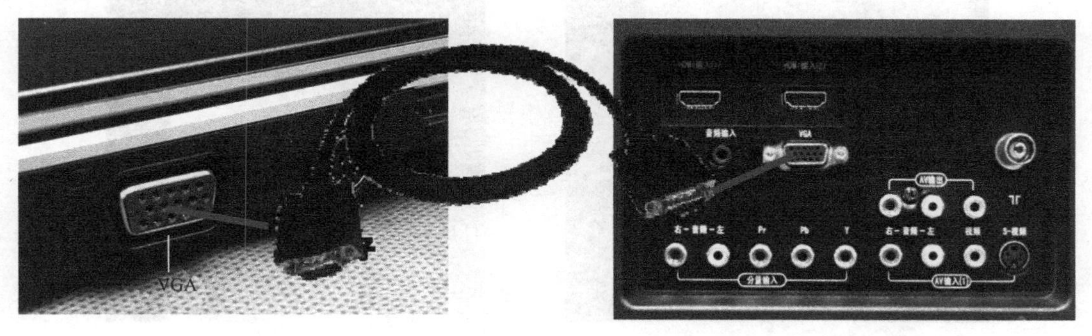

（a）电脑端　　（b）液晶电视端

图 4-105　视频线的连接

2. 音频线的连接

图 4-106 中所示的液晶电视 VGA 的音频输入接口为 3.5mm 单孔输入，可直接购置 3.5-3.5 音频线，其一端接电脑的绿色的耳机输出接口（🎧），一端接液晶电视后面板的 VGA 接口旁边的音频输入端口。

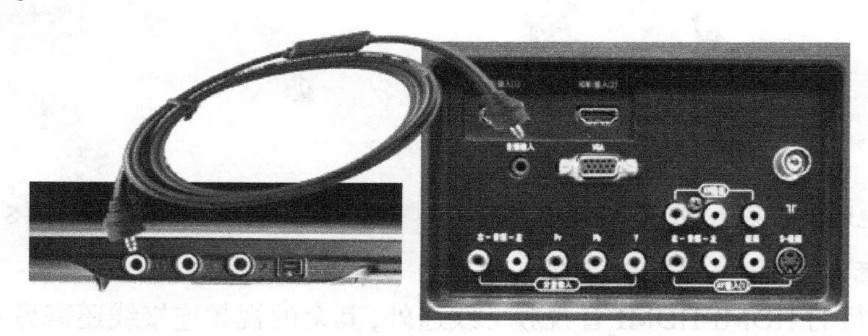

图 4-106　音频线的连接

如果你手中已有如图 4-107（a）所示的音频线，则你需另外购置一个双莲花转 3.5mm 耳机口（用于音频输入口是单孔的电视）的转接头，如图 4-107（b）所示。将音频线的两个莲花头分别插入该转接头上，然后再将 3.5mm 耳机口插入 VGA 接口旁边的音频输入单口，将音频线的 3.5mm 音频接头插入声卡的音频绿色耳机输出口上，则连接完毕。

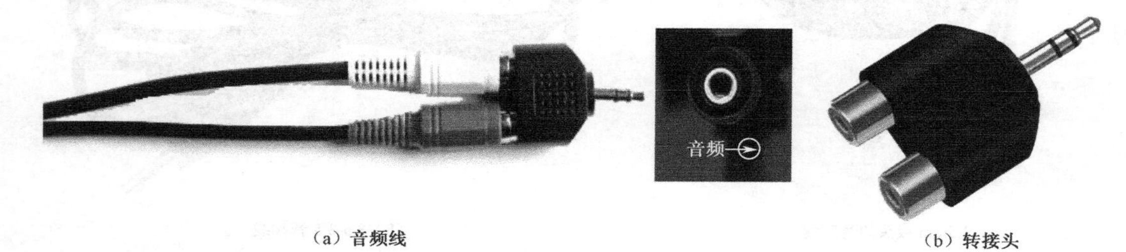

（a）音频线　　（b）转接头

图 4-107　音频线的连接

三、打开电视机

硬件连接好后，先打开电视机，调节 TV/AV 按钮视频调节模式为 VGA 模式，如图 4-108（a）所示，此时屏幕右上角的显示画面如图 4-108（b）所示。

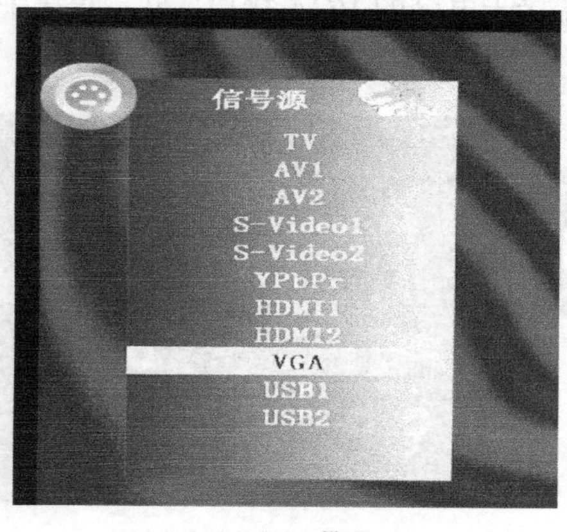

（a）VGA 模式

（b）屏幕右上角的显示画面

图 4-108　调节视频调节模式为 VGA 模式

四、启动电脑，设置显卡

（1）打开电脑后，用鼠标右键单击桌面，在弹出的菜单中选择“属性”，如图 4-109 所示，进入“显示 属性”对话框。

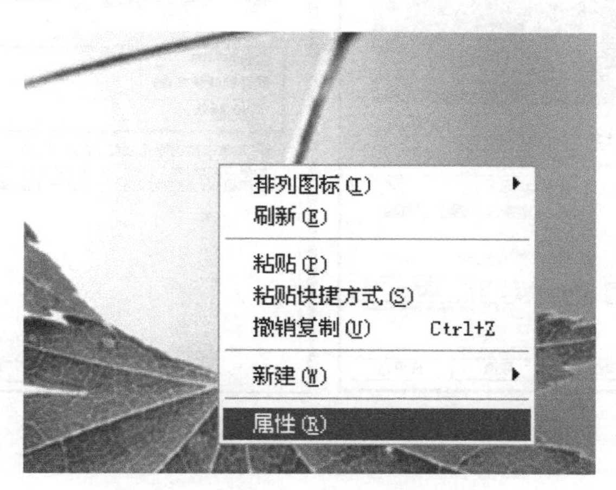

图 4-109　选择“属性”

（2）在弹出的“显示 属性”对话框中依次选择“设置”→“高级”，进入下一个对话框，如图 4-110 所示。

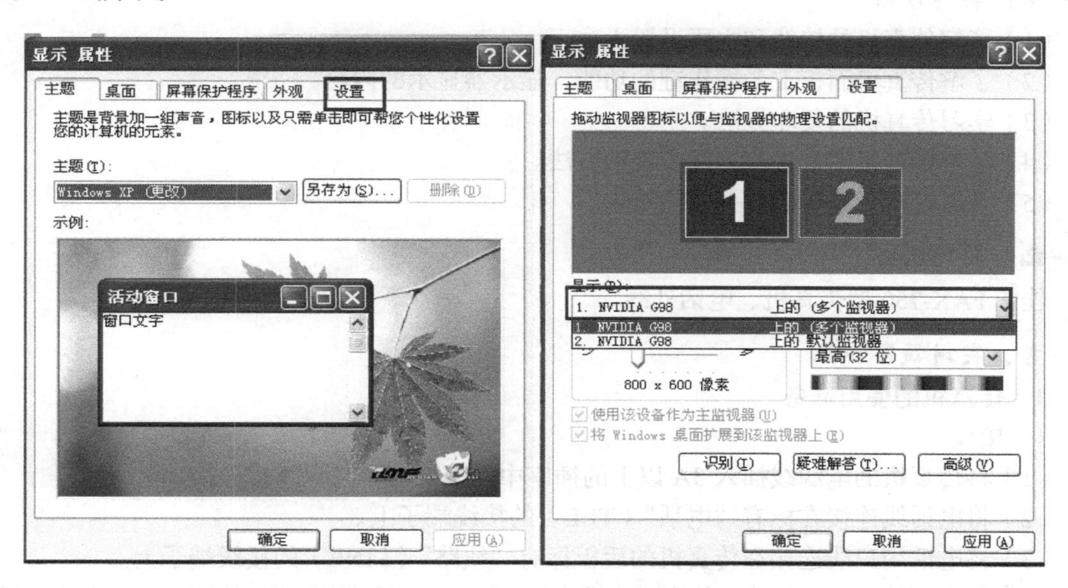

图 4-110　“设置”→“高级”

（3）在“显示”下拉菜单中，选择“1、NVIDIA G98 上的（多个监视器）”，单击“高级”选项卡，再单击“监视器”选项卡，在“监视器设置”（如图 4-111 所示）中，将“屏幕刷新频率”改为“60 赫兹”，再单击“确定”按钮，再次“确定”，此时的屏幕分辨率将变为“800×600 像素”。

（4）同时按住笔记本电脑上的“Fn＋F7”（有的电脑是 F3）键，按两次，第一次笔记本电脑黑屏，第二次，笔记本电脑和液晶电视同步显示。这时就可用电视上网、聊天、看电影等了。当然，如果再配备外置音箱、无线鼠标和无线键盘就更加完美了。

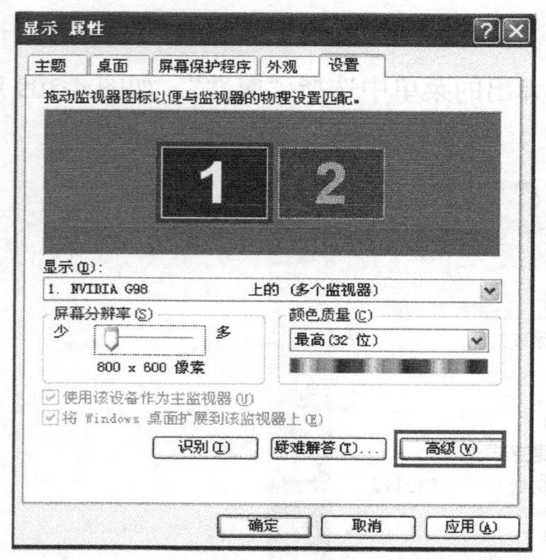

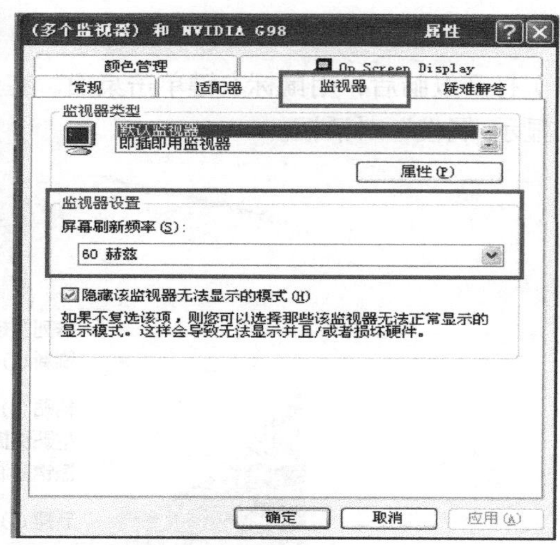

图 4-111　监视器设置

实训操作 3：传真机的正确使用

看一看：实训目的

（1）了解传真机的接线和主要设置方法。

（2）了解传真机面板上各操作键的功能，显示器显示的内容。

（3）学习传真机的复印方法。

（4）学习传真机的常规收、发文件的方法。

（5）学习打印传真机的业务管理报告。

记一记：实训设备

佳能 FAX-750 型传真机、电话外线。

学一学：实训预备知识

1. 传真机的使用准备

1）接线

（1）将传真机的电源线插入 3A 以上的插座中，接地端子与地线相连接。

（2）将电话线连接在标有“电话”（TEL）的接线端子上。

（3）将电话用户线连接在传真机的后板标有“线路”（LINE）的接线端子上。

进行传真通信时，必须将“传真/电话”（FAX/TEL）开关置于“传真”（FAX）位置，此时的电话机与传真机可以自动交替使用。若将“传真/电话”（FAX/TEL）开关置于“电话”（TEL）位置，此时就只能进行电话通信，不能进行传真。

2）装记录纸

（1）纸的幅宽必须符合规格要求，纸卷两端不能卡得太紧。

（2）纸卷要卷紧后再安放，且运输前要把纸卷取出。

（3）注意纸的正/反面，正（记录）面应对着热敏打印头。

（4）记录纸的前沿应按说明书的规定卷到指定的位置。

3）放置发送文件

通常将文件的字面朝下（部分机器朝上）放入传真机，并推进到能够启动自动输纸机构的地方。

2. 传真机面板上的各操作键和指示灯功能

佳能 FAX-750 型传真机的操作面板如图 4-112 所示。其功能键分为两部分，第一部分为图中的 1～15 号键，第二部分为打开两层单触拨号键面板后出现的一些功能键，如图 4-113 所示。

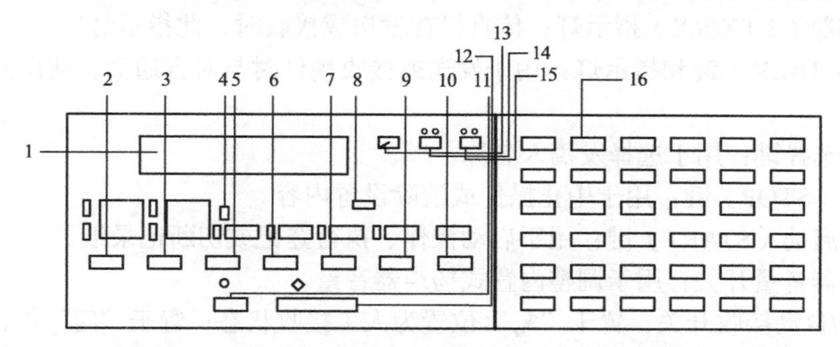

1—显示屏；2—精细、超精细键；3—变浅、增黑键；4—人工接收指示灯；5—中间色调键；6—附加功能键；7—监控键；8—TX/RX指示灯；9—通话键；10—TTI选择键；11—停止键；12—传真启动键；13—扬声器音量开关；14— 开关；15—存储器保护开关；16—单触拨号键

图 4-112 佳能 FAX-750 型传真机的操作面板（一）

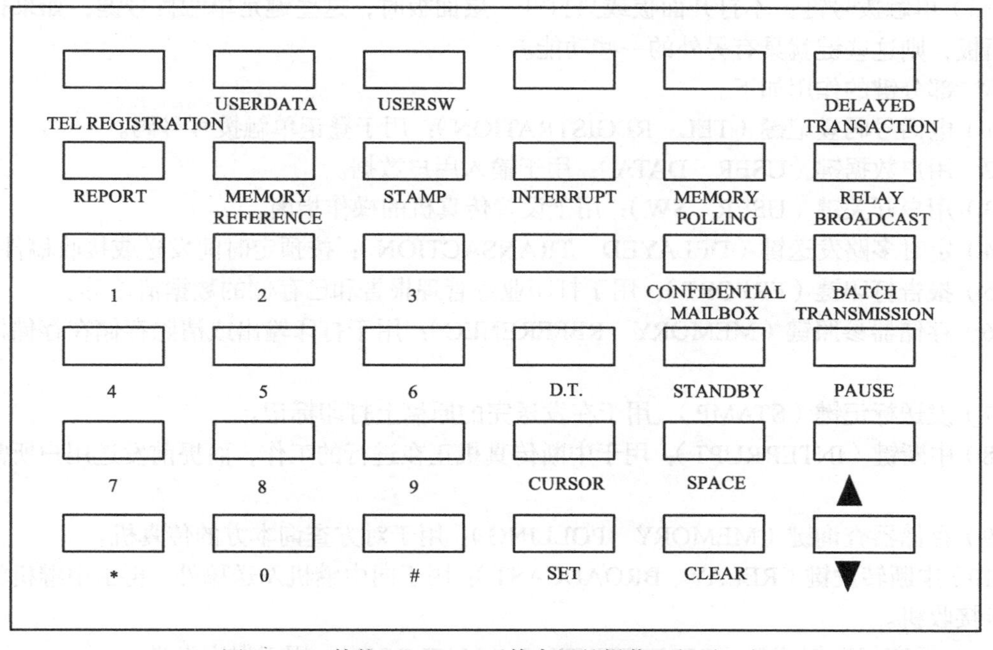

图 4-113 佳能 FAX-750 型传真机的操作面板（二）

第一部分键的作用如下。

（1）显示屏：用于显示时间和各种信息。

（2）精细（FINE）、超精细（SUPERFINE）键和指示灯：用于增加发送稿件的清晰度，用两个指示灯显示。如果两个指示灯均熄灭，则传真机处于标准状态。

（3）变浅（LIGHTER）、增黑（DRAKER）键和指示灯：可以使发送或复印的稿件颜色变浅或加深。如果两个指示灯均熄灭，则传真机处于标准状态。

（4）人工接收指示灯（MANUAL）：传真机处于人工接收方式时，此指示灯亮。

（5）中间调色（HALF TONE）键和指示灯：用于发送或复印照片类图像时，按此键则指示灯亮。再按一次则取消该功能，同时指示灯灭。

（6）附加功能（EXTRA）键和指示灯：此键功能可变，使用时指示灯亮。

（7）监控（MONITOR）键和指示灯：用于发送或接收时检查显示内容。

（8）发送/接收（TX/RX）指示灯：传真机在发送或接收时，此指示灯亮。

（9）通话（TALK）键和指示灯：用于发送或接收稿件时与对方通话，使用此功能键时，该指示灯亮。

（10）TT1 选择键：用于选择发稿人名称。

（11）停止（STOP）键：用于中止操作或清除设置内容。

（12）传真启动（START）键：用于启动操作、执行登记或切断记录纸。

（13）扬声器音量开关：用于调整内置式扬声器音量。

（14）人工/自动接收开关：置于“📞”位置为人工接收状态；置于“◘”位置为自动接收状态。

（15）存储保护开关：输入数据时，关掉此开关，输入结束后打开此开关，确保已存储的内容不会被删除或修改。

（16）单触拨号键：不打开面板或只打开一层面板时，这些键是单触拨号键；如果打开第二层面板，则这些键就具有另外的一些功能。

第二部分键的作用如下。

（1）电话号码登记键（TEL　REGISTRATION）：用于登记单触拨号号码。

（2）用户数据键（USER　DATA）：用于输入用户数据。

（3）用户开关键（USER　SW）：用于设置传真机的操作指南。

（4）定时多路发送键（DELAYED　TRANSACTION）：按预定时间发送或接收稿件。

（5）报告打印键（ERPORT）：用于打印业务管理报告和已存储的数据清单等。

（6）存储器参照键（MEMORY　REFERENEC）：用于打印输出或清除存储在存储器中的稿件。

（7）发送标记键（STAMP）：用于在发送完的原稿上打印标记。

（8）中断键（INTERRUPT）：用于中断传真机正在进行的工作，而提前发送用户所需要的急件。

（9）存储器查询键（MEMORY　POLLING）：用于对方查询本方的传真机。

（10）中断转发键（RELAY　BROADCAST）：用于向中继机发送稿件，再由中继机将稿件发往各接收机。

（11）保密邮政信箱键（CONFIDENTIAL　MAILBOX）：用于保密发送。

（12）成批发送键（BATCH　TRANSMISSION）：用于发送成批稿件至不同地址。

（13）数据传送键（D.T.）：本型号传真机不使用此键。

（14）待机键（STANDBY）：结束存储或其他操作后，按此键可使传真机回到待机状态。

（15）暂停键（PAUSE）：用于登记电话号码时，在号码之间输入暂停时间。

（16）光标键（CURSOR）：在存储操作中，此键用于移动光标。

（17）空格键（SPACE）：用于登记时，输入空格。

（18）检索键（▲▼）：用于检索菜单和输入。

（19）设置键（SET）：在常规拨号和每次登记后，按此键把数据存入传真机中。

（20）清除键（CLEAR）：用于清除数字和字符。

3. 主要设置方法

设置操作的一般步骤为：关掉存储器保护开关（存储器保护开关位于操作面板的后面）→打开两层单触键拨号面板→根据显示器的显示内容进行相关操作登记，直至设置结束→按“待机”键，返回待机状态→关上两层面板→打开存储器保护开关。主要功能的设置方法如下。

1）日期和时间的设定

设置正确的日期和时间，可在将来查询传真机的通信报告时得到准确的用户信息，同时还可将发送稿件的日期和时间自动印在对方收到稿件的上端，提醒接收方注意。

例如，设置 2001 年 12 月 25 日上午 10 点 28 分，操作步骤如下。

（1）关掉存储器保护开关，打开两层面板。

（2）按“用户数据”键，显示屏上出现：

```
USER DATA
1． ENTER YOUR
```

（3）按“检索”键（▼）4 次或直接按数字键“5”，显示屏上出现：

```
USER DATA
5. SET TIME
```

（4）按“设置”键，显示屏上出现：

```
16/10'  99  9：30
*16/10'  99  9：30
```

上一行表示原有时间，下一行表示新的设置内容。

（5）输入新设置的日期和时间（按年、月、日、时、分顺序输入）。例如，输入 0112251028，显示如下：

```
16/10'  99  9：30
*25/12'  01  10：28
```

如果输入过程中出错，可按“光标”键，把光标移到出错处，再输入正确的数字即可。

（6）按“设置”键时，开始计时，并显示：

```
DATA ENTER OK
*25/12'  01  10：28
```

（7）按“待机”键，使传真机回到待机状态。

（8）关闭两层面板，打开存储器保护开关。

2）登记本机电话号码

设置本机电话号码后，就能使对方通过收到的传真件及时了解发送方的传真电话号码，以便双方保持长久的联系。

下面以 86 021 87654321（最多 20 位）号码为例，设置本机的电话号码。

（1）关掉存储器保护开关，打开两层面板。

（2）按“用户数据”键，显示屏上出现：

```
USER DATA
1． ENTER  YOUR
```

（3）按“设置”键，显示屏上出现：

```
1．ENTER YOUR TEL
TEL=12345678
```

上面的数字为原电话号码，按“清除”键可以删除。

（4）输入新的电话号码，即 86 021 87654321，显示如下：

```
1．ENTER YOUR TEL
TEL=86 021 87654321
```

如果输出错，则按“光标”键，把光标移到出错处，再输入正确的数字即可。

（5）按“设置”键，显示：

```
DATA EHTRY OK
```

（6）按“待机”键，使传真机回到待机状态。

（7）关闭两层面板，打开存储器保护开关。

3）登记查询 ID 号码（识别码）

要求对方传真机自动发送原稿时，可使用传真机的查询功能。为了保密，在查询过程中，双方传真机必须具有相互匹配的查询识别码（ID 码）。识别码由八位二进制数组成。

例如，登记查询 ID 码为“01000011”，具体操作步骤如下。

（1）关掉存储器保护开关，打开单触键拨号面板。

（2）按“用户数据”键，显示屏上出现：

```
USER DATA
1．ENTER YOUR TEL TEL
```

（3）按“检索”键（▼）2 次或直接按数字键“3”，显示屏上出现：

```
USER DATA
3．POLLING ID
```

（4）按“设置”键，显示屏上出现：

3．POLLING ID 00000000

（5）登记查询识别码，显示屏显示：

3．POLLING ID 01000011

如果输入ID码时出错，可按光标键把光标移到出错处，再输入正确的数字即可。

（6）按“设置”键，显示：

DATA EHTRY OK

（7）按“待机”键，使传真机回到待机状态。

（8）关闭单触键拨号面板，打开存储器保护开关。

4）双音频/脉冲拨号方式的设置

根据市话交换机要求，应准确选择双音频/脉冲（TONE/PULSE）拨号方式。通常应设置在双音频拨号方式。操作步骤如下。

（1）关掉存储器保护开关，打开两层单触键拨号面板。

（2）将机器后面NCU板（电话机和线路接线板）上的SW15开关拨到“B”。

（3）按“用户数据”键和“#”键，显示屏显示：

SERVICE MODE #1

（4）连续按“检索”键（▼），使显示屏上出现：

SERVICE MODE #4

（5）按“设置”键，再按“检索”键（▼），使显示屏显示：

#4 TONE/PULSE

（6）再按“设置”键，显示屏显示：

TONE/PULSE PULSE

（7）按“检索”键（▼），选择需要的拨号方式。

（8）按“设置”键，再按“待机”键，使传真机回到待机状态。

（9）关闭单触键拨号面板，打开存储器保护开关。

4. 基本操作

1）复印

三类传真机（指第三类传真机）具有复印功能，但对于采用热敏打印方式的传真机，复印出的稿件不能永久保存。维修人员通过观察复印效果，可以帮助分析判断故障。复印的步骤如下。

（1）选择合适的稿件状态。清晰度要求为标准、精细或超精细；浓度要求为标准、增黑或变浅；中间色调要求为要或不要。

（2）将稿件字面向下送入传真机的送稿台中。

（3）按“启动”键，开始复印。

（4）复印完毕，传真机自动恢复到待机状态。

2）发送稿件

佳能 FAX-750 型传真机有多种稿件发送方法，最基本的两种方法是直接发送和存储发送。

（1）直接发送。

①将稿件面朝下放入传真机，稿件将自动输入，显示屏上显示：

DOCUMENT READY

②选择合适的稿件状态。清晰度要求为标准、精细或超精细；浓度要求为标准、增黑或变浅；中间色调要求为要或不要；发送标记要求为要或不要。

③拨传真号码。可以选择以下三种方式之一来拨传真号码。

- 单触键快速拨号。在单触键拨号面板上按相应的单触键拨号键（如按“03”），传真机会自动拨出登记在该键中的号码（如 0519 87654321）。
- 缩位快速拨号。拨号时，按“*”键并输入相应的两位数码（如“05”），传真机会自动拨出登记在该键中的号码（如 0510 66665555）。
- 用电话机拨号。拿起电话机话筒，用电话机键盘拨传真号，然后等待高音回铃声，有铃声说明号码已拨出。

④按“启动”键开始发送稿件，显示屏上显示：

TRANSMITP .001

⑤稿件发送完成后，机器发出短促的“哔”声，显示屏上显示：

TRANSMITTING OK

如果发送中出错，传真机将连续发出“哔、哔”声，提醒用户重新发送稿件。

（2）存储发送。存储发送是先将全部稿件内容快速记录在传真机存储器中，然后由传真机从存储器中自动将稿件发送出去。采用这种发送方法，用户可以立即取回原稿，继续做其他工作。存储器最多可存储 70 页 A4 幅面原稿。具体操作步骤如下：

①～②步骤同“直接发送”。

③用常规拨号方式拨传真号码。

单触键快速拨号和缩位快速拨号的方法与前述相同，而存储发送时不能采用电话机拨号，必须使用常规拨号。常规拨号的方法为：打开单触键拨号面板→用操作面板上的数字键拨号→按“设置”键→关上单触键拨号面板。

④机器将稿件存入存储器，显示屏上显示：

TX/RX NO.	0001
MEMORY INPUT	P.001

⑤机器自动呼叫并发送稿件。在发送时，发送/接收（TX/RX）指示灯点亮，如果稿件发送成功，将会从存储器中自动删除原稿件内容。

3）接收稿件

佳能 FAX-750 型传真机可人工或自动接收稿件。一般将传真机置于自动接收方式，这样无论用户在否，都不会影响接收传真稿件。

（1）人工接收稿件。

①将传真机置于人工接收方式，此时人工接收指示灯亮；如果已有稿件在传真机中，则不能接收。

②电话铃响，拿起话筒。

③听到回铃声，按“启动”键。如果对方有人接电话，则先与之通话，根据对方要求，再按“启动”键。当传真机显示“RECEIVE”（接收）字样时，挂上电话。

④机器接收稿件。若要中断接收，要先按下“监控”键，待日期和时间显示消失后，再按“停止”键。

⑤稿件接收完毕后，传真机发出短促的“哔”声，并显示“RECEIVE OK”（接收正常）的信息。

（2）自动接收稿件

要想自动接收稿件，只要确认“人工”（MANUAL）指示灯熄灭即可。如果灯仍亮，则应将人工/自动开关置于自动接收方式。当传真机接收稿件时，TX/RX 指示灯点亮，若需要检查指示内容，则按下“监控”键即可。

在自动接收方式时，无须操作人员在场，即使记录纸用完，传真机也会自动把接收的稿件存入存储器中。当用户看到显示屏显示“RECEIVED IN MEMORY”（存储器中有稿件）的信息时，安装好记录纸，按“启动”键便可将存储器中的内容打印出来。

4）查询

一台传真机要求另一台传真机自动发送稿件，称为查询。

当发送方不在办公室而稿件又必须发出时，可使用此功能键。在查询方式中，主动权在接收方，即由接收方传真机控制发送方传真机自动发送稿件。

（1）发送方操作步骤。

①将传真机置于自动接收状态。

②将原稿件送入传真机中。

③按“存储器查询”键。

④传真机把稿件存入存储器中。

⑤稿件存入后，传真机回到待机状态。

（2）接收方操作步骤。

①设置与发送方传真机一致的ID码。

②拨打要查询的传真机号码。

③按“启动”键，显示屏上出现“POLLING”（查询）字样。

④传真机接收稿件时，TX/RX指示灯点亮。如果对方无回答，传真机会自动重拨。

5）打印业务管理报告

佳能FAX-750型传真机能始终监视所执行的各类操作，并能打印出业务管理报告。通过打印管理报告，用户可以了解每次通信的日期和时间、用时多少、已处理稿件的数量、对方电话号码和单位名称等多种重要信息。

当传真机处于待机状态时，要想打印出业务管理报告，只需按“报告”键即可。打印完毕，传真机会自动恢复到待机状态。

做一做：实训内容与步骤

1. 传真准备

（1）将传真机准确接线，合上电源开关，接通电源。

（2）装入记录纸，观察显示屏的显示内容。

（3）装入传真文件，观察显示屏的显示内容。

2. 登记设置，观察显示屏的显示内容

（1）设置当前时间（年、月、日、时、分）。

（2）登记本机号码。

（3）设置双音频拨号方式。

（4）每2台（或多台）传真机为一组，将对方传真机号码登记为单触键拨号号码。

（5）将对方传真机号码登记为缩位拨号号码。

（6）同一组传真机登记统一的ID号码。

3. 复印操作，并将复印件与原稿比较

4. 小组内的传真机相互进行发送和接收操作

（1）电话机拨号直接发送，人工接收。

（2）单触键快速拨号直接发送，人工接收。

（3）缩位快速拨号直接发送，自动接收。

（4）常规拨号存储发送，自动接收。

（5）查询操作。

5. 打印业务管理报告

6. 实验报告

记录实验中出现的现象，整理实训设备，递交业务管理报告。

实训操作4：传真机的维护、常见故障排除

看一看：实训目的

（1）了解传真机故障检修的一般原则、方法和步骤。

（2）掌握传真机的拆卸方法。

（3）了解传真机常见故障的原因和一般处理方法。

记一记：实训设备

佳能FAX-750型传真机、万用表、示波器、手工工具。

学一学：实训预备知识

1. 传真机检修原则

1）先清洁后检查

在传真机中有不少故障是由污染引起的。因此，在检修时应先将被污染的部件清洁干净，排除因污染造成的故障，再进行有关检修。

通常需清洁的部件有外壳-托板-积存板、反光镜、荧光灯、压纸辊和感热头等。

2）先了解后检查

检修前，应先了解用户的使用情况，参考相关技术资料，分析故障原因，判断故障部位，制定检修方法。

3）先静后动

应先在不通电的情况下进行相关检查，排除明显故障，然后接通电源，进行认真检测。

4）先外后内

应先检查传真机外部的电源插头是否插紧、盖门是否关严、操作面板上显示正常等，当确认外部无问题后，再逐步检查内部部件。若有封口部件则应最后检查。

5）先电源后电路单元

电源是整机各电路单元的动力部分，当电源发生故障时，将会影响各电路单元的正常工作。因此，应先检查各电路单元的电源部分工作是否正常，确认正常后再检查各电路单元。

6）先易后难

应先排除容易检修的故障，再逐步排除其他故障。容易检修的故障不一定就是简单故障，也可能是特殊故障。

7）先原因后更换

应先检查损坏元器件的原因，排除根源后再更换损坏元器件，只有这样才能彻底排除故障，否则可能使故障范围进一步扩大。

8）先检测后调整

故障排除前，不应做任何调整，必须在查清故障并排除后，再进行调整。不需调整的切忌乱调，以防工作状态失调，甚至损坏元器件。

在传真机中，可使用硬件开关和软件开关设置不同的工作状态和调整传真机的参数，但一般不要轻易改变出厂初始设置。

2. 传真机的基本维修方法

传真机维修、检查一般使用四种方法：询问法、观察法、检测法和替换法。

1）询问法

传真机常见的故障很多，当接到客户送来的传真机时应询问故障现象，如开机后电源指示灯不亮，显示屏无显示，不能复印或复印质量不好，收、发传真无法进行等。对于电源指示灯不亮的故障，问题大多在电源部分。而当传真机收、发出现故障时，应先询问发稿给对方的效果如何？接收对方发来稿件的效果如何？换一个第三方收、发效果如何？以便确认故障发生在哪一方。还要询问在传真机出现故障后是否曾经修理过？若请别人修过，调整了哪些部分？

总之，询问应尽量确认外界及人为因素造成传真机故障的可能性，并对传真机故障进行基本分析。

2）观察法

对可能发生故障的部位进行进一步的观察检查，这就是所谓的观察法。

具体观察的内容很多，如在传真机复印过程中，灯管是否点亮？在操作过程中，传真机显示屏是否正常？这类观察是在传真机拆卸之前就可以进行的。如果要进一步判断故障部位，必须动手拆卸传真机，对传真机内部进行观察。例如，对传真机电源部分有怀疑，可拆开传真机外壳，对电源板认真观察，看一看滤波电容器是否鼓胀，大功率电阻器有无烧坏的痕迹，熔丝有没有熔断，电缆、插排是否连接良好等。

3）检测法

所谓检测法就是用万用表、示波器等有关仪器进行测量、分析，找出故障发生部位的方法。

检测的方法最方便、最常用的是用万用表测量。例如，对于外观有损伤的电阻器，可以用万用表电阻挡测量它的阻值与电阻器上所标阻值是否一致或接近。如果测量出来的电阻值为零或无穷大，则说明该电阻器已经损坏，应该更换。如果测量出来的电阻值与标称值相差较大，则应该把电阻器从电路板上卸下来再测，这样测得的电阻值比较真实，因为不会受到电路板上其他元器件的影响。

4）替换法

替换法是一种能够快速判断故障、分割故障的方法。在初步判断传真机某个部件可能存在问题后，取一个相同的好的部件进行替换，就可以确认这个部件的好坏了。确认后就可以进行具体检查。替换法可以提高工作效率。

另外，利用传真机的自诊断功能，根据故障时显示屏上的诊断码，对照维修说明书所提供的诊断码表，能迅速判断出多种故障原因。

3. 传真机的基本维修步骤

1）判断故障部位

判断是修理的前提，判断失准而又轻易动手修理，往往使无故障变成有故障，小故障变成大故障，导致整机难以修复。因此，在判断故障时应多方比较，反复进行。

2）分析处理

（1）掌握故障现象：了解故障产生的全过程，了解是否有烟、有味、有火花等。如果传真机处于可操作状态，还可进行本机测试，或进行收、发通信试验等。

（2）分析故障来源：通过对故障现象的观察和对本机测试结果的分析，判断故障发生在发送方、接收方还是电话外线。

（3）查找故障原因：根据故障现象和其发生的部位找出故障产生的原因，是机械方面还是电路方面。如果本机复制不正常，还可借助于诊断码表判断它是否正常。

3）检修运作

（1）进行故障排除：确定了故障部位，找到了故障原因后，便可以对出现的故障进行相应的处理了，如更换零部件或修理电路板。

（2）排除故障后的测试：损伤或故障检修完后，可进行复印操作或双方进行互通试验，若传真机能正常工作，表明故障已排除。

（3）记录检修过程：将故障现象、产生原因、排除方法等详细记录下来，供今后排除故障时参考。

4. 传真机的拆装

维修人员进行维修时中，常常需要拆卸传真机，为了减少因拆卸而引发的新故障，使修复后能顺利安装，应注意以下问题。

（1）拆卸时首先要拔下传真机的电源插头。

（2）如果在维修时需要拆下传真机的外壳，应注意不要损坏这些塑料壳体。尤其是一些小型传真机，它的壳体通常是利用塑料沟卡连接起来的，拆卸时动作过猛会使这些沟卡折断，造成不必要的损失。因此，在拆卸传真机前，应仔细看一看传真机壳体的连接方式和方向，弄清其结构后再开始拆卸。拆下的外壳需要放置在不易磕碰的地方，以免发生意外。

（3）如果在维修中需要拔下传真机电路板上的插件、电缆，最好边拆边记录，以免重新安装时插错位置。

传真机的设计者采用了不同的颜色，或在插件上标有与电路板相应插座对应的数字、符号，或使不同插件的插针数目、插孔排列位置不同，或选用不同形状的插件等方法，以便于区分。

（4）螺钉的拆卸也要做好记录，以便于重新安装。

（5）传真机电路板上的一些可调电阻上有漆封，不要轻易进行调节。电路板上的一些硬件开关也不要随便操作。

（6）安装传真机时，按照与拆卸的相反过程进行。

如果在安装的过程中发现螺钉或垫片等有缺少，必须确认此类物件不在传真机内后方可通电。

5. 传真机的常见过载处理

1）传真机进纸系统常见故障的处理

传真机进纸系统出现故障的常见现象有文稿纸不能推进或推进困难、进纸不正、多页进纸时分页不良、进纸电动机旋转不停等。

传真机进纸系统框图如图4-114所示。微动开关与导纸板定位卡联动，用来判断原稿的幅宽。当原稿的前沿触及文件传感器（DS）时，传真机开始进纸，但要等到文件前沿接触到文件读取传感器（DES）后，传真机才开始扫描，文件离开DES时停止扫描。

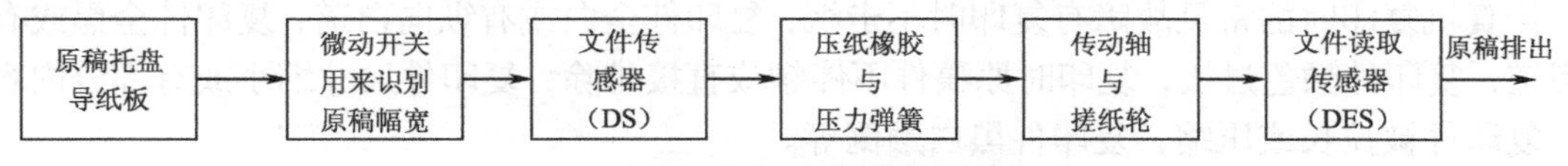

图4-114 传真机进纸系统框图

处理这类故障时，应首先确认原稿是否放好、纸张是否符合要求，观察进纸通道内是否有异物、是否清洁，传动机构的皮带是否掉落、松动，传感器是否清洁等。如果故障仍存在，应进一步分析故障原因。如果不能进纸，则检查DS、DES；如果进纸困难和分页不良，则检查传动机构；如果进纸不正，则检查传动轴间隙；如果进纸电动机旋转不停，则检查传感器电压等。

2）传真机出纸系统常见故障的处理

传真机出纸系统出现故障的常见现象有传真机显示无纸、裁纸刀不工作、裁纸刀不能将纸全部切断、出纸时卡纸等。

传真机出纸系统框图如图4-115所示。纸箱盖传感器（CVS）的作用是检查传真机的纸箱盖是否盖好，记录纸传感器（RPS）的作用是检查传真机有无记录纸或记录纸是否装好，记录纸尺寸传感器（RPSISE）的作用是检测传真机所装记录纸的宽度（与记录纸点位卡联动），裁纸刀位置传感器（CPS）的作用是帮助裁纸刀在完成一次动作后准确回到原来的初始位置。

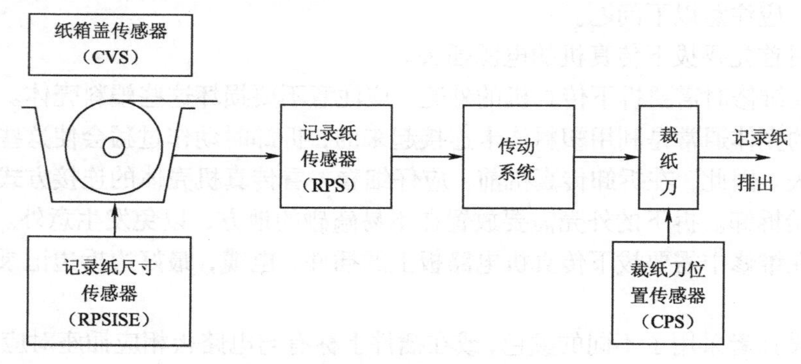

图 4-115　传真机出纸系统框图

处理这类故障时，应首先检查记录纸是否安装合理，纸箱盖板是否盖好，然后再根据具体故障现象进行相关分析检查。

如果传真机显示无纸，则应检查 CVS 和 RPS；如果裁纸刀不工作，则应检查其拖动电机和传动机构；如果裁纸刀不能将纸全部切断，则应检查裁纸刀的刀刃间隙（正常约为 0.8mm）；如果出纸时卡纸，则应检查导纸片位置和裁纸刀初始位置。

3）传真机复印时常见故障的处理

传真机复印时不经过编码解码等电路，其原理框图如图 4-116 所示。维修人员经常利用复印功能确定传真机的故障范围。

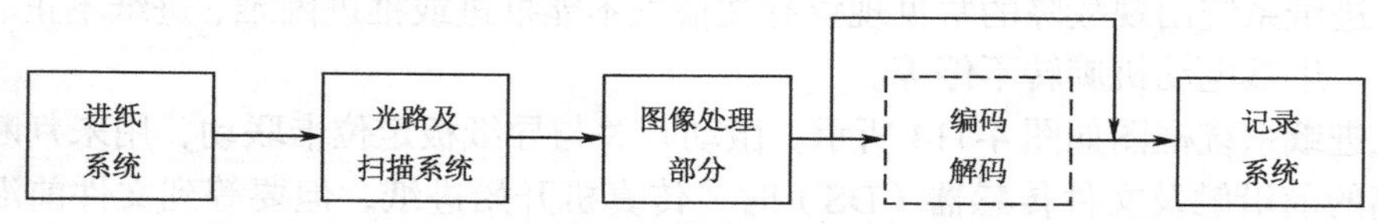

图 4-116　传真机复印时的原理框图

传真机复印时的常见故障有复印时不走纸，复印件全白或有纵向白道，复印件全黑或有纵向黑道，复印件颜色过浅，复印时原稿件不停顿或直接排除，复印件尺寸缩小或有部分内容丢失，复印件被拉长或压缩，复印件黑白颠倒等。

处理这类故障时，首先应观察原稿是否安放准确（文字面一般朝下），导纸板是否卡紧原稿，记录纸是否装好，记录纸定位卡是否卡紧记录纸，电话机是否挂好。若怀疑光路，应先清洁光路、灯管，观察灯管是否装反，CCD（光电变换）器件位置是否偏移等。当上述处理不能解决问题时，继续进行下列分析检查。

（1）针对复印时不走纸故障，重点检查复印键及相关连接线。

（2）针对复印件全白故障，检查热敏打印头电源＋24V 是否正常，打印头与记录纸的间隙是否过大，打印头与其他电路的插排连接是否可靠，打印头是否故障等。

（3）针对复印件有纵向白道或纵向黑道故障，重点检查记录纸是否有划伤，打印头是否故障。

（4）针对复印件全黑故障，检查灯管驱动器是否损坏（看复印时灯管是否点亮，是否闪烁），CCD 板是否严重偏移。

（5）针对复印件颜色过浅或黑白颠倒故障，先检查记录纸的质量好坏，原稿文字是否过浅，打印头电源＋24V是否偏低，打印头与记录纸的间隙是否过大，“写电平”是否过低。“写电平”越低，复印颜色越浅，甚至图像会出现黑白颠倒现象。

（6）复印时原稿不停顿、直接排除故障，其故障原因一般是由于文件读取传感器DES损坏，原稿进入传真机到达DES处时，DES不能发出让传真机转入扫描状态的命令，稿件继续前进，直接排除。

（7）复印件尺寸缩小或有部分内容丢失故障，通常是由于导纸板未卡住原稿或记录纸定位卡设置不当造成的，这时如果一个设置在A4幅面，另一个设置在B4幅面，传真机会自动缩小或放大复印副件。若调整定位卡未消除故障，则说明故障是由这两个定位卡联动的微动开关或RPSISE引起的。

（8）复印件被拉长或压缩故障，其故障原因是进纸扫描速度（或出纸速度）过低。一般检查进纸（或出纸）的机械传动部分可以找出故障点。

4）传真机通信中常见故障的处理

传真机通信中的常见故障有传真机不能收、发，传真机只能发送或只能接收，传真机发送正常但不能自动接收，传真机收发时好时坏，传输速率下降等。

处理这种故障时，应首先确保传真机的接线准确（L1、L2接外线，T1、T2接自身电话机），传真/电话开关打在FAX上，拨号方式最好为双音频拨号方式，电话机已挂好。上述检查正确后，若仍有故障，再进一步检查本机的相关设置是否正常，更换对方的传真机后通信是否正常，更换线路后通信是否正常。反复试验，如果故障消失，说明是对方故障或线路故障；如果故障依旧，确定为本机故障。此时可以进行复用操作，若复用不正常，则先修好复印部分故障后再通信试验。如果复印正常而通信仍不正常时，则根据具体故障现象分别进行检查。

（1）针对传真机不能收、发故障，重点检查网络控制板电路（尤其是继电器CML，以及摘机检测电路和振铃检测电路中的光电耦合器件），调制解调器和系统控制板（主控板）电路。通常，若找不出插线等简单故障原因，确认是调制解调器或主控板故障时，只能更换整块电路板。

（2）传真机只能发送或只能接收故障，其故障原因与维修方法与传真机不能收、发故障类似，但此时主控板的工作应正常。

（3）针对传真机发送正常但不能自动接收故障，重点检查人工/自动接收开关位置是否正确，传真机振铃次数设计是否太多（一般为3～4次即可），人工/自动接收开关是否有问题，振铃检测电路是否有故障。

（4）传真机收发时好时坏，传输速率下降故障，通常是由于网络控制板性能下降导致的，重点检查网络控制板的CML继电器触点（接通时电阻为零）和防雷电放电管（正常时电阻为无穷大）。

5）传真机电源故障的处理

目前使用的三类传真机一般采用四组电源供电，即：+24V，供给接收电机、发送电机、荧光灯驱动器和打印头；+12V，供给电路中的运算放大器和各个继电器；+5V，供给IC芯片、显示器件和各类传感器；–12V，这里没有使用。传真机电源框图如图4-117所示。

先将220V交流经整流直接得到300V左右的高压，然后通过厚膜电路组成的振荡器变换为高频交流，由变压器降压后再经过整流、滤波、稳压，便可得到四组直流稳压电源输出。

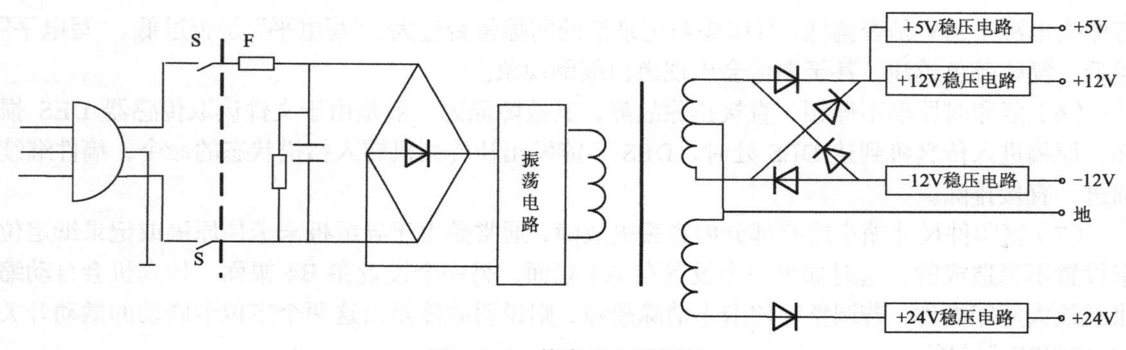

图 4-117 传真机电源框图

通常若发现电源指示灯不亮，接通电源后熔断器熔断，传真机不能启动等故障时，均应该先检查电源电路。当怀疑某块电路板或某电气元件有故障时，也应先检查其电源供电是否正常。

做一做：实训内容与步骤

1. 传真机的拆卸、安装

（1）关掉电源，拔掉电源导线。

（2）拆卸传真机外壳，然后进行下列观察和处理。注意：拆卸时最好不要轻易移动 CCD（光电变换器件）板的位置。

①观察进纸系统的机械结构、反射镜、透镜、荧光灯及相关传感器等部件，对机械结构和光学系统进行清洁处理，用万用表的电阻挡进行测量以判断各传感器的好坏。

②观察出纸系统的机械结构、打印头、裁纸刀及相关传感器等部件，对相关部件进行清洁处理，用万用表的电阻挡测量判断各传感器的好坏。

③观察电源板、系统控制板、显示板、电机、网络控制板等部件，注意它们的相互连接。

（3）按拆卸的相反顺序安装传真机。

（4）接通传真机电源，验证传真机能否正常工作。

2. 传真机进纸系统常见故障的排除

（1）由教师设置相关故障。

（2）观察故障传真机的故障现象，形成初步判断。

（3）检查确认故障点，然后排除故障。

3. 传真机出纸系统常见故障的排除

（1）由教师设置相关故障。

（2）观察故障传真机的故障现象，形成初步判断。

（3）检查确认故障点，然后排除故障。

4. 传真机复印时常见故障的排除

（1）由教师设置相关故障。

（2）观察故障传真机的故障现象，形成初步判断。

（3）检查确认故障点，然后排除故障。

5. 传真机电源故障的排除

（1）由教师设置相关故障。

（2）观察故障传真机的故障现象，形成初步判断。

（3）检查确认故障点，然后排除故障。

6. 传真机通信中常见故障的排除

（1）每两台传真机组成发送方和接收方。

（2）由教师设置相关故障。

（3）进行通信操作（必要时还需进行复印操作），判断故障是在对方、外线还是本方。

（4）对故障传真机进行检查，确定故障范围。

（5）排除故障。

7. 整理实验台、实训报告要求

记录实训时传真机的故障现象，初步分析判断结论、故障排除方法、故障排除结果。

项目小结

（1）普通电话机的基本组成包括压簧、振铃电路、极性定向转换电路、拨号电路、通话电路和送、受话电路。

（2）可视电话机由电话机、电视机、摄像机、控制器四部分组成。

（3）可视电话机的分类：通常可视电话机分为准动态（或活动）图像可视电话机和静止图像可视电话机。

（4）数字电话机由语音模块部分和数据模块部分组成，其中语音模块部分外部连接数字电路用户接口和送、受话器，数据模块部分外部连接数字电路用户接口和PC。

（5）CCITT 明确地定义了五种“媒体”，即感觉媒体、表示媒体、显示媒体、存储媒体和传输媒体。

（6）数码录音电话又称为数字录音电话机，是指通过监测电话线路上的语音通信信号，并将这些信号（模拟的或数字的）转化为可以保存和回放的介质的一种技术或方法。

（7）电话机的性能包含三个方面：逼真度、清晰度和响度。

（8）对设备故障的检测方法犹如医生看病，可归纳为望、闻、切、问。

更具体的检测方法有直观检直法、清洁检查法、直流电压测量法、直流电流检测法、电阻测量法。

另外一些检测方法有元件替换法、整机对比测试法、加温检查法、冷却检查法、敲击法、信号注入法。

（9）从外观上看，电脑主要由主机、显示器、鼠标、键盘等部分组成（根据配置不同，电脑还可以连接音箱、摄像头、打印机、外置调制解调器 MODEM 等）。

（10）传真通信的基本原理框图可分为五个基本环节：发送扫描、光电变换、传真信号的传输、记录变换和收信扫描。

（11）传真机的主要参数有：扫描方式和扫描方向、扫描点尺寸及形状、文件（原稿）尺寸与扫描线长度、扫描行距与扫描线密度、扫描线频率、合作系数、传真信号的频带宽度、图像的传送时间。

（12）电脑的正确使用方法：电脑及外设的开、关机顺序要对，即应该先打开外设（如显示器、音箱、打印机、扫描仪等设备）的电源，然后再接通主机电源，而关机顺序则刚好相反。

（13）电脑的日常维护：卸载不用的程序、删除暂存和不必要的文件、删除系统的所有还原点、磁盘碎片整理、使用扫描病毒、间谍软件。

（14）通常说的电脑故障是指造成电脑系统功能失常的物理损坏和软件错误，如“死机”、系统崩溃、不能正常启动、应用程序报错、外设无法正常使用等。

（15）传真机检修原则：先清洁后检查、先了解后检查、先静后动、先外后内、先电源后电路单元、先易后难、先原因后更换、先检测后调整。

（16）传真机维修、检查一般使用四种方法：询问法、观察法、检测法和替换法。

思考题

4.1 电话机是由哪些部分组成的？它们各自的作用是什么？画出按键式电话机的整机结构框图。

4.2 画出多功能型可视电话机的结构框图。可视电话机有哪些应用？

4.3 数字电话机的功能有哪些？画出数字电话机的基本组成和连接结构框图。

4.4 画出多媒体终端的基本组成，列出多媒体终端的五部分和三种协议的具体内容。

4.5 分别叙述录音电话机的定义、特点、分类和功能。

4.6 画出语言存储式自动应答型录音电话机的原理框图，并简述其工作过程。

4.7 简述电脑的基本组成及其各部分作用。

4.8 画出电脑的基本组成框图及工作流程图。

4.9 画出传真通信的基本组成，并简述其主要部分的作用。

4.10 传真机有哪些主要参数？其扫描方式有哪几种？

4.11 计算机网络有哪些典型应用？传真机有哪些典型应用？

4.12 简述电脑的正确使用方法。

4.13 如何完成电脑的日常维护？

4.14 电脑有哪些常见故障？如何排除？

4.15 总结自己在完成电话机组装过程中出现的问题及其解决方法。

4.16 电话机有哪些质量技术指标？电话机的性能指标是什么？

4.17 电话机的检修方法有哪些？电话机有哪些常用部件的检修？

4.18 传真机检修的原则有哪些？传真机的基本维修方法有哪些？

>>> 附录 A

用户通信终端（固定电话机）维修员国家职业标准

1. 职业概况

1.1 职业名称：用户通信终端（固定电话机）维修员（以下称固定电话维修员）。

1.2 职业定义：从事固定电话机以及附属设备维修工作的人员。

1.3 职业等级：本职业共设四个等级，分别为国家职业资格五级（初级）、国家职业资格四级（中级）、国家职业资格三级（高级）、国家职业资格二级（技师）。

1.4 职业环境：室内、外、室内为主，采光、通风条件、良好。

1.5 职业能力特征：具有一定的听/写、观察、理解、判断、表达、应变及人际交往能力；思路清晰、思维敏捷、动作协调。

1.6 基本文化程度：高中毕业（含同等学历）。

1.7 培训要求

1.7.1 培训期限：全日制职业学校教育，根据其培养目标和教学计划确定，普级培训期限；初级不少于 210 标准学时，中级不少于 180 标准学时，高级不少于 150 标准学时，技师不少于 120 标准学时。

1.7.2 培训教师：担任固定电话机维修员专业知识培训的教师应具备较高的电工、电路、电子电路、元器件、电信交换、电信传输、电信线路等电信基础知识和固定电话机专业知识，具备本专业讲师（或同等职称）以上技术职称，持有教师资格证书，（1）担任培训初级、中级人员技能操作的教师应是持有本专业职业高级资格证书后，在职业连续工作 2 年以上或具有相应的中级专业技术职称以上资格者，（2）担任培训高级人员技能操作的教师应持有本职业技师资格证书后，在本职业连续工作 2 年以上或具有相应的高级专业技术职称资格者，技师的培训教师，一般应由省级以通信行业部门审批。

1.7.3 培训程度设备：应有可容纳 20 名以上学员的教室，有必要的教学设备，教具以及维修、测试仪器、仪表、工具和安装有相关维修软件的计算机。

1.8 鉴定要求

1.8.1　适应对象：从事或准备从事固定电话机及其附属设备维护和修理工作的人员。

1.8.2 申报条件

——　国家职业资格五级/初级（具备下述条件之一者）

（1）经本职业初级资格正规培训，达规定标准学时数，并取得毕（结）业证书；

（2）从事本职业连续工作 3 年以上。

—— 国家职业资格四级/中级（具备下述条件之一者）

（1）取得本职业初级职业资格证书后，连续从事本职业3年以上，经本职业中级正规培训达规定学时数，并取得毕（结）业证书；

（2）取得本职业初级职业资格证书后，连续从事本职业满5年；

（3）连续从事本职业工作8年以上；

（4）取得经劳动保障行政部门审核认定的，以中级技能为培养目标的中等以上职业学校本职业（专业）毕业生。

—— 国家职业资格三级/高级（具备下述条件之一者）

（1）取得本职业中级职业资格证书后，连续从事本职业工作4年以上，经本职业高级正规培训，达规定标准学时数，并取得毕（结）业证书；

（2）取得本职业中级职业资格证书后，连续从事本职业工作满7年；

（3）取得高级技工学校或经劳动保障行政部门的审核认定的，以高级技能为培养目标的高等职业学校本职业（专业）毕业生；

（4）取得本职业中级职业资格证书的大专以上毕业生，连续从事本职业工作2年以上或经本职业高级资格正规培训达规定标准学时数，并取得毕（结）业证书。

—— 国家职业资格二级/技师（具备下述条件之一者）

（1）取得本职业高级职业资格证书后，连续从事本职业工作5年以上，经本职业技师资格正规培训，大规定标准学时数，并取得毕（结）业证书；

（2）取得本职业高级职业资格证书后，连续从事本职业工作满8年；

（3）取得本职业高级职业资格证书的高级技工学校本职业（专业）毕业生，在本职业连续工作满5年。

1.8.3 鉴定方式：本职业鉴定分为理论知识考试和技能操作考核。理论知识考试采取闭卷笔试方式。技能考核根据实际情况，采取操作、笔试、口试相结合的方式。两门考试均为百分制，皆达60分以上者为合格。

技师尚需通过综合评审。

1.8.4 考评人员与考生的配比：理论知识考试按15～20名考生配一名考评员且不少于2名；技能操作考核按5～8名考生配1名考评员且不少于3名。

1.8.5 鉴定时间：各等级的理论知识考试时间为120～180分钟；各等级的技能操作考核时间为60～120分钟。

1.8.6 鉴定场所设备：理论知识考试在标准教室内；技能操作考核在配备有固定电话及其附属设备测试、维护、修理的相应设备、具有号码的电话线路、材料、备品、备件、图纸、工具、稳压电源、仪器（示波器、信号发生器）、仪表（电话机测试仪、扫频仪、数字万用表）等，能模拟办理固定电话机维修业务的必要设备、账册、报表以及计算机管理系统软硬件的场所。

2. 基本要求

2.1 职业道德

2.1.1 职业道德基本知识

2.1.2 职业守则

（1）爱岗敬业，忠于本职工作；
（2）勤奋学习进取，精通专业技术，保证服务质量；
（3）礼貌待人，尊重客户，热情服务，耐心周到；
（4）维护企业与客户的正当利益；
（5）遵守通信纪律，严守通信秘密；
（6）遵纪守法，讲求信誉，文明生产。

2.2 基础知识

2.2.1 法规及企业规章制度常识

（1）电信条例、电信法规；
（2）保护消费者合法权益法规；
（3）用户通信终端设备维修法规；
（4）劳动法规：劳动合同、劳动纪律、岗位规范、安全操作规程；
（5）企业及本职业相关规章制度。

2.2.2 职业规范知识

（1）固定电话机维修员岗位规范；
（2）客户服务规范；
（3）服务规范用语；
（4）企业及客户的权利、义务、责任。

2.2.3 固定电话机维修员基础知识

（1）固定电话通信原理；
（2）电工原理；
（3）电子电路；
（4）数字电路；
（5）固定电话机维护规程。

2.2.4 市场营销基础知识

（1）市场与市场营销；
（2）礼仪礼貌常识；
（3）客户行为心理；
（4）市场调查预测。

2.2.5 英语基础知识

（1）固定通信日常服务英语；
（2）固定通信常用的专业英语。

2.2.6 计算机基础知识

（1）计算机的构成及主要功能；
（2）计算机常用应用软件的安装及使用；
（3）计算机防病毒基础知识；
（4）数据库基础知识。

2.2.7 固定电话机维修知识

（1）固定电话机的工作原理；

（2）固定电话机的分类、组成及电路结构；
（3）固定电话机的故障现象、原因、维修标准、办法；
（4）相关仪器、仪表的使用和基础知识。
2.2.8 固定网通信技术知识
（1）通信网络基本知识：固定通信网、各类通信网之间的关系；
（2）固定通信系统的组成及工作原理；
（3）固定网接口信令。
2.2.9 其他知识
（1）客户档案资料整理、保管规定；
（2）安全用电常识；
（3）防火、防爆常识；
（4）防静电知识；
（5）交通法规。

3. 工作要求

国家职业资格四级（中级）

职业功能	工作内容	技能要求	相关知识
一、维修前准备	（一）仪表、仪容，场地布置	1. 能掌握仪表仪容的基本技能，保持良好的视觉形象 2. 能熟练备齐所需的维修工具及零配件 3. 能合理安排工作场地 4. 能备齐交通工具	1. 仪表仪容规范知识 2. 岗位规范 3. 交通工具使用与保养知识
	（二）接待客户	1. 能接待特殊客户，语言诚恳，解释耐心 2. 能掌握固定电话机维修的业务种类 3. 能对比介绍各种型号固定电话机的质量、性能、价格和操作方法 4. 能正确判断常用型号固定电话机的简易故障 5. 能正确受理客户的查询业务，解答客户咨询的简易业务问题 6. 能掌握简易的通信专业英文缩写及其含义	1. 客户心理行为知识 2. 固定电话机编号的规定、方法 3. 资费政策常识 4. 固定电话机的品种、品牌及厂家概况 5. 固定电话机的结构及工作原理 6. 简单专业英语基础知识
	（三）受理	1. 能指导客户填写维修申请单据 2. 能正确受理固定电话机维修各种业务 3. 能检查分析并及时才处理业务中的差错 4. 受理时限和服务质量能达到规定要求	1. 维修业务规程 2. 固定通信业务常识 3. 维修服务质量规定

续表

职业功能	工作内容	技能要求	相关知识
二、维修电话机	（一）普通电话机	1. 能利用室内暗线装设电话 2. 能查找、修复简易的室内线故障 3. 能熟练使用各种磁石、供电、拨盘、按键电话机 4. 能查找、修复磁石、供电、拨盘、按键电话机的简易故障 5. 能查找、修复防盗器、转换器、呼叫器等附属设备的简易故障 6. 能使用电话机测试仪 7. 能进行一般元件的焊接	1. 电话暗线的概念 2. 电话暗线的规格及装设规定 3. 磁石、供电、拨盘、按键电话机的各种功能、用途、工作原理 4. 普通电话机的基本电路 5. 防盗器、转换器、呼叫器等附属设备的功能 6. 电话机测试仪的使用方法
	（二）多功能电话机	1. 能熟练使用各种多功能电话机 2. 能查找、修复各种多功能电话机的简易故障 3. 能查找、修复电源适配器、来电显示器等附属设备的简易故障	1. 多功能电话机的专业知识 2. 脉冲、音频、脉冲音频兼容、重拨、记忆、锁号、免提等功能的基本电路 3. 收音、录音、液晶显示、来电显示的基本电路 4. 各种多功能电话机的基本电路 5. 电源适配器、来电显示器等附属设备的基本电路
	（三）无绳电话机	1. 能熟练使用各种无绳电话机 2. 能查找、修复各种无绳电话机的简易故障	1. 无绳电话机的专业知识 2. 无绳电话机的各种功能 3. 无绳电话机主机、手机的无线信号收、发基本电路 4. 无绳电话机的基本电路
	（四）公用电话机	1. 能查找、修复简易的线路故障 2. 能熟练使用各种公用电话机 3. 能查找、修复投币、磁卡、IC卡、201卡、IC201卡、IC管理卡、多媒体等公用电话机的简易故障	1. 室内、外电话线、暗线的概念 2. 公用电话机的专业知识 3. 投币、磁卡、IC卡、201IC卡、IC管理卡、多媒体等公用电话机的基本电路
	（五）数字电话机	1. 能安装ISDN终端 2. 能查找、修复各种数字、可视电话机的简易故障 3. 能查找、修复各种附属设备的简易故障	1. ISDN ADSL的基本原理 2. ISDN ADSL的线路装设要求 3. 数字、可视电话机装设、使用知识 4. 数字、可视电话机的专业知识、基本功能、基本电路 5. 各种附属设备的功能、工作原理

续表

职业功能	工作内容	技能要求	相关知识
三、日常管理	（一）计算机操作与保养	1. 能运用计算机管理系统 2. 能了解主要设备的功能和使用注意事项 3. 能对计算机进行日常维护 4. 能独立完成计算机、打印机的一般保养和清洁	1. 计算机软/硬件常识 2. 计算机、打印机维护须知
	（二）填写维修日志	1. 能根据固定电话机的说明书和电路图，分析、判断故障产生的原因 2. 能正确记录所维修的固定电话机故障的全过程	语言学知识
	（三）安全生产	1. 能及时发现事故隐患 2. 对事故隐患采取相应的措施	事故隐患常识及防护方法

4. 配分比重表

理论知识

项目		初级（%）	中级（%）	高级（%）	技师（%）
基本知识	一、职业道德	10	10	5	5
	二、基础知识	40	40	40	40
相关知识	一、维修前准备	5	5	5	5
	二、维修电话机	35	35	40	35
	三、日常管理	10	10	10	15
合计		100	100	100	100

技能操作

项目			初级（%）	中级（%）	高级（%）	技师（%）
工作要求	一、维修前准备	1. 仪容仪表场地布置	5	5	5	5
		2. 接待客户	5	5	5	5
		3. 受理	10	10	10	10
	二、维修电话机	1. 普通电话机	10	10	10	10
		2. 多功能电话机	10	10	10	10
		3. 无绳电话机	10	10	10	10
		4. 公用电话机	10	10	10	10
		5. 数字电话机	10	10	10	10
	三、日常管理	1. 计算机操作与保养	10	10	10	5
		2. 填写维修日志	10	10	10	5
		3. 安全生产	10	10	10	10
		4. 培训与管理	—	—	—	10
合计			100	100	100	100

>>> 附录 B

用户通信终端（移动电话机）维修员国家职业标准

1. 职业概况

1.1 职业名称：用户通信终端（移动电话机）维修员（以下称移动电话机维修员）。

1.2 职业定义：从事移动电话机维修工作的人员。

1.3 职业等级：本职业共设五个等级，分别为国家职业资格五级（初级）、国家职业资格四级（中级）、国家职业资格三级（高级）、国家职业资格二级（技师）、国家职业资格一级（高级技师）。

1.4 职业环境：室内，采光、通风条件良好。

1.5 职业能力特征：具有一定的观察、判断、分析、理解、表达能力；思维敏捷、判断准确、动作协调。

1.6 基本文化程度：高中毕业（含同等学历）。

1.7 培训要求

1.7.1 培训期限：全日制职业学校教育，根据其培养目标和教学计划确定。晋级培训期限：初级不少于 210 标准学时，中级不少于 180 标准学时，高级不少于 150 标准学时，技师、高级技师不少于 120 标准学时。

1.7.2 培训教师：担任移动电话机维修员专业知识培训的教师应具备一定的电信基础知识、移动通信基础知识和移动电话机专业知识，具备本专业讲师（或同等职称）以上专业技术职称，持有教师资格证书，（1）担任培训初、中级人员技能操作的教师应是持有本专业职业高级资格证书后，在本职业连续工作 2 年以上或具有相应的中级专业技术职称以上资格者；（2）担任培训高级人员技能操作的教师应持有本职业技师资格证书后，在本职业连续工作 2 年以上或具有相应的高级专业技术职称资格者，技师、高级技师的培训教师，一般应由省级以上通信行业部门审批。

1.7.3 培训程度设备：应有可容纳 20 名以上学员的教室，有必要的教学设备、教学模型、图表以及一定数量的移动电话机的维修、测试设备、维修器材和安装有相关维修软件的微机。

1.8 鉴定要求

1.8.1 适应对象：从事或准备从事移动电话机维修工作的人员。

1.8.2 申报条件

—— 国家职业资格五级/初级（具备下述条件之一者）

（1）经本职业初级正规培训达规定标准学时数，并取得毕（结）业证书；

（2）从事本职业连续工作3年以上。

—— 国家职业资格四级/中级（具备下述条件之一者）

（1）取得本职业初级职业资格证书后，连续从事本职业3年以上，经本职业中级正规培训达规定标准学时数，并取得毕（结）业证书；

（2）取得本职业初级职业资格证书后，连续从事本职业满5年；

（3）连续从事本职业工作8年以上；

（4）取得经劳动保障行政部门审核认定的，以中级技能为培养目标的中等以上职业学校本职业（专业）毕业生。

—— 国家职业资格三级/高级（具备下述条件之一者）

（1）取得本职业中级职业资格证书后，连续从事本职业工作4年以上，经本职业高级正规培训，达规定标准学时数，并取得毕（结）业证书；

（2）取得本职业中级职业资格证书后，连续从事本职业工作满7年；

（3）取得高级技工学校或经劳动保障行政部门的审核认定的，以高级技能为培养目标的高等职业学校本职业（专业）毕业生；

（4）取得本职业中级职业资格证书的大专以上毕业生，连续从事本职业工作2年以上或经本职业高级资格正规培训达规定标准学时数，并取得毕（结）业证书；

—— 国家职业资格二级/技师（具备下述条件之一者）

（1）取得本职业高级职业资格证书后，连续从事本职业工作5年以上，经本职业技师资格正规培训，达规定标准学时数，并取得毕（结）业证书；

（2）取得本职业高级职业资格证书后，连续从事本职业工作满8年；

（3）取得本职业高级职业资格证书的高级技工学校本职业（专业）毕业生，在本职业连续工作满5年。

—— 国家职业资格一级/高级技师（具备下述条件之一者）

（1）取得本职业高级职业资格证书后，连续从事本职业工作3年以上，经本职业高级技师资格正规培训达规定标准学时数，并取得毕（结）业证书；

（2）取得本职业高级职业资格证书后，连续从事本职业工作满5年；

1.8.3 鉴定方式：本职业鉴定分为理论知识考试和技能操作考核。理论知识考试采取闭卷笔试方式。技能考核根据实际情况，采取操作、笔试、口试相结合的方式。两门考试均为百分制，皆达60分以上者为合格。

技师和高级技师尚需通过综合评审。

1.8.4 考评人员与考生的配比：理论知识考试按15～20名考生配一名考评员且不少于2名；技能操作考核按5名考生配1名考评员且不少于3名。

1.8.5 鉴定时间：各等级的理论知识考试时间为120～180分钟；各等级的技能操作考核时间为60～120分钟。

1.8.6 鉴定场所设备：理论知识考试在标准教室内；技能操作考核在配备有移动电话测试设备（包括综合测试仪、微机、数字万用表等），维修设备（焊台、热风枪、写码器、软件维修仪等），能模拟办理移动电话机维修业务的必要设备、账册、报表以及微机管理系统软硬件的场所。

2. 基本要求

2.1 职业道德

2.1.1 职业道德基本知识

2.1.2 职业守则

（1）爱岗敬业，忠于本职工作；

（2）勤奋学习进取，精通专业技术，保证服务质量；

（3）礼貌待人，尊重客户，热情服务，耐心周到；

（4）维护企业与客户的正当利益；

（5）遵守通信纪律，严守通信秘密；

（6）遵纪守法，讲求信誉，文明生产。

2.2 基础知识

2.2.1 法规及企业规章制度常识

（1）电信法规；

（2）保护消费者合法权益法规；

（3）用户通信终端维修法规；

（4）劳动法规：《劳动法规》劳动合同、劳动纪律、岗位规范、安全操作规程；

（5）企业相关规章制度。

2.2.2 职业规范知识

（1）移动电话机维修员岗位规范；

（2）服务规范及标准用语；

（3）企业及客户的权利、义务、责任。

2.2.3 移动电话机维修基础知识

（1）无线通信原理；

（2）电工原理；

（3）电子电路；

（4）数字电路；

2.2.4 英语基础知识

（1）移动通信日常服务英语；

（2）移动通信常用的专业英语。

2.2.5 计算机基本知识

（1）计算机的构成及主要功能；

（2）计算机常用应用软件的安装及使用；

（3）计算机防病毒基础知识；

（4）数据库基础知识。

2.2.6 移动电话机维修知识

（1）移动电话机的组成及电路结构；

（2）移动电话机的工作原理；

（3）移动电话机的维修常识；

（4）相关仪器、仪表的使用和基础知识。

2.2.7 移动网通信技术知识

（1）通信网络基本知识：移动通信网、各类通信网之间的关系；

（2）移动通信系统基础知识：移动通信系统的组成及工作原理、移动通信系统的制式、性能及分布状况、联网系统常识；

（3）无线接口信令。

2.2.8 其他知识

（1）客户档案资料整理、保管规定；

（2）安全用电常识；

（3）防火、防爆常识；

（4）防静电知识；

（5）资金结算及票据使用常识。

3. 工作要求

国家职业资格四级（中级）

职业功能	工作内容	技能要求	相关知识
一、班前准备	（一）仪表仪容	能掌握仪表仪容的基本技能、保持良好的视觉形象	仪表仪容规范常识
	（二）工作场地布置	1. 能熟练备齐所需的维修工具及零配件 2. 能合理安排工作场地	岗位规范
二、接待与受理	（一）接待客户	1. 能接待特殊客户，语言诚恳，解释耐心 2. 能掌握移动电话机维修的业务种类 3. 能对比介绍各种型号移动电话机的质量、性能、价格和操作方法 4. 能正确判断常用型号移动电话机的简易故障 5. 能正确受理客户的查询业务，解答客户咨询的一般业务问题 6. 能掌握一般的通信专业英文缩写及其含义	1. 客户心理行为知识 2. 移动电话机编号的规定、方法 3. 资费政策常识 4. 移动电话机的品种、品牌及厂家概况 5. 移动电话机的结构及工作原理 6. 简单专业英语基础知识
	（二）受理	1. 能指导客户填写维修申请单据 2. 能正确受理移动电话机维修各种业务 3. 能检查分析并及时才处理业务中的差错 4. 受理时限和服务质量能达到规定要求	1. 维修业务规程 2. 移动通信业务常识 3. 维修服务质量规定
三、检查处理	（一）故障处理	1. 能熟练使用万用表测量分立元件 2. 能熟练使用综合测试仪测试移动电话机的常规指标 3. 能处理 SIM 卡故障 4. 能独立完成移动电话机常见故障的处理 5. 能正确、熟练地进行一般元件的焊接	1. SIM 卡的知识 2. 仪器仪表使用知识 3. 维修知识

续表

职业功能	工作内容	技能要求	相关知识
三、检查处理	（二）维修后测试	1. 能独立完成移动电话机手动部分测试 2. 能独立测试移动电话机发射部分和接受部分	移动电话机电路中各部分的典型参数
四、日常管理	（一）计算机操作与保养	1. 能运用计算机管理系统 2. 能了解主要设备的功能和使用注意事项 3. 能对计算机进行日常维护 4. 能独立完成计算机、打印机的一般保养和清洁	1. 计算机软件、硬件常识 2. 计算机、打印机维护须知
	（二）填写维修日志	1. 能根据移动电话机的说明书和电路图，分析、判断故障产生的原因 2. 能正确记录所维修的移动电话机故障的全过程	语言学知识
	（三）安全生产	能及时发现事故隐患，并对事故隐患采取相应的措施	事故隐患常识及防护方法

4. 配分比重表

理论知识

项目		初级（%）	中级（%）	高级（%）	技师（%）	高级技师（%）
基本知识	一、职业道德	1 5	10	5	5	5
	二、基础知识	35	40	45	45	45
相关知识	一、班前准备	5	5	5	3	3
	二、接待与受理	15	15	10	10	10
	三、检查与处理	20	20	25	22	22
	四、日常管理	10	10	10	15	15
合计		100	100	100	100	100

技能操作

项目			初级（%）	中级（%）	高级（%）	技师（%）	高级技师（%）
工作要求	一、班前准备	1. 仪容仪表	5	5	2	2	2
		2. 场地布置	5	5	3	3	3
	二、接待与受理	1. 接待客户	10	5	5	5	5
		2. 受理	15	10	5	5	5
	三、检查处理	1. 故障处理	15	20	25	20	15
		2. 维修后测试	20	25	30	35	35
	四、日常管理	1. 计算机操作与保养	10	10	15	10	10
		2. 填写维修日志	15	15	10	10	10
		3. 安全生产	5	5	5	5	5
		4. 培训与管理	—	—	—	5	10
合计			100	100	100	100	100

参 考 文 献

[1] 王锦．电话机原理、装调与维修．北京：电子工业出版社，2004.
[2] 孙青卉，董廷山．通信技术基础．北京：人民邮电出版社，2008.
[3] 王永章．办公通信设备维修．北京：电子工业出版社，2007.
[4] 杭州天科技术实业有限公司．光纤通信系统原理实验指导书.
[5] 唐瑞海．办公通信设备原理与维修．北京：高等教育出版社，2002.
[6] 刘胜利．新型电话机原理与维修．北京：电子工业出版社，1998.
[7] 张德民．电话机原理与维修．重庆：西南大学出版社，2000.
[8] 陈振源．电话机原理与维修．北京：高等教育出版社，2002.
[9] 陈松．接入网技术．北京：电子工业出版社，2003.
[10] 北京精仪达盛科技有限公司．光纤通信Ⅳ实验指导书.
[11] 编委会．电脑故障排除（卓越版）．北京：电子工业出版社，2006.
[12] 杨继萍等．电脑组装、维护与故障排除从新手到高手．北京：清华大学出版社，2010.
[13] 韩雪涛，吴瑛，韩广兴．数字电视和机顶盒原理与维修．北京：人民邮电出版社，2010.
[14] 闫书磊，李欢．计算机网络基础．北京：人民邮电出版社，2010.
[15] 王秉钧，王少勇．光纤通信系统．北京：电子工业出版社，2010.
[16] http://baike.baidu.com/view/1074.htm.
[17] http://wenku.baidu.com/view/8f21a07b1711cc7931b7163c.html.
[18] baike.baidu.com/view/2224619.htm.
[19] http://www.cnki.com.cn.
[20] apps.hi.baidu.com/share/detail/17104518.
[21] wenku.baidu.com/view/a0b462daa58da0116c17.
[22] http://www.chuangyw.com.
[23] http://www.cq3a.com.
[24] http://www.doc88.com/p-38034504988.html.
[25] http://www.cww.net.cn/article/article.asp?id=32809&bid=2781.
[26] http://wenku.baidu.com/view/be4c371dfad6195f312ba6be.html.
[27] http://www.docin.com/p-80978389.html.
[28] http://wenku.baidu.com/search?word.